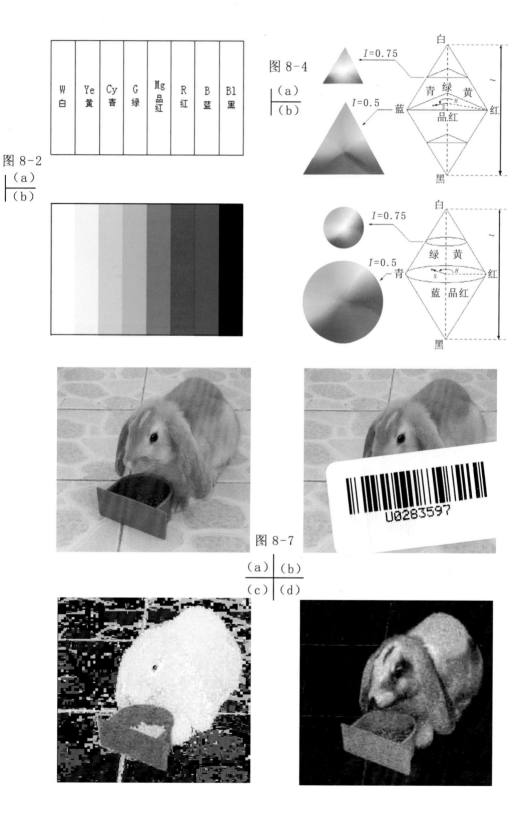

图 8-2
（a）
（b）

图 8-4
（a）
（b）

图 8-7
（a）｜（b）
（c）｜（d）

图 8-8　(a)|(b)

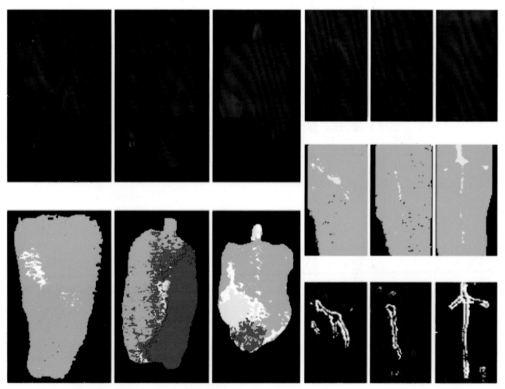

图 8-11

(a)|(c)

(b)|(d)

|(e)

图 9-1

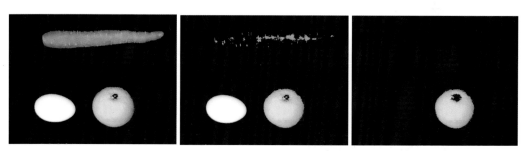

图 9-4　(a)|(b)|(c)

图 9-7　(a)｜(b)
　　　　 (c)｜(d)

图 9-9　(a)｜(b)

普通高等教育"十一五"国家级规划教材
普通高等教育农业部"十二五"规划教材

实用数字图像处理与分析

第 2 版

主　编　陈兵旗

副主编　孙　明

中国农业大学出版社

·北京·

内 容 简 介

本书以实用为目标,用浅显易懂的语言,从图像处理与分析的基础知识、图像处理与分析编程实现的基本知识以及利用学习版软件 DIPAX 进行图像处理编程的基本步骤开始,到区域分割与目标提取、边缘检测与提取、图像平滑、图像增强、特征选择与描述、彩色变换、彩色分割、几何变换、哈夫变换、频率变换、小波变换、模式识别、神经网络、遗传算法、图像压缩等,由浅入深逐步展开,每章均列举应用研究实例并附相应的 C 语言图像处理源程序,并随书附赠光盘提供相应软件。

本书为普通高等教育“十一五”国家级规划教材、普通高等教育农业部“十二五”规划教材,适用于理工类大学本科教学、研究生教学、科研、专业公司和自学者。不论是初次接触图像处理知识和 Visual C++编程的读者,还是具有图像处理专业知识的读者,都会从本书独具匠心的编写中获益匪浅。

图书在版编目(CIP)数据

实用数字图像处理与分析/陈兵旗主编.—2 版.—北京:中国农业大学出版社,2014.2

ISBN 978-7-5655-0893-6

Ⅰ.①实… Ⅱ.①陈… Ⅲ.①数字图像处理 Ⅳ.①TN911.73

中国版本图书馆 CIP 数据核字(2014)第 009330 号

书　名	实用数字图像处理与分析(第 2 版)				
作　者	陈兵旗　主编				
策划编辑	张苏明　童　云		**责任编辑**	张苏明	
封面设计	郑　川		**责任校对**	王晓凤　陈　莹	
出版发行	中国农业大学出版社				
社　址	北京市海淀区圆明园西路 2 号		**邮政编码**	100193	
电　话	发行部 010-62818525,8625		**读者服务部**	010-62732336	
	编辑部 010-62732617,2618		**出 版 部**	010-62733440	
网　址	http://www.cau.edu.cn/caup		**e-mail**	cbsszs@cau.edu.cn	
经　销	新华书店				
印　刷	涿州市星河印刷有限公司				
版　次	2014 年 2 月第 2 版　2014 年 2 月第 1 次印刷				
规　格	787×980　16 开本　28 印张　513 千字　彩插 2				
定　价	51.00 元(附赠光盘)				

图书如有质量问题本社发行部负责调换

主　　　编	陈兵旗	博士
副　主　编	孙　明	博士
编写组成员	陈兵旗	博士
	孙　明	博士
	乔　军	博士
	赵　颖	博士
	宋正河	博士
	位耀光	博士
	安　冬	博士
审　　　稿	孙卫东	博士

编 者 的 话

1. 特点及内容

本书以实用为目标,用浅显易懂的语言介绍了图像处理的理论知识,列举了应用研究实例,给出了图像处理算法的 C 语言程序,并在光盘里附有学习版软件 Visual C++工程界面源程序 DIPAX 和演示版可执行程序 DIPA.exe。读者可以按照本书第 2 章的介绍,将各章附录中的 C 语言图像处理源程序输入到学习版 DIPAX 里,添加菜单函数和对话框以后,做成自己的图像处理系统。演示版可执行程序 DIPA.exe 既可以进行图像处理算法演示,也可以作为读者编写程序时进行功能界面设置的参考。

本书的第 1 章介绍了图像处理与分析的基础知识;第 2 章介绍了图像处理与分析编程实现的基本知识,以及利用学习版 DIPAX 进行图像处理编程的基本步骤;以后各章分别介绍了区域分割与目标提取、边缘检测与提取、图像平滑、图像增强、特征选择与描述、彩色变换、彩色分割、几何变换、哈夫变换、频率变换、小波变换、模式识别、神经网络、遗传算法、图像压缩等图像处理知识、应用研究实例以及相应的 C 语言图像处理源程序。

2. 使用对象及方法

本书从图像处理的最基本常识开始,到高深的小波变换、神经网络、遗传算法等,由浅入深逐步展开,可用于不同的读者和目的。对初次接触图像处理知识和 Visual C++编程的读者,以及具有图像处理专业知识的读者,本书都具有参考和使用价值。以下分别介绍本书对于不同使用目的和读者的使用方法。

(1)本科生

本书可以满足不同专业的本科生教学需要,使用时可以根据专业方向选择不同的内容授课。例如,对于信息、机电类专业的学生,为了掌握图像处理的基本技能,可以将重点放在图像处理的编程实践上;对于其他专业的学生,作为对图像处理知识的了解,可以将重点放在理论和应用介绍上。如果以编程实践为主进行授课,需要对第 2 章内容进行 Visual C++的课堂编程演示讲解,授课老师应具有 Visual C++编程知识,学生最好具有 C 语言基础,有能力的学生在课后可以仿照第 2 章的方法将各章所附源程序添加到学习版 DIPAX 界面上。如果以了解图像处理知识为目的进行授课,可以不讲解第 2 章内容,对其他各章只讲解图像处理的理论知识和应用研究实例,并利用 DIPA.exe 进行课堂演示。以编程实践为主时,学时安排大致如下:第 1 章 1 学时,第 2 章 4～5 学时,其他各章每章 2 学时。以了解图像处理知识为主时,各章学时可以酌情安排。由于各章内容关联性不大,授课内容可以按照总学时数取舍。

(2)研究生

研究生教学应该以能进行图像处理编程实践为教学目的,使研究生掌握图像处理的理论知识、图像处理的 C 语言编程技能以及 Visual C++图像处理界面编程方法。学完本课程后,研究生应该能建立起自己的图像处理系统,通过修改本书提供的图像处理 C 语言函数代码,能够完成自己的研究课题程序编写。教学应该以编程实践为主,学时安排大致如下:第 1 章 1 学时,第 2 章 4～5 学时,其他各章每章一般 2 学时。由于大部分学生都是初次接触 Visual C++编程,在初期阶段老师需要在课堂上帮助学生调试程序,所以前面章节可能会花费较多学时。第 3 章以后的教学方法最好是:课堂讲解理论知识、C 语言程序,帮助学生调试上一节课 Visual C++编程出现的问题;课后学生将 C 语言程序添加到学习版 DIPAX 的界面上,完成本次课内容的 Visual C++编程。要求教师具有 Visual C++编程知识,最好有调试程序的经验,学生具有 C 语言基础。本书既可以作为主教材使用,也可以作为辅助教材,用于图像处理的编程实践。

(3)大学教师

大学教师可以利用本教材进行教学和科研,无论进行教学或者科研,最好拥有配套的专业版源代码软件 DIPA。该专业版软件是 Visual C++的源代码工程软件,内容包含本书各章后面所附的图像处理 C 语言函数的源代码和 Visual C++的界面源代码,需要另行购买。在进行教学时,按照该源代码帮助学生进行软件调试,可以大大减少教师调试程序的工作量。在进行科研时,可以按照自己课题的需要,直接复制或者修改程序源代码,以最快捷的方式完成自己的科研课题。

(4)科研人员

图像处理与分析在各行各业都有着广泛的应用,在国家每年的科研立项中需要利用图像处理技术的项目越来越多,承担这些项目的科研人员在本专业上都是专家能手,但是在图像处理方面往往不是太精通,本书和配套的专业版源代码软件 DIPA 给这些科研人员提供了掌握和利用图像处理技术的捷径。本教材的浅显易懂使科研人员可以轻松地掌握图像处理理论知识,专业版源代码软件 DIPA 可以为科研人员解决不知从何入手的难题,通过移植和修改源代码可以快速完成课题研究,节省大量宝贵时间。

(5)图像处理实验室

以本教材和配套的专业版源代码软件 DIPA 为基础建设图像处理实验室,将是教学和科研兼顾的最佳选择。在教学方面,学生可以集中进行编程学习,老师可以进行集中辅导,学生可以通过拷贝、模仿专业版软件 DIPA 来完成自己的学习版系统 DIPAX,可以将老师从帮助学生调试程序的繁忙劳动中解放出来。在科研方面,除了前面介绍的好处以外,为了强化实验室的科研功能,在进行实验室建设时,可以另外配套通用图像处理系统 ImageSys 和二维运动测量分析系统 MIAS,以开拓学生的视野,增强实验室功能和提高实验室的水平。有关图像处理实验室的建设,请参考本书配套光盘里的实验室建设方案。

(6)专业公司

本书不仅浅显易懂,而且所附的图像处理函数都比较经典,作为专业图像处理软件开发公司或者工程项目开发公司,不仅可以将本书作为新人技术培训教材,而且可以通过直接拷贝或者修改专业版软件 DIPA 的源代码,用于自己的软件系统或者工程项目。

(7)一般自学者

有许多研究生或者科研人员由于课题的需要,不得不学习图像处理知识和编写图像处理程序,而且其中的绝大部分人既没有条件参加专业培训,也没有条件购买专业图像处理软件,本书是这些人的最佳选择。图像表示、图像存取、Visual C++的工程界面设定等等,这些虽然与图像处理没有直接关系,但是在编写图像处理程序时又是不得不首先解决的令人头疼的问题,往往成为图像处理编程初学者难以逾越的障碍。本书配套的学习版 DIPAX 实现了上述功能,读者只需要按要求将各章后所附 C 语言程序输入、加上菜单和窗口即可完成图像处理编程,能够轻松地进入图像处理编程状态,降低了学习图像处理编程的门槛。本书浅显易懂的论述风格,也能使自学者轻松地理解图像处理知识。

3.技术支持

读者在使用本教材时遇到的一切技术问题,可以直接与北京现代富博科技有限公司联系。网址:http://www.fubo-tech.com;电话:010-62966687;传真:010-62966689;电子信箱:service@fubo-tech.com。

4.编程环境

本书的讲解蓝本为 Visual Studio 2010,也称 Visual C++2010,简称 VS10 或 VC10。本书配套的学习版 DIPAX 是一套完全可执行的 Visual C++界面源代码,界面内容包括图像的表示、读入和保存,主要用于学生的课后编程练习、自学以及研究开发平台。专业版软件 DIPA 是 Visual C++ 的开放源代码软件,包含了教材中的全部图像处理 C 语言程序和 Visual C＋＋的界面程序，需要另行购买。安装学习版软件 DIPAX 后，会自动安装专业版 DIPA 的演示版软件，用于教学演示。

5.配套光盘内容

(1)学习版 DIPAX

打开文件夹 DIPAX，执行 SetUp，按提示安装 DIPAX。本教材各章节的处理图像都包含在安装后的文件夹...DIPAX\Image 里。学习版 DIPAX 也可以从北京现代富博科技有限公司的网站 http:∥www.fubo-tech.com 免费下载。

(2)DIPA 演示版

光盘中提供的是专业版软件 DIPA 的可执行程序，可以对本教材图像进行演示处理，主要用于教学演示和编程实践参考。安装学习版 DIPAX 后，DIPA 演示版会自动显示在桌面上。

(3)专业图像处理软件系统介绍

- 与本教材配套的专业版源代码软件 DIPA 简介；
- 通用图像处理系统 ImageSys 简介；
- 二维运动图像测量分析系统 MIAS 简介；
- 三维运动图像测量分析系统 MIAS3D 简介；
- 实时跟踪测量系统 RTTS 简介。

(4)图像处理实验室建设方案

- 教学型图像处理实验室；
- 教学科研型图像处理实验室；
- 科研型图像处理实验室；
- 运动测量图像处理实验室。

(5)图像处理工程应用实例介绍

- 排种器多功能智能检测试验台简介；
- 农田作业机器人行走路线检测实例简介；
- 车牌自动图像识别系统 ALPR 简介；
- 号码图像检测系统简介；
- 千万像素高速矩阵开关状态图像检测系统简介；
- 千万像素事故现场高速图像检测系统简介；
- 三维植物参数测量系统 Plant3D 简介；
- 车流量检测系统简介；
- 羽毛球比赛技战术参数分析系统简介；

- 汽车驾驶桩考仪系统简介；
- 蜜蜂行为捕捉分析系统 DetectBee 简介；
- 车辆尺寸参数测量系统 DetectCar 简介。

(6) 视频资料

- 羽毛球检测
  - 原图像
  - 二值图像
  - 跟踪结果图像
  - 轨迹图像
- 农田导航路线检测
  - 棉花田
    - 采棉机
    - 棉花播种
    - 棉田管理
  - 水田插秧
    - 苗列线检测
    - 水泥田埂线检测
    - 土质田埂线检测
  - 小麦收获
  - 小麦播种
- 车辆参数检测
- 蜜蜂跟踪及舞蹈检测
- 玉米粒在穗计数

前　言

　　《实用数字图像处理与分析》教材于 2008 年出版发行以来,受到了在校大学生、研究生和专业技术人员的广泛好评。不少在校学生和研究人员,基于本教材提供的图像处理函数,完成了学位论文、学术论文和项目研究,有些人还因此走上了图像处理的专业道路。获得这样的社会好评和社会效益,作为本书作者,甚感欣慰。

　　20 世纪 80 至 90 年代,随着个人电脑和互联网的普及,人们的生产和生活方式发生了巨大的变化。21 世纪,能够影响人类生存方式的事件,将是各类机器人的推广和普及,图像处理是机器视觉的核心技术,作为机器人的"眼睛",在新的时代必将发挥举足轻重的作用。时代的进步推动着技术的发展,指纹识别、车牌照识别、智能监控、人脸识别等许多图像处理技术已经实现了产品化和实用化。近年来,国内与图像处理技术相关的研究课题和工程项目也明显多了起来。

　　技术的发展要求教材内容相应跟进,借本次获批普通高等教育农业部"十二五"规划教材的机会,我们对教材内容进行了修订。第 1 版教材采用的编程工具是 Microsoft Visual C++ 6.0(简称 VC6),第 2 章对在该系统下的上机实践方法进行了详细的介绍。几年来虽然出现过 VC 7.0、7.1、8.0、9.0 等版本,但是都没有撼动 VC6 的主流地位,直到 Visual Studio 2010(简称 VS10 或 VC10)面世。现在 VC10 成了主流编程工具,所以本版教材以 VC10 为编程工具,对教材第 2 章内容和学习版软件进行了更新和升级。这次修订也调整和充实了各章的应用研究实例,删除了不具代表性的例子,增加了具有实用性的实例;增加了经典的大津法二值化处理和彩色图像各分量间的组合处理介绍;丰富了光盘资料,增加了一些应用工程的视频,使读者能够直观理解图像处理技术的实用价值。

陈兵旗

2013 年 11 月

电子邮箱:fbcbq@163.com,cbq93@sohu.com

QQ:1148642280

第 1 版前言

图像处理是随着计算机的诞生而诞生的一门科学,近几十年来随着计算机技术的蓬勃发展,图像处理技术也得到了空前的发展和应用。目前,图像处理技术已经广泛应用于工业、军事、医学、交通、农业等各个领域,成为各个学科学习和研究的对象。我国主要高等院校已经把图像处理这门课程作为信息与信号处理、通信与电子系统、机器人视觉、机电一体化、电子工程、信息工程、计算机科学与技术、遥感与军事侦察、农业工程、生物医学工程等专业和领域的本科生或者研究生课程,又有越来越多的大学将要开设图像处理课程。

市场上有关图像处理方面的书籍非常繁多,出现了欣欣向荣的景象,对于学习、利用和研究图像处理的读者来说应该是件好事,但是对于许多读者特别是初学者来说,往往不知道选哪类书合适,产生了无所适从的茫然。市场上的图像处理书籍主要有两类,一类是以图像处理理论和算法介绍为主的书籍,另一类是以 Visual C++图像处理编程实现为主的书籍。这两类书籍对于初学者来说都不太实用。第一类书籍往往会追求理论的严谨性,公式推导较多,适合具有一定图像处理专业基础的人使用,一般读者特别是初学者,看了这类书籍会觉得图像处理高深莫测,即使理解了也不知道该怎么来应用,有时会因此而丧失了对学习图像处理的兴趣。第二类书籍一般是将图像处理程序直接写在 Visual C++界面程序里,读者要想利用或者修改这些程序必须具有较深的 Visual C++编程基础,而初学者或者一般读者往往没有 Visual C++的编程基础,程序的可移植性差,学习门槛较高。对于大多数工科类大学生、研究生或者一般读者来说,学习图像处理知识主要是为了利用图像处理技术来完成自己的研究课题或者解决实际工程问题,而不是为了探讨图像处理理论或者研究通用算法,所以大多数读者需要的是理论介绍浅显易懂,而且学习后就能够实际应用的图像处理书籍。

我是在日本读的硕士和博士,博士毕业后到日本的一家图像处理软件公司工作了一年,又应聘日本学术振兴会的外国人特别研究员工作了两年,于 2002 年 3 月回国工作。在日本近十年的时间里都是在从事图像处理技术的应用研究,回国后也一直从事着图像处理的教学和应用研究工作。2003 年我在中国农业大学工学院给研究生开设图像处理课程时,找遍了书店没有发现实用性的图像处理教材,就与孙明一齐,在北京现代富博科技有限公司的支持下,根据自己多年学习和应用图像处理技术的经验,一边上课一边编写了实用性的《Visual C++实用图像处理专业教程》。该教材对以往教材的模式进行了改革,使学生能在实践中理解和掌握图像处理技术。例如,用图文并茂的直观解说代替了烦琐的数学推导过程,提供了各个处理的 C 语言源程序和一个 Visual C++的学习版框架源程序,使学生能够上机实践以加深对图像处理算法的理解,而且对提供的源程序稍加改动就可以组成自己的图像处理程序,使该教材具有很强的实用性。该教材出版几年来受到了广泛欢迎,有不少大学选用该教材作为本科生和研究生的图像处理课程的教材,有一些大学以该教材和配套软件为基础建立了图像处理实验室,一些专业公司也利用该教材和配套软件在开发相关的图像处理产品和项目,全国有许多各个专业的研究生和科研人员在利用该教材和配套软件进行课题研究。

我们秉承上一本教材的实用性理念,于 2005 年底申报了普通高等教育"十一五"国家级规划教材《实用数字图像处理与分析》,有幸获得了批准,使我们能够有机会对上一本教材进行修订、补充和完善,而且作为国家级规划教材进行推广,能够使更多的在校大学生、研究生、图像处理爱好者以及专业人士从中受益。

本教材力求以浅显易懂的方式来介绍图像处理的理论知识,对上一本教材进行了大量的修订和补充;在各章后面提供了 C 语言的图像处理程序;提供了一个学习版的 Visual C++框架源程序 DIPAX,用于读者进行图像处理编程实践;提供了一个专业版的软件 DIPA 用于课堂演示和科研应用;从第 3 章开始,各章都附有"应用研究实例"一节,使读者能够在学习完一章内容后,了解本章内容在实际中的应用情况,了解理论和实际应用的差别。本教材不仅有传统图像处理算法的内容,也有哈夫变换、小波变换、模式识别、神经网络、遗传算法等目前被广泛研究和应用的图像处理算法理论介绍和 C 语言程序。

本教材的几个主要作者孙明博士、宋正河博士、乔军博士以及审稿人孙卫东博士也都在日本留学多年,都有博士后研究经历,包括另外三位作者赵颖博士、位耀光博士和安东博士在内的所有作者都一直从事着图像处理的教学和研究工作。本教材是大家多年的工作和汗水的结晶,希望能给广大读者学习和应用图像处理技术带来帮助。虽然大家经验丰富,但是在内容结构和文字表述方面难免有不合理的地方,敬请批评指正。

陈兵旗

2007 年 8 月

电子邮箱:cbq93@sohu.com

目　录

第1章 图像处理与分析的基础知识

1.1 基于计算机的图像处理

有句谚语"百闻不如一见",就是说费了九牛二虎之力的语言描述还不如一幅画一目了然;单凭名字不能回忆起某人时,不妨查看一下他的照片;仔细阅读某种机器设备的使用说明书之前,不妨先查看一下其说明图表等。人类通过眼、耳、鼻、舌、身接收信息、感知世界,约有 75％的信息是通过视觉系统获取的。数字图像处理是用计算机来处理所获取的视觉信息的技术。伴随着近年来的技术进步,计算机越来越成为我们身边不可或缺的设备,用计算机处理图像的技术也得到了迅速的发展和普及。

图像处理技术经过了如下的发展历程:

(1)20 世纪 20 年代:图像远距离传输。

(2)20 世纪 50 年代:数字计算机发展到一定水平,数字图像处理引起极大关注。

(3)20 世纪 60 年代:美国喷气推进实验室用计算机对"徘徊者七号"太空船发回的大批月球照片进行处理。数字图像处理应用从空间研究扩展到生物医学研究、工业生产、军事侦察等领域。数字图像处理较完整的理论体系形成,成为一门新兴学科。

(4)20 世纪 80 年代:随着离散数学理论的创立和完善,数字图像处理理论和方法进一步完善,应用范围更加广泛。

(5)20 世纪 90 年代以来:数字图像处理向更高级的方向发展,包括实时性、智能化、普及化、网络化、低成本。

图像(image)有各种形式,图 1-1 对各种图像进行了分类总结归纳。处理图像时,有必要根据图像的种类、处理结果精度、处理速度,选择适当的处理方法。

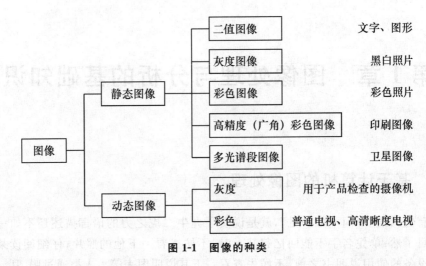

图 1-1　图像的种类

　　现在图像的使用环境越来越复杂,图 1-2 给出了一些示例。模拟世界的电视机已经吸收了数字化技术和计算机技术,开始了全数字化的数字电视广播。打字机从原来只能处理文字和灰度图像发展到能够处理彩色的动态图像。计算机图形学(computer graphics)与图像处理(image processing)是分别发展起来的技术,但是它们相互促进,共同成长,现在已经很难把它们严格区分开来了,虚拟现实技术就是两者高度结合的产物。

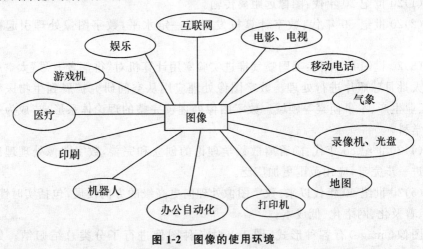

图 1-2　图像的使用环境

1.2　图像处理的应用领域

　　电视机中的特殊效果、邮政编码的自动读取、车牌号的自动识别等,图像处理已经越来越深入我们的生活了。例如,医院很早就使用 X 射线照片与显微镜照片等图像来诊断疾病,现在采用计算机处理图像也已成为疾病诊断的重要工具。

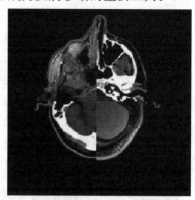

另外,把通常的摄影拍摄不到的人体内的状态图像化的特殊图像处理装置也在疾病诊断中投入使用,代表的成果有 MRI(magnetic resonance imaging,磁共振成像)和 CT(computed tomography,计算机层析成像)。图 1-3 是 MRI 图像与 CT 图像融合切片图,左侧的 MRI 图像显示功能与组织形态,右侧的 CT 图像显示骨骼的结构。以前不解剖就不可能知道的脑内状态,现在通过图像处理就可以像看普通相片一样随心所欲地观察其形态特征,这个方法是划时代的,许多医学书籍甚至已经被 MRI 图像和 CT 图像改写。

图 1-3　MRI 图像与 CT 图像
融合切片图

图像处理的对象非常广泛,从由电子显微镜拍摄的微小世界到由卫星拍摄的宏大世界,涉及的应用领域方方面面,如表 1-1 所示。

表 1-1　各种各样的图像示例

应用领域	图像示例
办公室	文本、画面、商标
生物医学	X 射线图像、超声波图像、显微镜图像、MRI 图像、CT 图像、PET、红外图像
遥感	地面资源卫星(LANDSAT)图像、气象卫星图像、航空图片、地图
工业生产	IC 模式图、工业摄像机拍摄的图像、CAD、CAM、产品质量检测、生产过程控制
电影电视	各种照片(风景、人物)、计算机图形学图像、电影电视摄像机拍摄的图像
宇宙探测	星体图片
通信	图像传输、电视电话、高清晰度电视(HDTV)
军事	军事目标侦察、制导系统、警戒系统、自动火器控制、反伪装
其他	民俗资料、指纹图像、印刷图像、条码图像

在此让我们查看一下实际应用在我们身边的图像处理吧。

(1)办公室:主要是对黑白二值图像进行处理,例如对文本图像上文字的自动判别、手写文字的自动识别等。

(2)生物医学:在生物医学领域中,很早就开始处理 X 射线照片和显微镜照片等大量图像。染色体的分析与细胞的自动分类等研究,是图像处理的最先进的领域。另外,由于近年来科学技术的快速发展,出现了可以把通常无法看见的物体图像化的方法,如前面提到的 MRI 和 CT,还有使用超声波来观察胎儿等。

(3)遥感:这是处理从人造卫星拍摄的图像、使资源信息和气象信息等图像化的领域。主要应用在农业、渔业、环境污染调查、城市规划等方面。

(4)工业:在工厂自动化中也使用各种图像处理,主要用在残次品的自动检查、产业用机器人的视觉等方面。为了在安装和生产线上使用,对于从摄像机输入的图像,有必要进行高速、简单的处理。

(5)电视和电影:在电视和电影领域中,作为特殊效果来使用的情况很多,如利用图像变形或者如图 1-4 所示的图像合成等。

(a)前景图像   (b)背景图像   (c)图像合成

图 1-4   图像合成示例

(6)宇宙探测:图像处理技术最早是应用于宇宙空间探索,处理大量难以预测的星体图片。

(7)通信技术:通信技术中,需要通过网络传输图像和视频,实现图像传真、电视电话、卫星电视、HDTV(高清晰度电视)等。

(8)军事技术:图像处理在军事中的应用主要有航空和卫星侦察照片的判读、导弹制导、雷达和声呐图像的处理、反伪装等。

(9)其他:如识别指纹图像或者眼膜纹图像的电子钥匙等。

个人计算机技术的快速发展,使图像处理越来越成为我们身边的技术。以前只有高价的计算机才能处理的图像,现在用个人计算机便能处理。而且,由于数字通信技术的进步、互联网的普及,许多图像和图像处理程序被登载出来,渐渐营造出个人也能很容易体验图像处理的环境。

1.3   数字图像处理的特征

现在说到图像处理,就意味着基于计算机的数字图像处理(digital image processing)，但是也有使用光学系统的模拟图像处理(analog image processing)。例如，在拍摄照片时装上遮光片突出柔和的气氛，用长时间曝光拍摄流星的运动。数字图像处理就是通过在计算机上的计算来实现与上述相同的处理。数字图像处理的优点可总结为：

(1)处理正确，具有再现性。由于通过计算机进行处理，正确性不必说，而且同样的程序即使数次运行，也能得到同样的结果。

(2)容易控制。通过程序能够自由设定及变更控制用的各种参数。

(3)多样性。处理都是由程序进行的，只要变更一下程序，就能够实现各种各样的处理。另外，能够组合程序，自己开发新程序。

另一方面，数字图像处理也有其缺点：

(1)数据量大。图像数据数字化后输入到计算机内，例如，把 170 吋电视屏幕大小的图像按各个颜色数字化后输入计算机内，就相当于水平 700 像素×垂直 500 像素×3 色≈1 Mb(兆位)的数据。

(2)费时。由于数据量大，处理所需要的时间很多。如果处理一个像素需要 1 ms，处理 700 像素×500 像素的数据就要花费 350 s。

随着硬件技术的发展，计算机、存储器以及外围设备都迅速便宜下来，过去只有昂贵的大型计算机才能完成的庞大处理，现在用数千元的个人计算机也能简单地把图像输入、进行处理了。

硬件是越来越便宜，但问题是软件。输入的图像怎样进行处理，这与软件有关。计算机处理图像时，要编制程序来执行。依据程序才能实现图 1-5(a) 所示的旋转、图 1-5(b) 所示的边缘提取等操作。

(a)图像旋转　　　　　　　　(b)边缘提取

图 1-5　图像处理示例

1.4　彩色图像

众所周知，各种彩色都是由 R(red)、G(green)、B(blue) 3 个单色调配而成的，各种单色都人为地从 0～255 分成了 256 个级,所以根据 R、G、B 的不同组合可以表示 256×256×256＝16 777 216 种颜色,这种情况被称为全彩色图像(full-color image)或者真彩色图像(true-color image)。如果一幅图的每一个像素都用其 R、G、B 分量来表示,那么图像文件将会非常庞大。例如,一幅 640 像素×480 像素的彩色图像,因为一个像素要用 3 个字节(一个字节是 8 位,总共 24 位)来表示 R、G、B 3 个分量,所以需要保存 640×480×3＝921 600 个字节(约 1 MB)。

对于一幅 640 像素×480 像素的 16 色图像,如果每一个像素也用 R、G、B 3 个分量表示,一个像素也要 3 个字节,这样保存整个图像也要约 1 MB。但是 16 色图像最多只表示 16 种颜色,上述保存方法因为有许多空位而浪费空间。

为了减少保存的字节数,一般采用调色板(palette)(或称颜色表,look up table,LUT)技术来保存上述图像。如果做个颜色表,表中的每一行记录一种颜色的 R、G、B 值,即(R,G,B)。例如,第一行表示红色(255,0,0),那么当某个像素为红色时,只需标明索引 0 即可,这样就可以通过颜色索引来减少表示图像的字节数。对上述图像,如果用颜色索引的方法,我们来计算一下字节数。16 种状态,可以用 4 位(2^4)也就是半个字节来表示,整个图像数据需要用 640×480×0.5＝153 600 个字节,另加一个颜色表的字节数。颜色表在 Windows 上是固定的结构格式,有 4 个参数,各占 1 个字节,前 3 个参数分别代表 R、G、B 值,第 4 个参数为备用,这样,16 个颜色的颜色表共需要 4×16＝64 个字节。这样,采用调色板技术表示上述 16 色图像时,总共需要 153 600＋64＝153 664 个字节,只占前述保存方法的 1/6 左右,节省了许多存储空间。

而对于全彩色图像,直接用 R、G、B 分量来表示,不用调色板技术,因为调色板的大小与图像相同,如果用调色板,相当于用前述保存方法保存两幅同样的图像。

上述用 R、G、B 三原色表示的图像被称为位图(bitmap),有压缩和非压缩格式,后缀是 BMP。除了位图以外,图像的格式还有许多。例如,TIFF 图像,一般用于卫星图像的压缩格式,压缩时数据不失真;JPEG 图像,是被数码相机等广泛采用的压缩格式,压缩时有部分信号失真。由于在进行图像处理时,需要对非压缩的原数据进行处理,所以本书只介绍 BMP 的非压缩格式图像。

1.5　灰度图像

灰度图像(gray scale image)是指只含亮度信息、不含色彩信息的图像。在

BMP 格式中没有灰度图像的概念,但是如果每个像素的 R、G、B 值完全相同,也就是 $R=G=B=Y$,该图像就是灰度图像(或称单色图像,monochrome image)。其中 Y 被称为灰度值,位于某个范围之内:

$$Y_{\min} \leqslant Y \leqslant Y_{\max} \tag{1.1}$$

理论上要求 Y 仅为正的,且为有限值,区间 $[Y_{\min}, Y_{\max}]$ 称为灰度级(gray scale 或 gray level)。一般常用灰度级为 $[0,255]$,这里 $Y_{\min}=0$ 为黑,$Y_{\max}=255$ 为白,所有中间值是从黑到白的各种灰色调,总共 256 级。

彩色图像可以通过式(1.2)转变为灰度图像:

$$Y=0.299R+0.578G+0.114B \tag{1.2}$$

另外,彩色图像的 R、G、B 分量,可以作为 3 个灰度图像来看待,根据实际情况对其中的一个分量处理即可,没有必要用式(1.2)进行转换,特别是对于实时图像处理,这样可以显著提高处理速度。图 1-6 是彩色图像由式(1.2)转换的灰度图像及各个分量的图像,可以看出灰度图像与 R、G、B 分量图像比较接近。

(a)灰度图像

(b)R分量图像

(c)G分量图像

(d)B分量图像

图 1-6　灰度图像及各个分量图像

1.6　采样与量化

　　如何把数字图像输入到计算机中呢？为了从如照片之类的模拟图像得到数字图像,必须通过采样和量化两个操作过程。

　　采样(sampling)是把空间上的连续的图像分割成离散的像素的集合。如图1-7所示,采样越细,像素表示的尺寸越小,越能精细地表现图像。采样的精度有许多不同的设定,例如采用水平 256 像素×垂直 256 像素、水平 512 像素×垂直512 像素、水平 640 像素×垂直 480 像素的图像等。

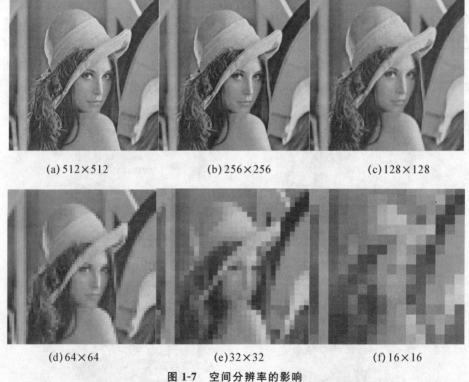

(a) 512×512　　　　　　(b) 256×256　　　　　　(c) 128×128

(d) 64×64　　　　　　(e) 32×32　　　　　　(f) 16×16

图 1-7　空间分辨率的影响

　　量化(quantization)是把像素的灰度(浓淡)变换成离散的整数值的操作。最简单是用白(0)和黑(1)的 2 个数值即 1 比特(2 级)来量化,称为二值图像(binary image)。图 1-8 表示了量化比特数与图像质量的关联性。量化越细致(比特数越大),灰度级数(浓淡层次)表现越丰富,6 比特(64 级)以上的图像几乎看不出有什么区别。考虑到在计算机内操作的方便性,一般采用 8 比特(256 级,1 字节),这意味着表示像素的灰度（浓淡）是 0～255 之间的数值。

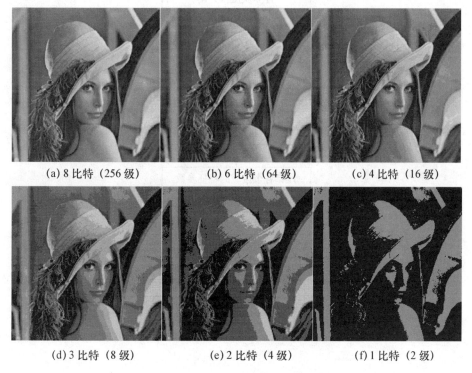

| (a) 8 比特（256 级） | (b) 6 比特（64 级） | (c) 4 比特（16 级） |
| (d) 3 比特（8 级） | (e) 2 比特（4 级） | (f) 1 比特（2 级） |

图 1-8　灰度分辨率的影响

对于彩色图像，需要对每个彩色成分 R、G、B 分别进行采样和量化，由于每种颜色 8 比特，所以能够处理 $2^8 \times 2^8 \times 2^8 \approx 1\,677$ 万色的图像。

1.7　图像处理的基本步骤

在使用图像处理方法时，只用一种方法就能解决问题的情况很少，大多是几种方法组合起来一起使用。例如在提取特定区域时，一般可以按照图 1-9 所示的基本步骤，顺序地进行图像处理。仅组合这些处理是能够提取出物体来，不过这只对没有噪声、质量相当好的图像而言，通常的图像或多或少都有噪声混入，这时有必要增加消除噪声、灰度变换等处理使图像易于观看。另外，各个处理的参数也有必要通过一边校正错误一边确认结果图像来确定适当的数值。

可见，图像处理系统是通过与表示图像的对话方式来测试各个处理方法，根据输出图像，变更参数值，改变方法。对于上述处理我们将在后续章节中详细说明。

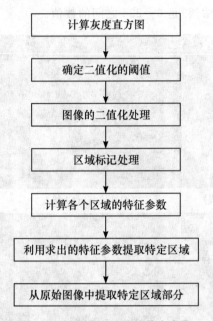

图 1-9　提取特定区域的基本步骤

第 2 章 图像处理与分析的编程准备

2.1 图像处理与分析的硬件构成

一台个人计算机(personal computer)和一个图像输入装置(image input device)就构成了一套图像处理系统。对于一个编写图像处理程序的人来说,图像数据可以通过图像文件获取,所以有一台个人计算机就可以了。

下面将比较详细地阐述图像输入装置及计算机的各个部分。

1. 图像输入装置

传统的图像获取(image acquisition)方式是由摄像机(video camera)、扫描仪(scanner)等装置获取模拟图像,然后通过图像采集卡(image grabber)把模拟图像数字化后输入到计算机中。现在,由于数码技术的高速发展,图像输入装置也发生了革命,可以由数码照相机(digital still camera)、数码摄像机(digital video camera)、数码扫描仪(digital scanner)以及 VCD 和 DVD 播放装置等一切具有 IEEE1394 接口或者 USB 接口的数码图像设备进行图像输入。计算机的主板上都有 USB 接口,大多数便携式计算机,除了 USB 接口之外,还带有 IEEE1394 接口。台式计算机在用 IEEE1394 接口的数码图像装置进行图像输入时,如果主板上没有 IEEE1394 接口,需要另配一块 IEEE1394 图像采集卡。由于 IEEE1394 图像采集卡是国际标准图像采集卡,价格非常便宜,市场价从几十元到三四百元不等。IEEE1394 接口的图像采集帧率比较稳定,一般不受计算机配置影响;USB 接口的图像采集帧率受计算机性能影响较大。现在,随着计算机和 USB 接口性能的不断提高,一般数码设备都趋向于采用 USB 接口,而 IEEE1394 接口多用于高性能摄像设备。

2. 内存(或称帧存储器,frame memory)

内存是计算机的工作区,也是临时存储图像等数据和其他运算程序的地方,内存中的图像数据可以拷贝到显示器的存储区显示出来。现在数字图像都比较大,例如 900 万像素照相机,拍摄的最大图像一般是 $3\,456 \times 2\,592 = 8\,957\,952$ 像素,一个像素有红、绿、蓝(R,G,B)3 个字节,总共是 $8\,957\,952 \times 3 = 26\,873\,856$ 个字节,也就是 26 873 856÷1 024÷1 024 ≈ 25.63 MB 内存。其实,查看拍摄的 JPEG 格式图像文件也就是 2 MB 左右,没有那么大,这是因为将图像数据存储成 JPEG 文件时进行了数据压缩,而在进行图像处理时必须首先进行解压缩处理,然后再将解压缩后的图像数据读到计算机内存里。因此,图像数据非常占用计算机的内存资源,内存越大越有利于计算机的工作。现在计算机的内存一般在 1~8 GB,可以扩展到更大。

3. 显示器(display)

显示器是图像和命令的指示窗口。现在个人计算机的显示器可以选择多种像素及色彩的显示方式,从 640 像素×480 像素的 256 色到 1 600 像素×1 200 像素以及更高像素的 32 位的真彩色(true color)。

4. CPU

CPU 的英文全称是 central processing unit,也就是中央处理器,属于计算机的核心部位,相当于人的大脑。CPU 发展非常迅速,现在个人计算机的计算速度已经超过了 10 年前的超级计算机。

5. 图像存储部件(image storage device)

数字化的图像数据,与计算机的程序数据相同,被存储在个人计算机的硬盘中,通过计算机处理后,将图像表示在显示器上或者重新保存在硬盘中以备使用。除了计算机本身配置的硬盘之外,还有通过 USB 连接的移动硬盘,最常用的就是通常所说的 U 盘。随着计算机性能的不断提高,硬盘容量也在不断扩大,现在一般计算机的硬盘容量都是 TB 数量级,1 TB=1 024 GB。

所谓昂贵的图像处理装置,只不过是具有高性能的图像输入装置,具有大容量的图像存储装置,或者具有图像处理专用的硬件而已。但是,就一般图像处理而言,个人计算机已经足够了。

2.2　数字图像的计算机表述

照片或者画面之类的图像是怎样被计算机表述的呢? 在计算机中,图像按图 2-1 所示的那样分成像素(pixel),各个像素的灰度值(gray value,或者 value,浓淡值)被整数化(或称数字化,digitization)来表现。图 2-2 显示了一个放大后的图像实例。这是一个眼睛图像的放大图,放大图中可以看到的各个小方块即为像素。

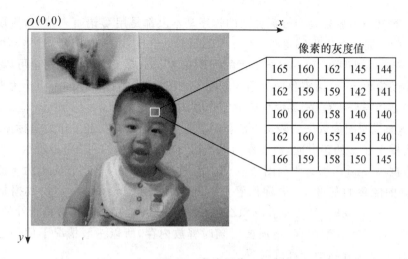

图 2-1　数字图像

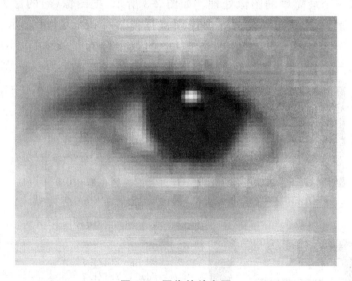

图 2-2　图像的放大图

　　计算机的软件可以由 BASIC、FORTRAN、C、C＋＋、Visual C＋＋等多种语言来记述,但是由于图像处理与分析的数据处理量很大,而且需要编写复杂的运算程序,从运算速度和编程的灵活性来考虑,C 和 C＋＋语言是最佳的图像处理与分析的编程语言,目前的图像处理与分析的算法程序多数利用这两种计算机语言来实现。C＋＋是 C 的升级,它将 C 从面向过程的单纯语言升级为面向对象的复杂语言,C＋＋完全包容 C 语言,也就是说 C 语言的程序在 C＋＋环境下可以正常执行。本教材中图像处理与分析算法的程序基本上都是用 C 语言来编写，所以学过 C 语言的人完全可以理解这些程序。Visual C++是 C++的升级，是将不可视的 C++变成可视型，C 和 C++语言的程序在 Visual C++环境下完全可以执行。本书中图像表示、对话窗界面等用 Visual C++来表述，以 Visual C++为平台揭示图像处理与分析程序、界面程序的制作方法。

下面说明图像数据的表示方法。通常把数字图像的左上角作为坐标原点，向右作为横坐标 x 的正方向，向下作为纵坐标 y 的正方向，如图 2-1 中所示。如果设图像数据为 image，那么距离图像原点在水平方向上为 i、垂直方向上为 j 的位置 (i,j) 处的像素的灰度值（简称像素值），可以用数组 image[j][i]或数据指针 *(image+j*XSIZE+i)来表示，XSIZE 为图像的宽度。由于使用数据指针的方式，可以实现需要时分配内存、不需要时随时释放内存，所以一般情况下使用这种方式，这样可以充分利用计算机资源。

下面做一个最简单的图像处理。如图 2-3 所示，把图像(a)的像素值进行翻转，来生成图像(c)。如果设输入图像用数据指针 *image_in 表示，输出图像用数据指针 *image_out 表示。图像(a)的数据分布情况如图(b)所示。用

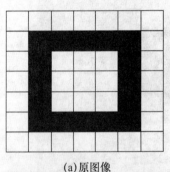

(a)原图像

```
BYTE *image_in =
{{1, 1, 1, 1, 1, 1, 1, 1},
{1, 0, 0, 0, 0, 0, 0, 1},
{1, 0, 1, 1, 1, 1, 0, 1},
{1, 0, 1, 1, 1, 1, 0, 1},
{1, 0, 1, 1, 1, 1, 0, 1},
{1, 0, 1, 1, 1, 1, 0, 1},
{1, 0, 0, 0, 0, 0, 0, 1},
{1, 1, 1, 1, 1, 1, 1, 1}};
```

(b)图像数据

(c)处理后图像

```
#define XSIZE 7
#define YSIZE 7
for(j=0; j<YSIZE; j++){
    for(i=0; i<XSIZE; i++){
        *(image_out + j*XSIZE + i) =
        1 - *(image_in + j*XSIZE + i);
    }
}
```

(d)处理程序

图 2-3　图像处理示例

C++语言编写成的程序如图(d)所示,对于每一个像素,用 1 减去输入图像的数据(像素值),将结果代入相应的输出图像的数据即可。输出数据组的表示结果即为图像(c)。如此而已,只要按要求做一些改变就可实现各种各样的图像处理了。

上述是灰度图像数据的处理情况,对于彩色图像,需要对彩色中的红(R)、绿(G)、蓝(B) 3 个分量分别进行处理。

2.3　配套软件的使用方法

2.3.1　配套软件的介绍

本教材提供了教学演示用软件 DIPA 和学习版的源程序 DIPAX。教学演示软件 DIPA 是一个可执行程序,界面内容除了图像的表示、读入、保存、彩色变灰度以外,还包含本书的所有内容,可以对本书的图像进行演示处理。教学演示软件 DIPA 适用于图像处理的课堂教学,教师可以用教学演示软件 DIPA 边向学生传授理论,边讲解处理程序,然后示范处理结果,使学生在实践中学习,可以完全改变传统理论灌输的教学模式。

学习版 DIPAX 是一套完全可执行的 Visual C++界面源代码,界面内容包括图像的表示、读入和保存,主要用于课后编程练习和自学。对于大多数人来说,图像的表示、读入、保存等是学习图像处理编程的一大障碍。该软件给读者提供了图像表示、读入、保存的框架,消除了学习图像处理编程的障碍,可使读者轻松地进入图像处理编程状态。读者可以在 DIPAX 上加上菜单或对话窗,将本书中各个独立的图像处理程序输入到 DIPAX 的框架上,起到在实际操作中轻松地学会 Visual C++图像处理编程的目的。下面介绍学习版 DIPAX 的使用方法。

2.3.2　安装学习版 DIPAX

本书所附 CD 中有 DIPAX 的安装程序,打开文件夹"学习版 DIPAX",执行 SetUp,按提示安装即可。安装前需对计算机做系统设定等准备工作,详见该文件夹中"安装注意事项"。也可以从网站 http://www.fubo-tech.com 免费下载学习版 DIPAX。下载的 DIPAX 是压缩文件夹,需要对该文件夹进行解压处理。解压后,打开文件夹,执行 SetUp,根据提示进行安装。

安装后,用 Visual C++2010 打开 DIPAX 即可进行编程。

利用 DIPAX 进行图像处理的编程步骤如下：

(1)新建源程序(.cpp)文件,输入图像处理源程序。

(2)添加菜单名和菜单函数。

(3)添加对话框,给对话框创建新类。

(4)将对话框与菜单函数连接。

(5)在对话框程序中完成图像处理内容：①用类向导添加初始化函数。②在头文件里设定参数,如主窗口句柄指针、输入输出图像指针、图像大小以及其他公用参数。③在构建函数里获得主窗口句柄,在初始化函数里获得图像大小、分配图像指针内存、读取图像数据,在对话框关闭后释放图像指针内存,等等。④在对话框中设定需要的键和参数输入窗口。⑤添加执行键函数,在该函数里获得窗口数据(图像数据)、执行图像处理函数、表示处理后图像、更新画面等。

以下各节分别介绍上述各个步骤的内容。

2.3.3　图像处理函数的输入方法

以下以 Visual C++ 2010 的界面说明图像处理函数的输入方法。

选择并打开.sln 文件,即打开 DIPAX 的工程源代码界面,如图 2-4 所示。

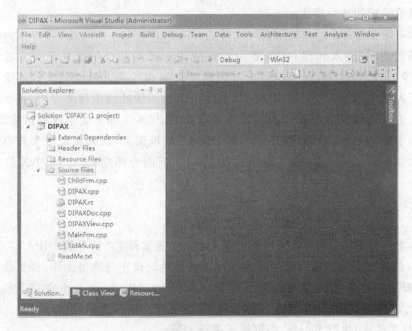

图 2-4　工程源代码界面

首先将自己需要的图像处理函数输入到 DIPAX 中。下面以一般二值化的函数为例进行说明。

(1)如图 2-4 所示,在窗口左侧的 Solution Explorer 窗口,右击 Source Files 选择 Add - New Item,出现如图 2-5 所示 Add New Item-DIPAX 窗口。

图 2-5　建立源程序文件

(2)如图 2-5 所示,选择 C++ File,在下方 Name 栏输入函数名称"Threshold",在 Location 栏一般会自动显示图像处理函数要放入的位置(本例中为 F:\DIPAX\)。要注意的是,此处要设置的是 DIPAX 在读者计算机系统上的实际安装位置,不一定是图 2-5 中的位置。完成上述设定以后,单击右下方的 Add 按钮,Add New Item-DIPAX 窗口关闭,完成添加源文件操作。

(3)关闭 Add New Item-DIPAX 窗口后,回到工程源代码界面,出现刚才新建的源程序文件 Threshold.cpp 的空白编辑窗口。将 Threshold.cpp 的内容按第 3 章后的 List 3.1 如实输入,保存即可。参考图 2-6。

2.3.4　菜单的添加方法

1.打开菜单窗口

在工程源代码界面左侧的 Resource View 窗口内,打开 Menu,双击 IDR_DIPAXTYPE 后,右侧编辑窗口出现 DIPAX 的菜单编辑窗口,如图 2-7 所示。

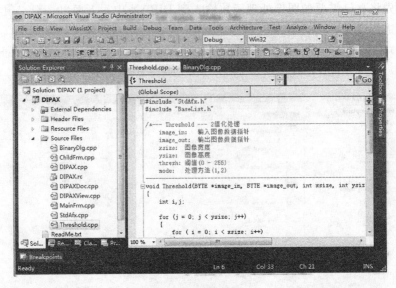

图 2-6　编辑源代码

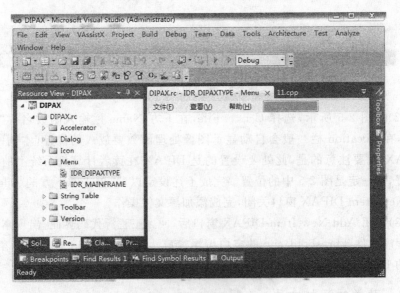

图 2-7　菜单编辑窗口

2. 增加菜单目录

单击菜单后面的虚线方框,输入"2 值化处理(B)"的菜单名称,然后右击该方框,出现设置目录一览,如图 2-8 所示。

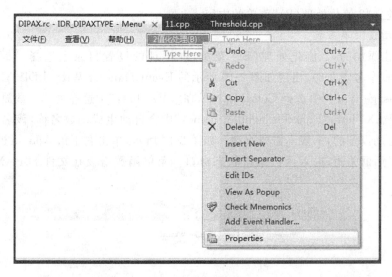

图 2-8　增设菜单

3.设置菜单 ID

在图 2-8 中选择 Properties，弹出如图 2-9 所示的 Properties 窗口。将 Popup 项的"True"改为"False"，此时该菜单将自动分配一个 ID 号，修改菜单的 ID 为"ID _BINARY"，在 Prompt 一栏添加菜单说明。Prompt 项的内容，在执行窗口，鼠标移动到该菜单位置时自动显示，作为对菜单的补充说明，也可以不添加说明。图

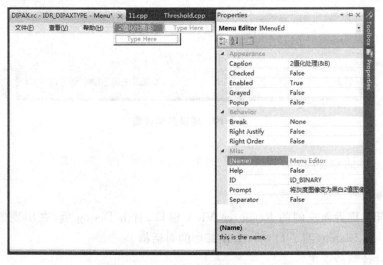

图 2-9　菜单 ID 的设定

2-9 是建立"2 值化处理(B)"菜单的内容。

4. 增设菜单函数

右击添加的"2 值化处理(B)"菜单,在出现的设置目录上选择 Add Event Handler(参考图 2-8),出现如图 2-10 所示的 Event Handler Wizard-DIPAX 窗口。在"Message type:"中选择 COMMAND,在"Class list:"中选择菜单函数放置的位置 CDIPAXView,"Function handler name:"中会自动生成函数名称,该名称是根据 ID 自动设定的,一般不需要改动。如图 2-10 所示,单击右下角 Add and Edit 按钮后,对话框关闭,进入函数编辑状态窗口。菜单函数增设在文件 DIPAXView. cpp 里。

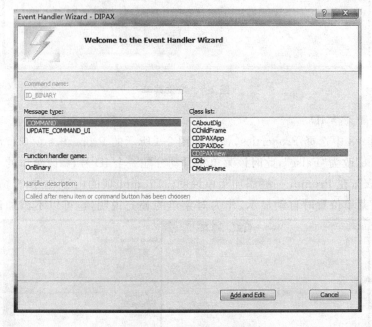

图 2-10 增设菜单函数

2.3.5 对话框的添加方法

1. 增设对话框

打开工程界面左侧的 Resource View 窗口,右击 Dialog 后,在出现的菜单中选择 Insert Dialog(图 2-11)后,出现新加的对话框。

2. 对话框的设定

右击新增的对话框,在出现的菜单中选中 Properties 后,在工程窗口右侧出现

Properties 窗口,按照图 2-12 进行对话框设置。在 ID 项输入"IDD_BINARY_DIA-LOG",在 Appearance 的 Caption 项输入"2 值化处理",Behavior 的 Visible 项改为"True",其他项可以不动。对话框的大小以及执行键的位置可以自由拖动设置。

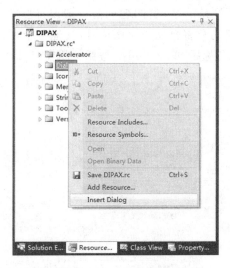

图 2-11　增设对话框

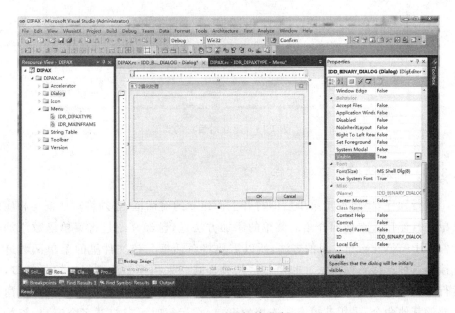

图 2-12　对话框的设定

3.建立对话框的类

右击对话框,在弹出的菜单中选择 Add Class 后,出现 MFC Add Class Wizard-DIPAX 对话框。对话框中 Class name 栏里,输入新类的名称"CBinaryDlg",如图 2-13 所示。需要注意的是,类的名称前一般要加"C",表示 Class,自动生成的.h 文件和.cpp 文件名称将自动去掉该符号,其他各个栏目都是自动对应表示,一般不要变动。输入名称后,单击 Finish 按钮关闭窗口,即完成新类的建立。

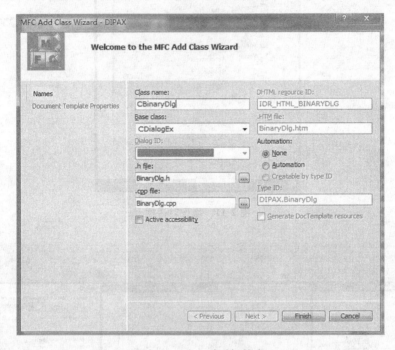

图 2-13   建立对话框的类

2.3.6   将对话框与菜单连接

运行程序,要想单击菜单后即打开上面建立的对话框,必须将对话框与相应的菜单进行连接。在前面介绍的菜单的添加方法里,已经介绍过将菜单函数添加在文件 DIPAXView.cpp 里的方法,所以需要将对话框与该文件里的菜单函数进行连接。这种连接有模态法和非模态法两种模式。采用模态法进行连接的窗口,在运行时只能执行当前打开的窗口内的命令,在当前窗口关闭之前不能执行该窗口之外的其他命令;采用非模态法连接的窗口,在运行时可以打开多个窗口、执行多个命令。为了简单起见,下面只介绍模态法的对话框与菜单函数的连接方法。连接方法如下：

(1)在源程序文件 DIPAXView. cpp 的上方加入对话框的头函数 Binary
Dlg. h；

(2)在源程序文件 DIPAXView. cpp 中的 OnBinary()函数里，加入调用对话
框的内容，如下面程序中的黑体字所示。

```
void CDIPAXView：：OnBinary()
{
//定义 dlg
CBinaryDlg dlg(this)；
//执行对话窗口
dlg. DoModal()；
}
```

加入上述内容后，编码、执行命令、点击菜单即可打开对话框，目前的对话框只
有默认的 OK 和 Cancel 两个命令键。下面介绍命令键和参数对话框的添加方法。

2.3.7　命令键、参数对话框的添加方法

2.3.7.1　添加按钮

打开对话框，可以将对话窗口上自动生成的 OK 键和 Cancel 键改造后使用，
也可以单击工具窗口的 Button 后，单击对话框上的适当位置创建按钮。如图 2-14
所示，在对话框打开状态，选择工程界面右上边的 Toolbox，即可打开工具窗口。

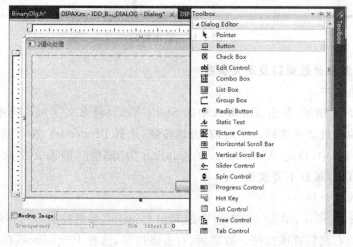

图 2-14　工具窗口

在本例中,Cancel 作为关闭对话框的按钮不变,将 OK 按钮改造为二值化的执行按钮。改造方法如下:右击原来的 OK 按钮,选择 Properties 后,在右侧出现 Properties 窗口,将 Misc 的 ID 项改为"ID_BINARY_EXECUTE",Appearance 的 Caption 项改为"执行"。如图 2-15 所示。

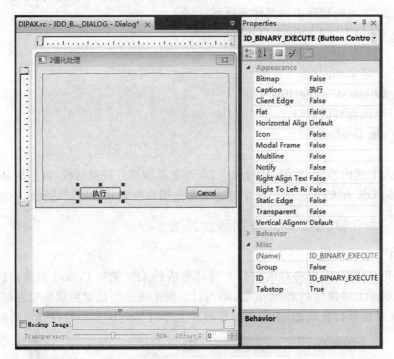

图 2-15　设定按钮

2.3.7.2　添加参数窗口及定义参数

1.静态文字

如图 2-14 所示,单击 Toolbox 中的 Static Text(静态文字)后,再单击对话框上的适当位置放置该按钮。然后,右击该按钮,选择 Properties,在右侧 Properties 窗口(图 2-16)中,设定 Appearance 的 Caption 为"阈值",静态文字的 ID 默认是 IDC_STATIC,最好不要改变它。

2.输入对话框

如图 2-14 所示,单击 Toolbox 中的 Edit Control(编辑控制)后,再单击对话框上"阈值"的右侧放置该按钮。放置后,右击该按钮,选择 Properties,在右侧 Properties 窗口(图 2-17)中,设定 Misc 的 ID 为"IDC_THRESHOLD_EDIT"。

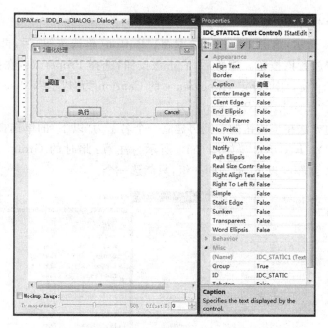

图 2-16　设定静态文字

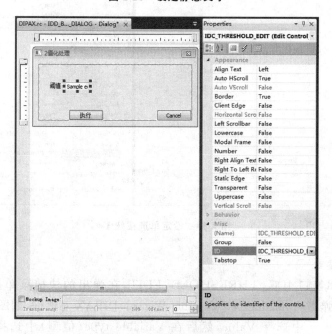

图 2-17　设定输入对话框

3. 单选按钮

如图 2-14 所示,单击 Toolbox 的 Radio Button(单选按钮)后,再单击对话框上的适当位置放置该按钮。放置后,右击该按钮,选择 Properties,在如图 2-18 所示的 Properties 窗口中,设定 Appearance 的 Caption 为"以上",Misc 的 Group 为"True"、ID 为"IDC_BINARY_RADIO1"。

用同样的方法在该按钮的右侧再建立一个名字为"以下"的单选按钮,ID 设为"IDC_BINARY_ RADIO2",如图 2-19 所示。注意:此时的 Group 采用默认的 False,这样"以上"和"以下"即为同一组,只能选一个。

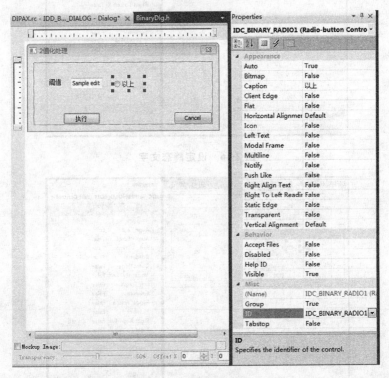

图 2-18 设定单选按钮 1

4. 定义参数

右击编辑窗口 IDC_THRESHOLD_EDIT,在弹出的快捷菜单里选择 Add Variable 后,弹出 Add Member Variable Wizard-DIPAX 对话框,如图 2-20 所示。首先在 Category 中选择 Value,然后在 Variable type(值型)中选择 BYTE,在 Variable name(名称)中输入"m_nTh"。设定后单击 Finish,关闭窗口。

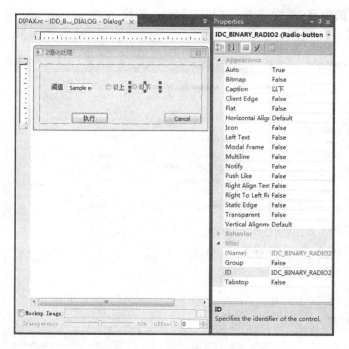

图 2-19　设定单选按钮 2

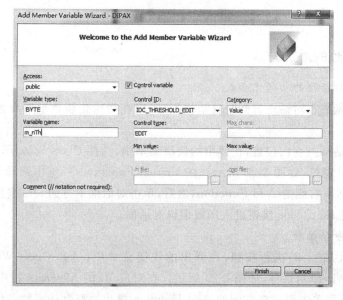

图 2-20　定义参数 1

以同样的步骤,给单选按钮"以上"定义参数,名字为"m_nModel",值型为"int"。如图 2-21 所示。

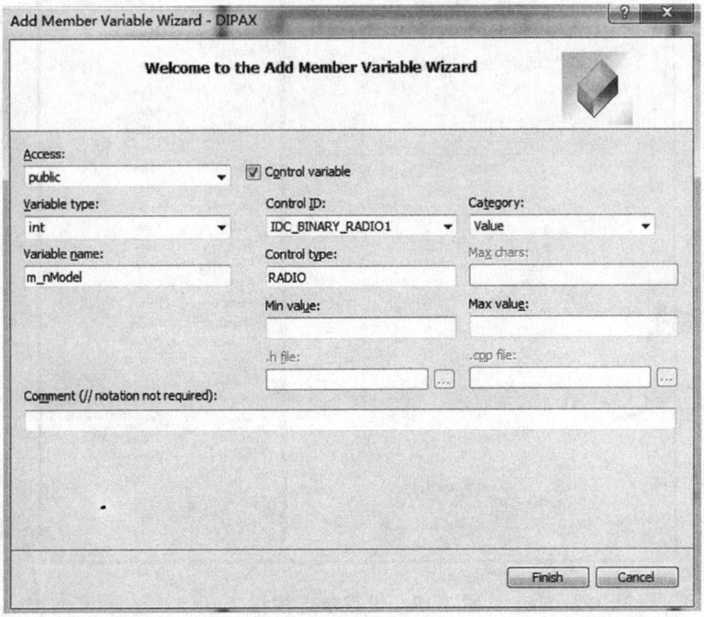

图 2-21   定义参数 2

2.3.8   函数的添加方法

1.添加对话框的初始化函数

初始化函数在对话框打开时自动执行,可以在初始化函数里对参数等进行初始设定。

右击对话框上空白位置,在弹出的快捷菜单中,选择 Class Wizard,打开 MFC Class Wizard 窗口,如图 2-22 所示。在 Virtual Functions 一览中选择 OnInitDialog,单击对话框右侧的 Add Function,然后,单击对话框下方的 OK 按钮关闭对话框,或者单击 Edit Code 按钮进入函数编辑对话框。

2.添加命令函数

右击对话框上的执行按钮,在弹出的快捷菜单中,选择 Class Wizard,弹出 MFC Class Wizard 对话框,如图 2-23 所示。在对应 ID 的 Messages 栏中选择 BN_CLICKED,然后单击对话框右侧的 Add Handler,弹出填有默认函数名称的对话框(图 2-23 中间的对话框),默认函数名称与 ID 名称关联,一般不需要修改。单击

图 2-22 添加初始化函数

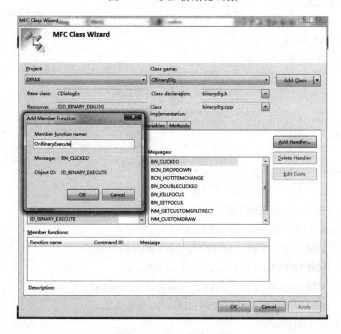

图 2-23 添加命令函数

OK 按钮关闭添加函数对话框,再单击 OK 按钮关闭 MFC Class Wizard 对话框。以同样的方法也给 Cancel 按钮添加一个函数。

List 2.1 中的黑体字表示了菜单函数和对话框连接的内容。

List 2.1　源程序 DIPAXView. cpp

```
// DIPAXView. cpp : implementation of the CDIPAXView class
//
#include "stdafx. h"
#include "DIPAX. h"

#include "DIPAXDoc. h"
#include "DIPAXView. h"
#include "Cdib. h"
#include "Global. h"

#include "BinaryDlg. h"

#ifdef _DEBUG
#define new DEBUG_NEW
#undef THIS_FILE
static char THIS_FILE[] = __FILE__;
#endif

/////////////////////////////////////////////////////////////////////////////
// CDIPAXView

IMPLEMENT_DYNCREATE(CDIPAXView, CScrollView)

BEGIN_MESSAGE_MAP(CDIPAXView, CScrollView)
    //{{AFX_MSG_MAP(CDIPAXView)
    ON_COMMAND(ID_FILE_OPEN, OnFileOpen)
    ON_COMMAND(ID_FILE_SAVE, OnFileSave)
    ON_COMMAND(ID_FILE_SAVE_AS, OnFileSaveAs)
    ON_COMMAND(ID_BINARY, OnBinary)
    //}}AFX_MSG_MAP
    // Standard printing commands
```

```
    ON_COMMAND(ID_FILE_PRINT，CScrollView：：OnFilePrint)
    ON_COMMAND(ID_FILE_PRINT_DIRECT，CScrollView：：OnFilePrint)
    ON_COMMAND(ID_FILE_PRINT_PREVIEW，CScrollView：：OnFilePrintPreview)
END_MESSAGE_MAP()


/////////////////////////////////////////////////////////////////////
// CDIPAXView construction/destruction

CDIPAXView：：CDIPAXView()
{
    // TODO：add construction code here
    m_nXSize = 640；//初始化图像窗口的宽度
    m_nYSize = 480；//初始化图像窗口的高度

    //初始化图像数据指针
    m_pImage = NULL；
    m_pImageR = NULL；
    m_pImageG = NULL；
    m_pImageB = NULL；
    m_bFileOpen = FALSE；
}


CDIPAXView：：~CDIPAXView()
{
    //解散图像数据内存
    if(m_pImage ! = NULL)
    {
        delete m_pImage；
        m_pImage = NULL；
    }
    if(m_pImageR ! = NULL)
    {
        delete m_pImageR；
        m_pImageR = NULL；
    }
    if(m_pImageG ! = NULL)
```

```
    {
        delete m_pImageG;
        m_pImageG = NULL;
    }
    if(m_pImageB ! = NULL)
    {
        delete m_pImageB;
        m_pImageB = NULL;
    }
    ::DeleteDispDib();
}


BOOL CDIPAXView::PreCreateWindow(CREATESTRUCT& cs)
{
    // TODO: Modify the Window class or styles here by modifying
    // the CREATESTRUCT cs

    return CScrollView::PreCreateWindow(cs);
}


/////////////////////////////////////////////////////////////////////////////
// CDIPAXView drawing

void CDIPAXView::OnDraw(CDC * pDC)
{
    CDIPAXDoc * pDoc=GetDocument();
    ASSERT_VALID(pDoc);
    // TODO: add draw code for native data here
    CDib * pDib;
    HGDIOBJ hOrg;
    CPalette * pOrgPal;

    /////////////////////////////////////////////
    // Get current image
    pDib = ::GetDib();
    hOrg = ::SelectObject(m_cMemoryDC. m_hDC, m_hBitmap);
```

```
// Draw image
pDib->UsePalette(&m_cMemoryDC);
pDib->Draw(&m_cMemoryDC, CPoint(0, 0), CSize(GetXSize(), GetYSize()));

// set paletter
pOrgPal = (CPalette *)pDC->SelectPalette(pDC->GetCurrentPalette(), FALSE);
// view
pDC->BitBlt(0, 0, GetXSize(), GetYSize(), &m_cMemoryDC, 0, 0, SRCCOPY);
// recover paletter
pDC->SelectPalette(pOrgPal, FALSE);

//////////////////////////////////////
// release DIB
::SelectObject(m_cMemoryDC. m_hDC, hOrg);
}


void CDIPAXView::OnInitialUpdate()
{
    CScrollView::OnInitialUpdate();

    //设定滚动轴的大小
    SetWindowSize(m_nXSize, m_nYSize);

    // initialize
    CClientDC dc(this);

    ::CreateDispDib(&dc, m_nXSize, m_nYSize);

    CDib * pDib;
    pDib = ::GetDib();

    //表示当前图像
    // made DIB bitmap
    if ((m_hBitmap = ::CreateDIBitmap(dc. m_hDC, pDib->m_lpBMIH, 0L,
        NULL, NULL, 0)) != 0) {
            // initialize structure data by GetDIBits()
```

```
        ::GetDIBits(dc. m_hDC, m_hBitmap, 0, m_nYSize, NULL,
            (LPBITMAPINFO)(pDib->m_lpBMIH), DIB_RGB_COLORS);
        // made memory DC
        m_cMemoryDC. CreateCompatibleDC(&dc);
    }

    //更新画面
    Invalidate();
}


/////////////////////////////////////////////////////////////////////////
// CDIPAXView printing

BOOL CDIPAXView::OnPreparePrinting(CPrintInfo * pInfo)
{
    // default preparation
    return DoPreparePrinting(pInfo);
}


void CDIPAXView::OnBeginPrinting(CDC * /* pDC */,CPrintInfo * /* pInfo */)
{
    // TODO: add extra initialization before printing
}


void CDIPAXView::OnEndPrinting(CDC * /* pDC */, CPrintInfo * /* pInfo */)
{
    // TODO: add cleanup after printing
}


/////////////////////////////////////////////////////////////////////////
// CDIPAXView diagnostics

#ifdef _DEBUG
void CDIPAXView::AssertValid() const
{
    CScrollView::AssertValid();
```

```
}

void CDIPAXView::Dump(CDumpContext& dc) const
{
    CScrollView::Dump(dc);
}

CDIPAXDoc * CDIPAXView::GetDocument() // non-debug version is inline
{
    ASSERT(m_pDocument->IsKindOf(RUNTIME_CLASS(CDIPAXDoc)));
    return (CDIPAXDoc * )m_pDocument;
}
#endif //_DEBUG

/////////////////////////////////////////////////////////////////////////////
// CDIPAXView message handlers

void CDIPAXView::OnFileOpen()
{
    //读入位图文件
    ::Load_imagefile_bmp();

    m_nXSize = ::GetXSize();
    m_nYSize = ::GetYSize();
        //设定图像窗口大小
    SetWindowSize(m_nXSize, m_nYSize);
    //更新画面
    Invalidate();

    //判断图像格式
    if(::GetImageType() == 24)
    {
        //消除老图像数据
        if(m_pImageR ! = NULL)
        {
                delete[] m_pImageR;
```

```
                m_pImageR = NULL;
        }
        if(m_pImageG ! = NULL)
        {
                delete[] m_pImageG;
                m_pImageG = NULL;
        }
        if(m_pImageB ! = NULL)
        {
                delete[] m_pImageB;
                m_pImageB = NULL;
        }

        //为新图像分配内存
        m_pImageR = new BYTE[m_nXSize * m_nYSize];
        m_pImageG = new BYTE[m_nXSize * m_nYSize];
        m_pImageB = new BYTE[m_nXSize * m_nYSize];
        //读入新图像数据
        ::ReadImageDataRGB(m_pImageR, m_pImageG, m_pImageB);
}
else if(::GetImageType() == 8)
{
        //消除老图像数据
        if(m_pImage ! = NULL)
        {
        delete[] m_pImage;
        m_pImage = NULL;
        }

        //为新图像分配内存
        m_pImage = new BYTE[m_nXSize * m_nYSize];
        //读入新图像数据
        ::ReadImageData(m_pImage);
}

m_bFileOpen = TRUE;
```

```
//更新画面
Invalidate();
}


void CDIPAXView::OnFileSave()
{
    if(! m_bFileOpen)//没有读入图像
        return;
    ::Save_imagefile_bmp();
}


void CDIPAXView::OnFileSaveAs()
{
    if(! m_bFileOpen)//没有读入图像
        return;

    ::SaveAs_imagefile_bmp();
}

void CDIPAXView::SetWindowSize(int xsize, int ysize)
{
    //设定滚动轴的大小
    SetScrollSizes(MM_TEXT, CSize(xsize-1, ysize-1));

    /////////初始化表示帧的大小
    CRect cRect ;
    CMDIChildWnd * pChildFrm = (CMDIChildWnd * )GetParentFrame();
    // 改变表示的大小
    cRect.SetRect(0, 0, xsize, ysize);
    CalcWindowRect((LPRECT)cRect, CWnd::adjustOutside);
    SetWindowPos(&wndTopMost,cRect.left,cRect.top,cRect.Width(),cRect.
        Height(),SWP_NOZORDER|SWP_NOMOVE);

    // 改变帧的大小
    pChildFrm->CalcWindowRect((LPRECT)cRect);
    pChildFrm->SetWindowPos(NULL,cRect.left,cRect.top,cRect.Width(),cRect.
```

```
                Height(),SWP_NOZORDER|SWP_NOMOVE);
    ///////////////////////////////////////////////
}
void CDIPAXView::OnBinary()
{
    //定义 dlg
    CBinaryDlg dlg(this);
     //执行对话窗口
    dlg. DoModal();
}
```

添加完上述内容后,对工程进行编码,然后执行命令,在窗口上单击菜单"2 值化处理"即可显示对话框。

2.3.9 作成对话窗函数

下列 List 2.2 表示完成的头文件 BinaryDlg. h,List 2.3 表示完成的源程序 BinaryDlg. cpp,黑体字是另加的内容,在自己的函数里加上黑体字部分即可。加黑体字部分后,对工程进行编码,即可执行。

List 2.2　头文件 BinaryDlg. h

```
#if ! defined(AFX_BINARYDLG_H__2CDE14C6_A8F3_44C6_9C11_E36072348405__IN-
CLUDED_)
#define AFX_BINARYDLG_H__2CDE14C6_A8F3_44C6_9C11_E36072348405__INCLUD-
ED_


#if _MSC_VER > 1000
#pragma once
#endif // _MSC_VER > 1000
// BinaryDlg. h : header file
//


///////////////////////////////////////////////////////////////////////////////////////
// CBinaryDlg dialog

class CBinaryDlg : public CDialog
{
```

```
// Construction
public：
CBinaryDlg(CWnd * pParent = NULL)； // standard constructor

// Dialog Data
//{{AFX_DATA(CBinaryDlg)
enum { IDD = IDD_BINARY_DIALOG }；
BYTE  m_nTh；
int  m_nModel；
//}}AFX_DATA

//定义主窗口指针
CWnd * m_pParent；

//定义图像指针
BYTE * m_pImage_in；
BYTE * m_pImage_out；

//定义图像大小
int m_nxsize；
int m_nysize；

// Overrides
// ClassWizard generated virtual function overrides
//{{AFX_VIRTUAL(CBinaryDlg)
protected：
virtual void DoDataExchange(CDataExchange * pDX)； // DDX/DDV support
//}}AFX_VIRTUAL

// Implementation
protected：

// Generated message map functions
//{{AFX_MSG(CBinaryDlg)
virtual BOOL OnInitDialog()；
afx_msg void OnBinaryExecute()；
```

```
virtual void OnCancel();
//}}AFX_MSG
DECLARE_MESSAGE_MAP()
};


//{{AFX_INSERT_LOCATION}}
// Microsoft Visual C++ will insert additional declarations immediately before the
previous line.

# endif // !defined(AFX_BINARYDLG_H__2CDE14C6_A8F3_44C6_9C11_
E36072348405__INCLUDED_)
```

List 2.3　源程序 BinaryDlg.cpp

```
// BinaryDlg.cpp : implementation file
//


# include "stdafx.h"
# include "DIPAX.h"
# include "BinaryDlg.h"


//包含图像表示、存取等函数的头文件
# include "Global.h"


//包含图像处理函数
# include "BaseList.h"


# ifdef _DEBUG
# define new DEBUG_NEW
# undef THIS_FILE
static char THIS_FILE[] = __FILE__;
# endif


// CBinaryDlg dialog


CBinaryDlg::CBinaryDlg(CWnd * pParent /* =NULL */)
:CDialog(CBinaryDlg::IDD, pParent)
```

```
{
  //{{AFX_DATA_INIT(CBinaryDlg)
  m_nTh=100;
  m_nModel=0;
  //}}AFX_DATA_INIT

  //保存主窗口句柄
  m_pParent = pParent;

  //初始化图像指针
  m_pImage_in = NULL;
  m_pImage_out = NULL;
}

void CBinaryDlg::DoDataExchange(CDataExchange * pDX)
{
  CDialog::DoDataExchange(pDX);
  //{{AFX_DATA_MAP(CBinaryDlg)
  DDX_Text(pDX, IDC_BINARY_EDIT, m_nTh);
  DDX_Radio(pDX, IDC_BINARY_RADIO1, m_nModel);
  //}}AFX_DATA_MAP
}

BEGIN_MESSAGE_MAP(CBinaryDlg, CDialog)
  //{{AFX_MSG_MAP(CBinaryDlg)
  ON_BN_CLICKED(ID_BINARY_EXECUTE, OnBinaryExecute)
  //}}AFX_MSG_MAP
END_MESSAGE_MAP()

//////////////////////////////////////////////////////////////////////
// CBinaryDlg message handlers

BOOL CBinaryDlg::OnInitDialog()
{
    CDialog::OnInitDialog();
```

```
    // TODO：Add extra initialization here

    //获得图像大小
    m_nxsize = ::GetXSize();
    m_nysize = ::GetYSize();

    //彩色图像时退出
    if(::GetImageType() == 24)
        return FALSE;

    //分配内存
    m_pImage_in = new BYTE[m_nxsize * m_nysize];
    m_pImage_out = new BYTE[m_nxsize * m_nysize];

    //读入图像数据
    ::ReadImageData(m_pImage_in);

    return TRUE; // return TRUE unless you set the focus to a control
            // EXCEPTION：OCX Property Pages should return FALSE
}

void CBinaryDlg::OnBinaryExecute()
{
    // TODO：Add your control notification handler code here

    //获得窗口数据
    UpdateData(TRUE);

    //2 值化处理
    Threshold(m_pImage_in, m_pImage_out, m_nxsize, m_nysize, m_nTh, m_nModel);

    //表示处理结果
    ::Disp_image(m_pImage_out);

    //更新图像画面
    m_pParent->Invalidate();
```

```
}

void CBinaryDlg：：OnCancel()
{
    // TODO：Add extra cleanup here

    //释放内存
    delete [] m_pImage_in；
    delete [] m_pImage_out；

    CDialog：：OnCancel()；
}
```

2.4　配套函数的说明

2.4.1　图像处理源程序

List 2.4 给出了本书中图像处理源程序列表,各个函数中参数的含义可以参看各章后面所附源程序中该函数前面的说明。读者可以在学习了各章节的内容之后,参考 2.3 节的例子,将各章后面所附源程序中的图像处理函数逐个加入到 DI-PAX 系统里。

List 2.4　图像处理源程序列表

```
// BaseList. h

#ifndef  __ DIPAHEADERFILE __
#define  __ DIPAHEADERFILE __

/ * ----------------定义参数------------------------ * /
//函数返回值
#define  OK   0
#define  NG  −1

// 白像素
#define HIGH   255
```

```
//黑像素
# define LOW    0


//连接成分的基数值
# define  L_BASE  100


//直方图图像的基数值
# define BIAS  128


//π值
# define  PI  (float)3.14159265


//√2值
# define  ROOT2  (float)1.41421356


//判断有无饱和度的阈值
# define  THRESHOLD  0.0


//无饱和度时的代入值
# define  NONE  0.0


//图像区域以外时的像素值
# define B_VAL  128


//一个字节的位数
# define  BYTESIZE  8


//可变单位(2 或 4 位)
# define  LEN    4


//一般 Hough 变换的最大角度
# define ANGLE_MAX  180


//过已知点 Hough 变换的投票区间数
# define TABLE_NUM  10
```

//过已知点 Hough 变换的投票范围的左值
define TABLE_LEFT 　 −2

//过已知点 Hough 变换的投票范围宽度
define TABLE_WIDTH 6

//过已知点 Hough 变换的最多投票次数
define MAXTIME 　 15

//过已知点 Hough 变换的直线检测精度
define THRESHOLD_HT 0.05

//模式识别最大维数
define MAXVECTDIM 　 20

//模式识别最大模式数
define MAXPATTERN 　 256

//模式识别最大分类数
define MAXCLUSTER 　 10

//遗传算法相关参数
// 个体的染色体长度（比特数）
define G_LENGTH 　 15

// 种群大小（个体总数）
define POP_SIZE 　 20

// 模糊处理的阶数（最大为6）
define DEFOCUS_L 　 4

// 原始图像左上角的点的 x 坐标
define XUL 　 80

//原始图像左上角的点的 y 坐标
define YUL 　 250

```
//淘汰率（0～1）
# define S_RATE   0.4


//变异率（0～1）
# define M_RATE   0.20


//右上角的适应度曲线图的基准点的 x 坐标
# define GX1   360


//右上角的适应度曲线图的基准点的 y 坐标
# define GY1   100


//右下角的适应度曲线图的基准点的 x 坐标
# define GX2   360


//右下角的适应度曲线图的基准点的 y 坐标
# define GY2   290


//适应度曲线图的 x 方向上的长度
# define GXR   250


//适应度曲线图的 y 方向上的长度
# define GYR   100


//适应度曲线图的 x 方向上的一步长
# define GSTEP   2
//////////////


//神经网络识别文字的标准宽度
# define STD_WIDTH   8


//神经网络识别文字的标准高度
# define STD_HEIGHT   16


//神经网络用文字链表
# include <deque>
```

```
using namespace std;
typedef deque<CRect> CRectLink;
```

//像素位置(x,y)及周边像素的亮度和(weight)
```
struct XYW {
    int x, y, w;
};
```

//模式识别用结构体
```
struct aCluster {
    double    Center[MAXVECTDIM];
    int       Member[MAXPATTERN]; //Index of Vectors belonging to this cluster
    int       NumMembers;
};
```

```
struct aVector {
    double    Center[MAXVECTDIM];
    int       Size;
};
```

/ * -------------------------区域分割与提取------------------------- * /

//一般 2 值化处理
```
void Threshold(BYTE * image_in, BYTE * image_out, int xsize, int ysize, int
thresh, int mode);
```

// 双阈值 2 值化处理
```
void Threshold_mid (BYTE * image_in, BYTE * image_out, int xsize,
int ysize, int thresh_low, int thresh_high);
```

//反转图像
```
void Reverse_image(BYTE * image_in, BYTE * image_out, int xsize, int ysize);
```

//像素分布直方图
```
void Histgram(BYTE * image, int xsize, int ysize, long hist[256]);
```

```
//计算直方图百分比
void CalHistPercent(long hist[], float hist_radio[], float &max_percent);


//直方图平滑化
void Hist_smooth(long hist_in[256], long hist_out[256]);


//直方图图像化(图像宽度大于等于64)
void Hist_to_image(long hist[256], BYTE * image_hist, int xsize, int ysize);


//大津法2值化处理
void Threshold_Otsu(BYTE * image_in, BYTE * image_out, int xsize, int ysize,
int &thresh);


/*------------------------边缘检测与提取------------------------*/


//1阶微分边缘检测(梯度算子)
void Differential(BYTE * image_in, BYTE * image_out, int xsize, int ysize, float amp);


//2阶微分边缘检测(拉普拉斯算子)
void Differential2(BYTE * image_in, BYTE * image_out, int xsize, int ysize, float
amp);


//Prewitt法边缘检测
void Prewitt(BYTE * image_in, BYTE * image_out, int xsize, int ysize, float
amp);


//2值图像的细线化处理
void Thinning(BYTE * image_in, BYTE * image_out, int xsize, int ysize);


/*------------------------图像平滑------------------------*/


//消除噪声处理(移动平均)
void Image_smooth(BYTE * image_in, BYTE * image_out, int xsize, int ysize);


//消除噪声处理(中值)
void Median(BYTE * image_in, BYTE * image_out, int xsize, int ysize);
```

//膨胀
void Dilation(BYTE * image_in, BYTE * image_out, int xsize, int ysize);

//腐蚀
void Erodible(BYTE * image_in, BYTE * image_out, int xsize, int ysize);

/ * -----------------------图像增强----------------------- * /

//亮度 n 倍
void Brightness_amplify(BYTE * image_in, BYTE * image_out, int xsize, int ysize,
float n);

//求亮度范围
void Brightness_range(BYTE * image_in, int xsize, int ysize, int * fmax, int *
fmin);

//亮度范围扩张
void Brightness_expand(BYTE * image_in, BYTE * image_out, int xsize, int ysize,
int fmax, int fmin);

//直方图均衡化
void Hist_plane(BYTE * image_in, BYTE * image_out, int xsize, int ysize, long
hist[256]);

/ * -------------------------特征选择与描述------------------------- * /

//区域标记
int Labeling(BYTE * image_in, BYTE * image_out, int xsize, int ysize, int * cnt);

//测算特征参数
void Features(BYTE * image_label_in, BYTE * image_label_out, int xsize, int ysize,
int cnt, float size[], float length[], float ratio[], int center_x[], int center_y[]);

//提取具有某圆形度的对象物
void Ratio_extract(BYTE * image_label_in, BYTE * image_label_out, int xsize, int ysize,
int cnt, float ratio[], float ratio_min, float ratio_max);

//提取某面积范围的对象物
void Size_extract(BYTE * image_label_in, BYTE * image_label_out, int xsize, int ysize, int cnt, float size[], float size_min, float size_max);

//复制模块领域的原图像
void Mask_copy(BYTE * image_in, BYTE * image_out, BYTE * image_mask, int xsize, int ysize);

/ * -------------------------彩色变换------------------------- * /

//做彩色条码
void Colorbar(BYTE * image_r, BYTE * image_g, BYTE * image_b, int xsize, int ysize, int level);

//由 R、G、B 变换亮度、色差信号
void Rgb_to_yc(BYTE * image_r, BYTE * image_g, BYTE * image_b, int * y, int * c1, int * c2, int xsize, int ysize);

//色差信号图像化
void Yc_to_image(int * data, BYTE * image, int xsize, int ysize);

//由亮度、色差变换 R、G、B 信号
void Yc_to_rgb(int * y, int * c1, int * c2, BYTE * image_r, BYTE * image_g, BYTE * image_b, int xsize, int ysize);

//由色差信号计算饱和度和色调
void C_to_SH(int * c1, int * c2, int * sat, int * hue, int xsize, int ysize);

//由饱和度和色调计算色差信号
void SH_to_C(int * sat, int * hue, int * c1, int * c2, int xsize, int ysize);

//将饱和度数据变换成灰度图像
int Sat_to_image(int * sat, BYTE * image_out, int xsize, int ysize);

//由某点的 RGB 值计算饱和度和色调
void Rgb_to_SH(BYTE r, BYTE g, BYTE b, double * sat, double * hue);

//将色调数据变换成灰度图像
void Hue_to_image(int * sat, int * hue, double stdhue, BYTE * image_out, int xsize, int ysize);

//改变亮度、彩度和色相
void Change_YSH(int * in_y, int * in_sat, int * in_hue, int * out_y,
int * out_sat, int * out_hue, float ym, float sm, float hd, int xsize, int ysize);

/ * ----------------------彩色分割---------------------- * /

//计算二维直方图并图像化
void Hist2_image(BYTE * image_in1, BYTE * image_in2, BYTE * image_hist, int xsize, int ysize);

//R、G、B 的阈值处理
void Thresh_color(BYTE * image_in_r, BYTE * image_in_g, BYTE * image_in_b,
BYTE * image_out_r, BYTE * image_out_g, BYTE * image_out_b,
int thdrl, int thdrm, int thdgl, int thdgm, int thdbl, int thdbm,
int xsize, int ysize);

//生成硬合成键
void Hard_key(BYTE * image_in_r, BYTE * image_in_g, BYTE * image_in_b,
BYTE * image_key, int xsize, int ysize, int thresh);

//生成软合成键
void Soft_key(BYTE * image_in_r, BYTE * image_in_g, BYTE * image_in_b,
BYTE * image_key, int xsize, int ysize, int thdh, int thdl);

// 图像硬合成
void Synth(BYTE * image_in1_r, BYTE * image_in1_g, BYTE * image_in1_b,
BYTE * image_in2_r, BYTE * image_in2_g, BYTE * image_in2_b, BYTE * image_out_r,
BYTE * image_out_g,
BYTE * image_out_b, BYTE * image_key, int xsize, int ysize);

//图像合成(消除边界线)
void S_synth(BYTE * image_in1_r, BYTE * image_in1_g, BYTE * image_in1_b,

BYTE * image_in2_r, BYTE * image_in2_g, BYTE * image_in2_b,
BYTE * image_out_r, BYTE * image_out_g, BYTE * image_out_b,
BYTE * image_key, int xsize, int ysize);

/* ----------------------------几何变换---------------------------- */

//错误的放大缩小法
void Scale_NG(BYTE * image_in, BYTE * image_out, int xsize, int ysize, float zx,
float zy);

//放大缩小(最近邻点法)
void Scale_near(BYTE * image_in, BYTE * image_out, int xsize, int ysize, float
zx, float zy);

//放大缩小(双线性内插法)
void Scale(BYTE * image_in, BYTE * image_out, int xsize, int ysize, float zx,
float zy);

//位移(双线性内插法)
void Shift(BYTE * image_in, BYTE * image_out, int xsize, int ysize, float px,
float py);

//旋转(双线性内插法)
void Rotation(BYTE * image_in, BYTE * image_out, int xsize, int ysize, float
deg);

//仿射变换(移动、旋转、放大缩小)
void Affine(BYTE * image_in, BYTE * image_out, int xsize, int ysize, float deg,
float zx, float zy, float px, float py);

//透视变换(双线性内插法)
void Perspective(BYTE * image_in, BYTE * image_out, int xsize, int ysize, float
ax, float ay, float px, float py, float pz, float rz, float rx, float ry, float v, float s);

/* ----------------Hough 变换---------------------------- */
//一般 Hough 变换

void Hough_general(BYTE * image_in, BYTE * image_out, int xsize, int ysize);

//过已知点 Hough 变换
void Hough_based_point(BYTE * image_in, BYTE * image_out, int xsize, int ysize, int px, int py);

/ * ------------------傅里叶变换------------------------------ * /
//1 次傅里叶变换
int FFT1(float a_rl[], float a_im[], int ex, int inv);

//1 次傅里叶变换的主计算部分
void fft1core(float a_rl[], float a_im[], int length, int ex, float sin_tbl[], float cos_tbl[], float buf[]);

//2 次傅里叶变换
int FFT2 (float * a_rl, float * a_im, int inv, int xsize, int ysize);

//将 2 次 FFT 的变换结果频率域图像化
int FFTImage(BYTE * image_in, BYTE * image_out, int xsize, int ysize);

//2 次 FFT 的滤波处理、滤波后的频率域图像化
int FFTFilter(BYTE * image_in, BYTE * image_out, int xsize, int ysize, int a, int b);

//图像的 2 次 FFT 变换、滤波处理、傅里叶逆变换
int FFTFilterImage(BYTE * image_in, BYTE * image_out, int xsize, int ysize, int a, int b);

/ * ------------------小波变换------------------------ * /

//二维小波变换
void Wavelet2d (BYTE * image_in, int xsize, int ysize, double * s1, double * w1v, double * w1h, double * w1d);

//二维小波信号图像化
void Wavelet2d_image (double * s1, double * w1v, double * w1h, double * w1d, BYTE * image_out, int xsize, int ysize);

//二维小波逆变换
void Iwavelet2d (double * s1, double * w1v, double * w1h, double * w1d,
BYTE * image_out, int xsize, int ysize);

//一维小波变换
void Wavelet1d (double * s0,int s_len,double * p, double * q,
int sup, double * s1, double * w1);

//一维小波逆变换
void Iwavelet1d (double * s1, double * w1, int s_len, double * p, double * q, int
sup, double * s0);

/* --------------------模式识别-------------------------- */

//K-邻近法模式识别
void KMeans(double * Pattern, int NumPatterns, int SizeVector, int NumClusters,
aCluster * Cluster);

/* ----------------------神经网络文字识别------------------------------ */
//倾斜调整
void Slope_adjust(BYTE * image_in, BYTE * image_out, int xsize, int ysize);

//文字分割
CRectLink Char_segment(BYTE * image_in, int xsize, int ysize, int &digicount);

//文字宽度调整
void Std_char_rect(BYTE * image_in, BYTE * image_out, int xsize, int ysize,
CRectLink &charRect);

//文字规整排列
void Auto_align(BYTE * image_in, BYTE * image_out, int xsize, int ysize,
CRectLink &charRect);

//申请2维双精度实数数组
double * * alloc_2d_dbl(int m, int n);

//提取特征向量
void Code(BYTE * image_in, int xsize, int ysize, int num, double * * data);

//BP 网络训练
void BpTrain(double * * data_in, double * * data_out, int n_in, int n_hidden,
double min_ex, double momentum, double eta, int num);

//读取各层节点数目
bool r_num(int * n,char * name);

//文字识别
void CodeRecognize(double * * data_in, int num ,int n_in,int n_hidden,int n_out);

/ * -------------------遗传算法------------------------------ * /
//画直线
void Draw_line (BYTE * image, int xsize, int sx, int sy, int ex, int ey, unsigned
char gray_level);

//画点
void Draw_point (BYTE * image, int xsize, int x, int y, unsigned char gray_level);

//画圆
void Draw_circle (BYTE * image, int xsize, int ysize, int x_center, int y_center, int
radius,unsigned char gray_level);

//画矩形
int Draw_rectangle(BYTE * image, int xsize, int ysize,int sx, int sy, int ex, int
ey,unsigned char draw_gray_level);

//染色体的二点交叉函数
void two _ crossover (unsigned char * gene, int g1, int g2, int g3, int g4, int
length);

//染色体的变异
void ga_mutation(unsigned char * gene, int pop_size, int length, double m_rate);

```
//染色体的变异,由 g1、g2 的亲代,生成 g3、g4 的子代
void make_offspring( int g1, int g2, int g3, int g4 );


//简单 GA 的选择函数
void ga_reproduction( );


//生成模式
void Ga_set_model(BYTE * image, int xsize, int ysize, int sx, int sy, int ex, int ey,
int model_type, int noise);


//生成原图像
void Ga_set_image(BYTE * image, BYTE * image_dim, int xsize, int ysize, int sx,
int sy, int ex, int ey);


//基于 GA 的搜索
void Ga_search(BYTE * image, BYTE * image_him, int xsize, int xsize_dim);


//基于随机搜索的搜索
void Random_search(BYTE * image, BYTE * image_dim, int xsize, int xsize_dim);


/ * ---------------------图像压缩------------------------- * /


//预测编码 DPCM (预测法(1):处理一行区域)
void Dpcm1(BYTE * image_in, int xsize, int line, short * data_out);


//预测编码 DPCM (预测法(2):处理一行区域)
void Dpcm2(BYTE * image_in, int xsize, int line, short * data_out);


//DPCM 数据分布直方图
void Histgram_dpcm(BYTE * image, int xsize, int ysize, long hist[512]);


//计算 DPCM 直方图百分比
void CalHistPercent_dpcm(long hist[], float hist_radio[], float &max_percent);


//DPCM 的解码(预测法(1):处理一行区域)
void Idpcm1(short * data_in, int xsize, int line, BYTE * image_out);
```

//DPCM 的解码(预测法(2)：处理一行区域)

void Idpcm2(short * data_in, int xsize, int line, BYTE * image_out);

//变长编码

int Vlcode(short int data_in[],int no,char vlc_out[]);

//变长编码的解码

void Ivlcode(char vlc_in[], int no, short int data_out[]);

//由 DPCM 码到变长码的变换

int Event(short dt);

//由变长码到 DPCM 码的转换

int Ievent(short ev);

//DPCM＋变长编码

int Dpcm_vlcode(BYTE * image_in, int xsize, int ysize, BYTE * image_buf);

//DPCM＋变长编码的解码

int Idpcm_vlcode(BYTE * image_buf, BYTE * image_out, int xsize, int ysize);

＃endif

2.4.2　图像表示、存取函数

List 2.5 中给出了图像表示、存取等 DLL 函数列表，这些函数是以库函数的方式提供的，在使用这些函数时，需要在调用这些函数的文件前面加上语句"＃include "Global. h""(参考 List 2.3)。

List 2.5　图像表示、存取等 DLL 函数列表

//Global. h

class CDib;

＃ifdef __EXPORT

＃define EXIMPORT extern "C" __ declspec(dllexport)

＃else

＃define EXIMPORT extern "C" __ declspec(dllimport)

＃endif

```
//建立图像表示用 Dib
//pDC 图像表示装置指针
// xsize 表示图像的宽度
// ysize 表示图像的高度
EXIMPORT int CreateDispDib(CDC * pDC, int xsize, int ysize);


//消除 Dib
EXIMPORT void DeleteDispDib( );


//建立参考窗口读入图像
EXIMPORT int Load_imagefile_bmp( );


//直接输入文件名读入图像
    // filename 读入文件的名称(包括路径)
EXIMPORT int Load_original_image(CString filename);


//读灰度图像数据到设定内存
    // image 存储图像数据的指针(要事先分配内存)
EXIMPORT int ReadImageData(BYTE * image);


//读彩色图像数据到设定内存
    // imageR 存储图像 R 分量数据的指针(要事先分配内存)
    // imageG 存储图像 G 分量数据的指针(要事先分配内存)
    // imageB 存储图像 B 分量数据的指针(要事先分配内存)
EXIMPORT int ReadImageDataRGB(BYTE *imageR, BYTE *imageG, BYTE *imageB);


//图像保存
EXIMPORT BOOL Save_imagefile_bmp();


//图像另存为
EXIMPORT BOOL SaveAs_imagefile_bmp();


//获得图像横向大小
EXIMPORT int GetXSize();
```

//获得图像纵向大小
EXIMPORT int GetYSize();

//获得图像数据指针
EXIMPORT LPBYTE GetImage();

//获得图像类型(8 = 灰度、24 = 彩色)
EXIMPORT int GetImageType();

//表示内存内的灰度图像
　　// image 要表示的灰度图像数据指针
EXIMPORT void Disp_image(BYTE * image);

//表示内存内的彩色图像
　　// imageR 要表示的彩色图像的 R 分量数据指针
　　// imageG 要表示的彩色图像的 G 分量数据指针
　　// imageB 要表示的彩色图像的 B 分量数据指针
EXIMPORT void Disp_imageRGB(BYTE * imageR, BYTE * imageG, BYTE *
imageB);

//获得表示图像的名称
　　// cFileName 目前表示的图像的名字(包括路径)
EXIMPORT void GetImageFileName(char * cFileName);

//设定表示图像的名称
　　// fn 目前表示的图像的名字(包括路径)
EXIMPORT void PutImageFileName(CString fn);

//获得表示的 Dib
EXIMPORT CDib * GetDib( );

//设定表示的 Dib
EXIMPORT void PutDib(CDib * pDib);

//彩色图像变灰度图像
EXIMPORT int Color_to_mono();

第3章 区域分割与目标提取

为了适应工程实际应用,我们经常要从得到的图像中除去一些不需要的背景,只提取我们关心的物体。例如:

- 在街景中只提取人;
- 在智能交通系统中识别车辆牌照和交通标志;
- 从邮件中查找邮政编码来进行分类;
- 使用监控摄像机,当发现有人贸然进入时发送警报;
- 判别农作物果实的大小,依据其大小进行分类等。

图 3-1(a)所示为水果生产管理过程中拍摄的灰度图像,图像中包含了桃子、树叶、树枝等景物。为了能够实现对桃子的精确施药,必须能够识别并提取图像中的

(a) 原始图像　　　　　　　(b) 阈值为115,提取阈值以下部分

(c) 阈值为140,提取阈值以上部分　(d) 阈值为50和150,提取两阈值之间部分

图 3-1　阈值处理示例

桃子,然后通过控制系统将农药直接喷洒在桃子上。注意到桃子的灰度、颜色、形状上的不同等,可以采用的处理方法很多。在众多处理方法中,最简单的就是被称为阈值处理(thresholding)的方法。

3.1 基于阈值的区域分割与提取

让我们从图 3-1(a)中提取桃子。阈值处理即是将输入图像上像素灰度值在某定值(称为阈值,threshold)以上或以下的点在输出图像上赋为白色(HIGH = 255)或黑色(LOW = 0),可用式(3.1)或式(3.2)表示:

$$g(x,y) = \begin{cases} \text{HIGH} & f(x,y) \geqslant t \\ \text{LOW} & f(x,y) < t \end{cases} \tag{3.1}$$

$$g(x,y) = \begin{cases} \text{HIGH} & f(x,y) \leqslant t \\ \text{LOW} & f(x,y) > t \end{cases} \tag{3.2}$$

其中 $f(x,y)$、$g(x,y)$ 分别为处理前和处理后图像在 (x,y) 处像素的灰度值,t 为阈值。由于通过上述阈值处理得到的是只有 2 个灰度值的二值图像(binary image),所以一般也将阈值处理称作二值化处理(binarization),处理程序见 List 3.1,其中当 mode=0 时选择式(3.1),当 mode 为其他值时选择式(3.2)。

由于图像中的桃子比天空背景暗,比树叶背景亮,无论是使用式(3.1)还是使用式(3.2)都不能单独地把桃子提取出来,如图 3-1(b)和 3.1(c)所示。在这种情况下,阈值处理可由提取 2 个阈值之间的部分来实现:

$$g(x,y) = \begin{cases} \text{HIGH} & t_1 \leqslant f(x,y) \leqslant t_2 \\ \text{LOW} & \text{其他} \end{cases} \tag{3.3}$$

其中 t_1 为低阈值,t_2 为高阈值。

式(3.3)的处理程序见 List 3.2。用 List 3.2 程序对原始图像进行处理后,可以获得图 3-1(d)的效果,虽然还存在树叶的噪声,但是效果比使用一个阈值好多了。这种方法被称为双阈值二值化处理。如果想把桃子提取为黑像素、背景提取为白像素,可以将提取后的图像再进行反转,反转程序见 List 3.3。

阈值的设定对图像二值化处理结果的影响非常大,从图 3-2 中的二值图像可以发现,阈值过小会把不需要的像素(背景)也一起提取出来;相反,阈值过大会造成部分目标(米粒)像素丢失。那么,如何确定最佳阈值呢?

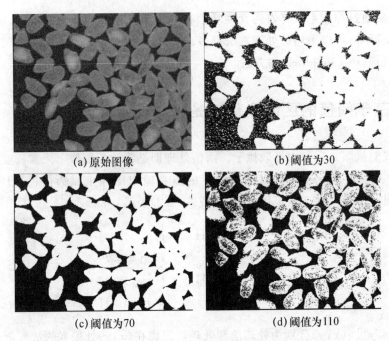

(a)原始图像   (b)阈值为30

(c)阈值为70   (d)阈值为110

图 3-2 阈值大小对处理结果的影响

3.2　阈值的确定

　　要提取的目标与背景的灰度之间应该存在一定区别,否则的话,人的眼睛也将识别不出来。为此,在一些点或位置上查看想要提取的部分与想要去除的部分的灰度。图 3-2 中米粒的灰度在 70~180 之间,背景部分在 0~70 之间,从而选阈值 70 就能将米粒与背景分开。

　　然而,有没有不用一个像素一个像素地查看而快捷获取各个像素的灰度值的方法呢? 有,那就是使用直方图(频度分布)的方法。如图 3-3 所示,直方图(histogram)表示灰度为 i 的像素在画面中有多少个,可以用 List 3.4 所示的程序来求得。由于像素数很大,一般用灰度为 i 的像素数占总像素数的比例来表示,用 List 3.5 所示的程序来计算。

　　用 List 3.4 和 List 3.5 把图 3-2(a)所示图像的直方图显示在图 3-4 中。灰度 120 左右的波峰相当于米粒的像素,灰度 20 左右的波峰相当于背景的像素。把这两个波峰的交接处即波谷之处的值 70 取作阈值的话,可以很好地分离米粒和背景。

　　图 3-4 是 Visual C++界面的直方图表示,对于 Visual C++不太熟练的初学者来说,实现 Visual C++界面的直方图表示不是一件容易的事。为此,附了一个直方图图像表示的程序 List 3.6,初学者可以输入该程序,简单地实现直方图的图像表示。在该程序中,设定图像的宽度在 64 像素以下时不进行处理,因为如果图像太小,不能利用它的直方图进行物体判别。

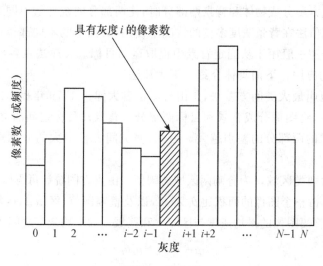

图 3-3　直方图

　　如果原始图像的直方图凹凸变化激烈,有时会难以确定波谷的位置。为了比较容易地发现波谷,经常采取在直方图上对邻域点进行平均化的方法,以减少直方图的凹凸不平。List 3.7 为采用邻域 5 点对直方图进行平滑处理的程序,该程序把灰度 $i-2$、$i-1$、i、$i+1$、$i+2$ 的频度的平均值作为平滑后灰度 i 的频度。用该平滑化程序对图 3-4 的直方图进行处理,得到图 3-5 所示的直方图。像这样取直方图的波谷作为阈值的方法被称为模态法(mode method)。

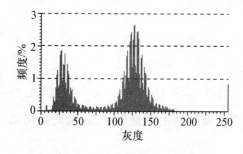

图 3-4　图 3-2(a)所示图像的直方图

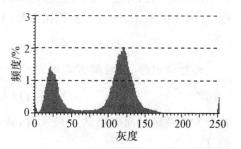

图 3-5　平滑化处理后的直方图

在阈值确定方法中,除了模态法以外,还有 p 参数法(p-tile method)、判别分析法(discriminant analysis method)、可变阈值法(variable thresholding method)、背景差分法(background differencing method)、大津法(Otsu method)等。p 参数法是当物体占整个图像的比例已知时(如百分比为 p),将在直方图上从暗灰度一侧起(或者从亮灰度一侧起)的累计像素数占总像素数的百分比为 p 的地方作为阈值的方法。判别分析法是在直方图分成物体和背景两部分时,使两部分的统计量不同来确定阈值的方法。可变阈值法在背景灰度多变的情况下使用,对图像的不同部位设置不同的阈值。背景差分法一般用于从固定背景中提取运动目标。大津法在各种图像处理中得到了广泛的应用。下面具体介绍一下大津法。

大津法也叫最大类间方差法,是由日本学者大津于 1979 年提出的。它是按图像的灰度特性,将图像分成背景和目标两部分。背景和目标之间的类间方差越大,说明构成图像的两部分的差别越大。因此,使类间方差最大的分割意味着错分概率最小。

设定包含两类区域,t 为分割两区域的阈值。由直方图统计可得以 t 分离后的区域 1 和区域 2 占整个图像的面积比 θ_1 和 θ_2,以及整幅图像、区域 1、区域 2 的平均灰度 μ、μ_1、μ_2。整幅图像的平均灰度与区域 1 和区域 2 的平均灰度之间的关系为

$$\mu = \mu_1 \theta_1 + \mu_2 \theta_2 \tag{3.4}$$

同一区域常常具有灰度相似的特性,而不同区域之间则表现为明显的灰度差异,当以阈值 t 分离的两个区域间灰度差较大时,两个区域的平均灰度 μ_1、μ_2 与整幅图像的平均灰度 μ 之差也较大,区域间的方差就是描述这种差异的有效参数,其表达式为

$$\sigma_B^2(t) = \theta_1(\mu_1 - \mu)^2 + \theta_2(\mu_2 - \mu)^2 \tag{3.5}$$

其中 $\sigma_B^2(t)$ 为图像以阈值 t 分割后两个区域间的方差。显然,有不同的 t 值,就会得到不同的区域间方差,也就是说,区域间方差、区域 1 的平均灰度、区域 2 的平均灰度、区域 1 面积比、区域 2 面积比都是阈值 t 的函数,因此式(3.5)可以写成

$$\sigma_B^2(t) = \theta_1(t)[\mu_1(t) - \mu]^2 + \theta_2(t)[\mu_2(t) - \mu]^2 \tag{3.6}$$

经数学推导,区域间方差可表示为

$$\sigma_B^2(t) = \theta_1(t)\theta_2(t)[\mu_1(t) - \mu_2(t)]^2 \tag{3.7}$$

被分割的两区域间方差达到最大时,认为两区域达到最佳分离状态,由此确定阈值 T:

$$T = \max[\sigma_B^2(t)] \tag{3.8}$$

以最大方差决定阈值不需要人为地设定其他参数，是一种自动选择阈值的方法。但是大津法的实现比较复杂，在实际应用中，常常用简单迭代的方法进行阈值的自动选取。其方法如下：首先选择一个近似阈值作为估计值的初始值，然后连续不断地改进这一估计值。比如，使用初始阈值生成子图像，并根据子图像的特性来选取新的阈值，再用新阈值分割图像，这样做的效果将好于用初始阈值分割图像的效果。阈值的改进策略是这一方法的关键。例如，可以使用以下的阈值改进策略：

(1)选择一个初始阈值的估算值 T，比如图像的平均灰度就是一个较好的初始值；

(2)利用阈值 T 把图像分割成 R_1 和 R_2 两个区域；

(3)计算区域 R_1 和 R_2 的平均灰度 μ_1、μ_2；

(4)选择新的阈值 $T=(\mu_1+\mu_2)/2$；

(5)重复步骤(2)～(4)，直到 μ_1 和 μ_2 不再发生变化。

图 3.5 是水稻种子的原图像和采用大津法进行二值化处理的结果图像，大津法计算获得的分割阈值为 52。大津法的程序见 List 3.8。

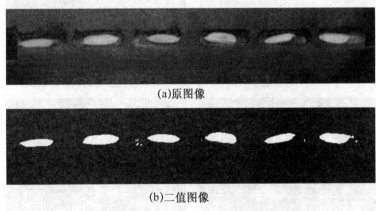

(a)原图像

(b)二值图像

图 3-6　用大津法进行图像二值化处理(水稻种子)

3.3　应用研究实例

3.3.1　水田苗提取

陈兵旗等[1]为插秧机器人的视觉导航提出了 3 种不受水面反光影响的水田苗的提取方法，分别是线性亮度分析法、线性颜色分析法和微分法，这 3 种方法都是利用局部信息的图像分割方法,属于判别分析法范畴。图 3-7(a)是待处理的原始图像。线性亮度分析法和线性颜色分析法都是以每条横向扫描线为局部区域。线性亮度分析法首先将彩色图像转化为灰度图像,分析扫描线上苗和水的亮度变化,从而将苗提取出来,如图 3-7(b)所示。线性颜色分析法是利用苗的绿色分量高、蓝色分量低的特点将苗从水田中提取出来,如图 3-7(c)所示。微分法是以目标像素的周围 8 邻域为局部区域,首先将彩色图像转化为灰度图像,利用第 4 章边缘检测中的模板匹配方法,选择检测垂直方向边缘的微分算子对图像进行微分运算,对运算后的图像用 p 参数法进行二值分割,将明亮部分 5% 的像素作为白像素,其他作为黑像素,获得了较好的分割效果,如图 3-7(d)所示。

(a)原图像　　　　　　　　(b)线性亮度分析法分割结果

(c)线性颜色分析法分割结果　　　　(d)微分法分割结果

图 3-7　水田苗图像的检测提取

3.3.2　小麦苗提取

小麦从出苗到灌浆,需要进行许多田间管理作业,如松土、施肥、除草、喷药、灌溉、生长监测等。不同的管理作业又具有不同的作业对象。例如,在喷药、喷灌、生长监测等作业中,作业对象为小麦列(苗列);在松土、除草等作业中,作业对象为小麦列之间的区域(列间)。无论哪种作业,首先都需要把小麦苗提取出来。虽然在不同季节小麦苗的颜色有所不同,但都呈绿色。Zhang 等[2] 首先利用 $2G-R-B$ 将彩色图像变换成灰度图像(图 3-8),然后利用大津法确定二值化处理的分割阈值,具体步骤如下:

(a)秋季,阴天　　　　　(b)冬季,晴天　　　　　(c)春季,阴天1

(d)春季,阴天2　　　　　(e)春季,晴天　　　　　(f)夏季,晴天

图 3-8　基于 $2G-R-G$ 获得的麦田灰度图像

(1)计算灰度图像的灰度平均值,作为初始阈值 t_0。

(2)利用 t_0 把灰度图像划分为 Q_1 和 Q_2 两个区域,即将像素值小于 t_0 的像素归于 Q_1 区域,大于 t_0 的像素归于 Q_2 区域。

(3)分别计算 Q_1 和 Q_2 两个区域内的平均灰度 t_1 和 t_2,设 t_1、t_2 的平均值为新阈值 t_d,即 $t_d=(t_1+t_2)/2$。

(4)判断 t_0 与 t_d 是否相等。

①如果相等,设最终阈值 $T=t_d$。

②如果不相等,令 $t_0=t_d$,转到步骤(2),循环执行,直到获得最终阈值 T 为止。

以 T 为分割阈值对灰度图像进行二值化处理,设灰度大于 T 的像素为白色(255),代表苗列,灰度小于 T 的像素为黑色(0),代表列间。处理结果如图 3-9 所示,二值图像上的白色细线是后续处理检测出的导航线。二值化处理结果表明,该自适应阈值方法不受光照、背景等自然条件的影响,能够把麦苗较好地提取出来,并且不需要消除噪声、滤波等其他辅助处理。由于阈值的确定不需要人为设定,完全根据图像本身的灰度信息来自动确定,大大提高了处理精度。

(a)秋季,阴天　　　　　　(b)冬季,晴天　　　　　　(c)春季,阴天1

(d)春季,阴天2　　　　　　(e)春季,晴天　　　　　　(f)夏季,晴天

图 3-9　用大津法进行二值化处理的结果(麦田)

3.3.3　车辆提取

陈望等[3]通过背景差分来提取公路上的车辆,从而计算车流量。如图 3-10 所示,图(a)是公路背景图像,图(b)是某一瞬间的现场图像,图(c)是对图(a)与图(b)的差分图像进行阈值分割的结果。背景图像由一段实际图像计算获得,为了适应天气的变化,需要不断进行背景的计算和更新。

(a)背景图像　　　　　　(b)现场图像　　　　　　(c)车辆提取结果

图 3-10　基于背景差分进行车辆提取

应用研究文献

[1] 陳兵旗,東城清秀,渡辺兼五,など. 水田における移植水稲苗の検出:反射光の影響を受けない画像処理法[J]. 農業機械学会誌,1999,61(5):57-63.

[2] Zhang H, Chen B, Zhang L. Detection algorithm for crop multi-centerlines based on machine vision[J]. Transaction of the ASABE, 2008,51(3):1089-1097.

[3] 陈望,陈兵旗. 基于图像处理的公路车流量统计方法的研究[J]. 计算机工程与应用,2007,43(6):236-239.

附录:源程序列表

List 3.1   二值化处理

```
#include "StdAfx.h"
#include "BaseList.h"
/* --- Threshold --- 2 值化处理 -------------------------------------
    image_in: 输入图像数据指针
    image_out:输出图像数据指针
    xsize:图像宽度
    ysize:图像高度
    thresh:阈值(0-255)
    mode:  处理方法(1,2)
--------------------------------------------------------------- */
void Threshold(BYTE * image_in, BYTE * image_out, int xsize, int ysize, int
thresh, int mode)
{
    int i,j;

    for (j = 0; j < ysize; j++)
    {
        for ( i = 0; i < xsize; i++)
        {
            switch (mode)
```

```
        {
            case 0：
                if ( * (image_in +j * xsize + i) >= thresh)
                        * (image_out +j * xsize + i) = HIGH；
                else * (image_out +j * xsize + i) = LOW；
                break；
            default：
                if ( * (image_in +j * xsize + i) <= thresh)
                        * (image_out +j * xsize + i) = HIGH；
                else * (image_out +j * xsize + i) = LOW；
                break；
            }
        }
    }
}
```

List 3. 2　双阈值二值化处理

```
#include "StdAfx. h"
#include "BaseList. h"
/ * --- Threshold_mid --- 双阈值 2 值化处理 ------------------------------
    image_in：　输入图像数据指针
    image_out：输出图像数据指针
    xsize：　　　图像宽度
    ysize：　　　图像高度
    thresh_low：　　低阈值(0-255)
    thresh_high：　　高阈值(0-255)
------------------------------------------------------------------ * /

void Threshold_mid (BYTE * image_in, BYTE * image_out, int xsize,
                int ysize, int thresh_low, int thresh_high)
{
    int i,j；

    for (j = 0；j < ysize；j++)
    {
        for ( i = 0；i < xsize；i++)
        {
```

```
    if ( * (image_in +j * xsize + i) >= thresh_low &&
            * (image_in +j * xsize + i) <= thresh_high)
            * (image_out +j * xsize + i) = HIGH;
    else    * (image_out +j * xsize+i) = LOW;


    }

  }

}
```

List 3.3 图像反转

```
# include "StdAfx. h"
# include "BaseList. h"
/ * ---Reverse_image --- 反转图像数据 --------------------------------------
    image_in:        输入图像数据指针
    image_out:       输出图像数据指针
    xsize:           图像宽度
    ysize:           图像高度


-------------------------------------------------------------------- * /
void Reverse_image(BYTE * image_in, BYTE * image_out, int xsize, int ysize)
{
    int   i,j;

    for (j = 0; j < ysize; j++)
    {
      for ( i = 0; i < xsize; i++)
      {
            * (image_out +j * xsize + i) = HIGH - * (image_in +j * xsize + i);
      }
    }
}
```

List 3.4 直方图

```
# include "StdAfx. h"
# include "BaseList. h"
/ * --- Histgram --- 灰度分布直方图 ---------------------------------
```

image: 图像数据指针

xsize: 图像宽度

ysize: 图像高度

hist: 直方图配列

-- * /

```
void Histgram(BYTE * image, int xsize, int ysize, long hist[256])
{
    int  i,j,n;

    for(n = 0; n < 256; n++) hist[n] = 0;
    for(j = 0; j < ysize; j++) {
        for ( i = 0; i < xsize; i++) {
            n = * (image +j * xsize + i);
            hist[n]++;
        }
    }
}
```

List 3.5   计算直方图百分比

```
# include "StdAfx. h"
# include "BaseList. h"
```

```
/ * ---CalHistPercent---计算直方图百分比 -------------------------------
    hist:          输入直方图数列
    hist_radio:    输出百分比直方图数列
    max_percent:   输出直方图最大百分比

-------------------------------------------------------------------- * /

void CalHistPercent(long hist[], float hist_radio[], float &max_percent)
{
    float max_value;
    short i;
    //初始化
    float total = (float)0;
    max_value = 0;
```

```
//计算总像素数
for( i＝0 ; i<＝255 ; i＋＋ )
    total ＝ total ＋ (float)hist[i];

for( i＝0 ; i<＝255 ; i＋＋ ){
    //计算比例
    if(total ＞ 0)
    hist_radio[i] ＝ ((hist[i]/total) * (float)100);
    //求最大像素数
    if( max_value ＜ hist[i] )
        max_value ＝ (float)hist[i];
}

//求最大比例值
max_percent ＝ ((max_value/total) * (float)100);
}
```

List 3.6　直方图图像化

```
# include "StdAfx. h"
# include "BaseList. h"
/ * --- Hist_to_image --- 直方图图像化(xsize 大于等于 64)----
    hist:       直方图数据
    image_hist:直方图图像
    xsize:     图像宽度
    ysize:     图像高度
---------------------------------------------------------------- * /
void Hist_to_image(long hist[256], BYTE * image_hist, int xsize, int ysize)
{
    int i, j, k, max, range;
    long n;
    float d;

    if(xsize ＜ 64) return;

    range＝ysize-5;
    for(j＝0;j<ysize;j＋＋) {
```

```
        for (i=0;i<xsize;i++) {
            *(image_hist + j * xsize +i)=LOW;
        }
    }
    if (xsize >=256) {
        max=0;
        for (i=0;i<256;i++) {
            n=hist[i];
            if (n>max)max=n;
        }
        for (i = 0; i < 256; i++) {
            d=(float)hist[i];
            n=(long)(d/(float)max * (float)range);
            for(j=0;j <= n;j++) *(image_hist+(range −j) * xsize + i)=HIGH;
        }
        for(i= 0;i<= 4;i++) {
            k=64 * i;
            if(k>=xsize)k=xsize−1;
            for(j=range;j<ysize;j++) *(image_hist+j * xsize+k)=HIGH;
        }
    }
    else if (xsize >= 128) {
        max=0;
        for(i=0;i<128;i++) {
            n=hist[2 * i]+hist[2 * i+1];
            if(n>max)max=n;
        }
        for(i=0;i<128;i++) {
            d=(float)(hist[2 * i]+hist[2 * i+1]);
            n=(long)(d/(float)max * (float)range);
            for(j=0;j<=n;j++) *(image_hist+(range−j) * xsize+i)=HIGH;
        }
        for(i=0;i<= 4;i++) {
            k=32 * i;
            if(k>=xsize)k=xsize−1;
            for(j=range;j<ysize;j++) *(image_hist+j * xsize+k)=HIGH;
```

```
        }
    }
else if (xsize>=64) {
        max=0;
        for (i=0;i<64;i++) {
            n=hist[4 * i]+hist[4 * i+1]+hist[4 * i+2]+hist[4 * i+3];
            if(n>max)max=n;
        }
        for(i=0;i<64;i++) {
            d=(float)(hist[4 * i]+hist[4 * i+1]+hist[4 * i+2]+hist[4 * i+3]);
            n=(long)(d/(float)max * (float)range);
            for(j=0;j<=n;j++) * (image_hist+(range-j) * xsize+i)=HIGH;
        }
        for(i=0;i<= 4;i++) {
            k=16 * i;
            if(k>=xsize)k=xsize-1;
            for(j=range;j<ysize;j++) * (image_hist+j * xsize+k)=HIGH;
        }
    }
}
```

List 3.7　直方图平滑化

```
# include "StdAfx. h"
# include "BaseList. h"
/ * --- Histsmooth --- 直方图平滑化 -------------------------------
    hist_in：    输入直方图配列
    hist_out：   输出直方图配列
------------------------------------------------------------------- * /
void Hist_smooth(long hist_in[256],long hist_out[256])
{
    int m, n, i;
    long sum;

    for(n=0;n<256;n++) {
        sum=0;
        for(m=-2;m<=2;m++) {
```

```
            i＝n＋m；
            if(i＜0)i＝0；
            if(i＞255)i＝255；
            sum＝sum＋hist_in[i]；
        }
        hist_out[n] ＝ (long)((float)sum / 5.0 ＋ 0.5)；
    }
}
```

List 3.8　大津法二值化处理

```
#include "StdAfx. h"
#include "BaseList. h"
/*---Threshold_Otsu ---大津法 2 值化处理 -------------------------------
    image_in：输入图像数据指针
    image_out：输出图像数据指针
    xsize：　图像宽度
    ysize：　图像高度
    thresh：输出计算的阈值
------------------------------------------------------------------------ */
void Threshold_Otsu(BYTE * image_in, BYTE * image_out, int xsize, int ysize, int
&thresh)
{
    int   i,j,p；

    double m0,m1,M0,M1,u,v,w[256],max；
    int * pHist；
    pHist ＝ new int[256]；

    //计算直方图
    for(i ＝ 0 ；i ＜ 256 ；i＋＋)
        pHist[i] ＝ 0；
    for(j ＝ 0；j ＜ ysize;j＋＋)
    {
        for(i ＝ 0;i ＜ xsize;i＋＋)
        {
            pHist[ * (image_in ＋ j * xsize ＋i)]＋＋；
```

```
            }
    }


    //计算阈值
    M0＝M1＝0；
    for (i＝0;i＜256;i＋＋)
    {
        M0＋＝pHist[i]；
        M1＋＝pHist[i] * i；
    }
    for (j ＝ 0;j ＜ 256;j＋＋)
    {
        m0 ＝ m1 ＝ 0；
        for (i ＝ 0; i ＜＝ j; i＋＋)
    {
        m0＋＝ pHist[i]；
        m1＋＝ pHist[i] * i；
    }
    if (m0)
        u ＝ m1 / m0；
    else
        u ＝ 0；
    if (M0 － m0)
        v ＝ (M1 － m1) / (M0 － m0)；
    else
        v＝0；
    w[j] ＝ m0 * (M0－m0) * (u－v) * (u－v)；
    }


    delete [] pHist；
    double max；
    int  p；
    p＝128；
    max＝w[128]；
    for (i＝0;i＜256;i＋＋) {
      if (w[i]＞max) {
```

```
            max= w[i];
            p=i;
        }
    }
    thresh = p;


    //2 值化处理
    for (j = 0; j < ysize; j++)
    {
        for ( i = 0; i < xsize; i++)
        {
            if ( * (image_in +j * xsize + i) >= thresh)
                * (image_out +j * xsize + i) = HIGH;
            else * (image_out +j * xsize + i) = LOW;

        }

    }

}
```

第 4 章　边缘检测与提取

在图像处理中,边缘(edge)(或称轮廓,contour)不仅仅是指表示物体边界的线,还应该包括能够描绘图像特征的线要素,这些线要素就相当于素描画中的线条。当然,除了线条之外,颜色以及亮度也是图像的重要因素,但是日常所见到的说明图、插图、肖像画、连环画等,很多是用描绘对象物体的边缘线的方法来表现的,尽管有些单调,但还是能够非常清楚地明白画的是什么。所以,似乎有点不可思议,简单的边缘线就能使我们理解所要表示的物体。对于图像处理来说,边缘检测(edge detection)也是重要的基本操作之一。利用所提取的边缘可以识别出特定的物体,测量物体的面积及周长,求两幅图像的对应点等,边缘检测与提取的处理进而也可以作为更为复杂的图像识别、图像理解的关键预处理来使用。

4.1　边缘性质的描述

边缘与图像的性质是怎样联系到一起的呢?

由于图像中的物体与物体或者物体与背景之间的交界是边缘,能够设想图像的灰度及颜色急剧变化的地方可以看作边缘。由于自然图像中颜色的变化必定伴有灰度的变化,因此对于边缘检测与提取,只要把焦点集中在灰度上就足够了。

图 4-1 是把图像灰度变化的典型例子模型化的表现。图 4-1(a)表示的是阶梯型边缘的灰度变化,这是一个典型的模式,可以很明显地看出是边缘,也称之为轮廓。物体与背景的交界处会产生这种阶梯状的灰度变化。图 4-1(b)是线条本身的灰度变化,当然这个也明显地可看作是边缘。线条状的物体以及照明程度不同使物体上带有阴影等情况都能产生线条型边缘。图 4-1(c)有灰度变化,但变化平缓,边缘不明显。图 4-1(d)是灰度以折线状变化的,这种情况不如图 4-1(b)明显,但折线的角度变化急剧,还是能看出边缘。

图 4-1 表示的是模型化的东西,实际的自然图像会怎样呢?

人物照片轮廓部分的灰度分布如图 4-2 所示,相当清楚的边缘也不是阶梯状,有些变钝了,呈现出斜坡状,即使同一物体的边缘,地点不同,灰度变化也不同,可以观察到边缘存在着模糊部分。由于大多数传感元件具有低频特性,因此阶梯型边缘变成斜坡型边缘、线条型边缘变成折线型边缘是不可避免的。

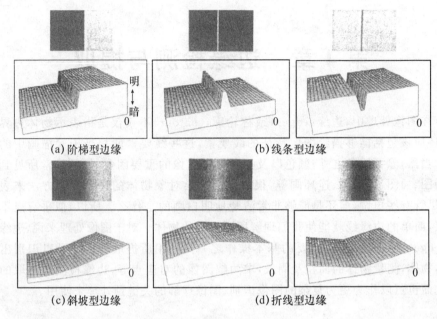

图 4-1　边缘的灰度变化模型

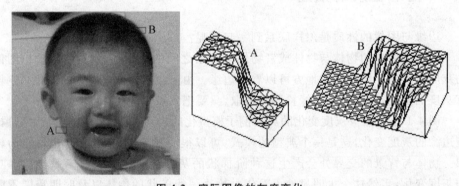

图 4-2　实际图像的灰度变化

因此,在实际图像中(由计算机图形学制作出的图像另当别论),即使用眼睛可清楚地确定为边缘,也或多或少会变钝,灰度变化量会变小,从而使得提取清晰的边缘变得意想不到地困难,因此人们提出了各种各样的算法。

4.2　基于微分的边缘检测与提取

由于边缘为灰度急剧变化的部分,很明显微分作为提取函数变化部分的运算能够在边缘检测与提取中利用。微分运算中有一阶微分(first differential calculus,也称 gradient calculus,梯度运算)与二阶微分(second differential calculus,也称 Laplacian calculus,拉普拉斯运算),都可以在边缘检测与提取中利用。

4.3.1　一阶微分(梯度运算)

作为坐标点(x,y)处的灰度的一阶微分值,可以用具有大小和方向的向量 $G(x,y)=(f_x,f_y)$ 来表示,其中 f_x 为 x 方向的微分,f_y 为 y 方向的微分。

f_x、f_y 在数字图像中是用下式计算的:

$$\left.\begin{aligned}f_x &= f(x+1,y)-f(x,y)\\f_y &= f(x,y+1)-f(x,y)\end{aligned}\right\} \tag{4.1}$$

微分值 f_x、f_y 被求出后,由以下的公式就能算出边缘的强度与方向:

强度　　　　　　　　$\sqrt{f_x{}^2+f_y{}^2}$ 　　　　　　　　　　(4.2)

或者　　　　　　　　$|f_x|+|f_y|$　(｜｜表示绝对值)　　　　(4.3)

方向　　　　　　　向量(f_x,f_y)的朝向

在此给出了两种求强度的算式,式(4.2)是基本算式,式(4.3)是简便算式,采用式(4.3)计算速度会加快,不过边缘输出由于方向的不同多少会有变化(例如与水平及垂直方向相比倾斜方向所提取的边缘更深)。另外,边缘的方向,如图 4-3 所示,是指其灰度变化由暗朝向明(亮)的方向。可以说梯度运算更适于边缘(阶梯状灰度变化)的检测。

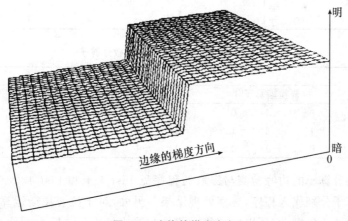

图 4-3　边缘的梯度方向

4.3.2　二阶微分(拉普拉斯运算)

二阶微分 $L(x,y)$ 是对梯度再进行一次微分,只用于检测边缘的强度(不求方

向),在数字图像中用下式表示:

$$L(x,y)=4f(x,y)-|f(x,y-1)+f(x,y+1)+f(x-1,y)+f(x+1,y)|$$

$$(4.4)$$

因为在数字图像中的数据是以一定间隔排列着,不可能进行真正意义上的微分运算,因此如式(4.1)或式(4.4)那样用相邻像素间的差值运算近似微分,称为差分(calculus of finite differences)。本书中为方便起见用微分(differential calculus)来表述,实际的运算还是差分。用于进行像素间微分运算的系数组被称为微分算子(differential operator)。梯度运算中计算 f_x、f_y 的式(4.1)以及进行拉普拉斯运算的式(4.4),都是基于这些微分算子而进行微分运算的。这些微分算子如表4-1和表4-2所示的那样有多个种类。实际的微分运算就是计算目标像素及其周围像素分别乘以微分算子对应数值矩阵系数后的和,其计算结果被用作微分运算后目标像素的灰度值。

表 4-1　采用梯度运算的微分算子

项目	算子名称								
	①一般差分			②Roberts 算子			③Sobel 算子		
求 f_x 的模板	0	0	0	0	0	0	-1	0	1
	0	1	-1	0	1	0	-2	0	2
	0	0	0	0	0	-1	-1	0	1
求 f_y 的模板	0	0	0	0	0	0	-1	-2	-1
	0	0	0	0	1	0	0	0	0
	0	-1	0	0	-1	0	1	2	1

表 4-2　采用拉普拉斯运算的微分算子

项目	算子名称								
	拉普拉斯算子1			拉普拉斯算子2			拉普拉斯算子3		
模板	0	-1	0	-1	-1	-1	1	-2	1
	-1	4	-1	-1	8	-1	-2	4	-2
	0	-1	0	-1	-1	-1	1	-2	1

使用微分算子的边缘检测与提取的程序见 List 4.1 和 List 4.2,在练习时可以将上述算子分别代入程序,观察处理结果。另外,对于拉普拉斯运算,由于计算值以 0 为中心正负摆动,所以取其绝对值作为输出像素值。输出图像是强调了边缘的灰度图像。程序中的变量 amp 用于调整输出图像的强度,适当增加 amp 值可以使输出的图像看起来比较清晰,但是由于使用的微分算子不同,提取的边缘强度也不同,因此 amp 值需要根据算子的不同进行调整。

4.3　基于模板匹配的边缘检测与提取

模板匹配(template matching)就是研究图像与模板(template)的一致性(匹配程度)。为此,准备了几个表示边缘的标准模式,与图像的一部分进行比较,选取最相似的部分作为结果图像。

让我们考查一下其中的 Prewitt 算子。

如图 4-4 所示准备了对应于 8 个边缘方向的 8 种掩模(mask)。图 4-5 说明了这些掩模与实际图像如何进行比较。与微分运算相同,目标像素及其周围像素分别乘以对应掩模的系数值,然后对各个积求和。对 8 个掩模分别进行计算,其中计算结果中最大的掩模的方向即为边缘的方向,其计算结果即为边缘的强度。

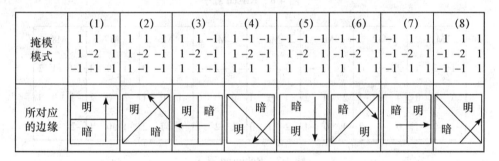

图 4-4　用于模板匹配的各个掩模模式(Prewitt 算子)

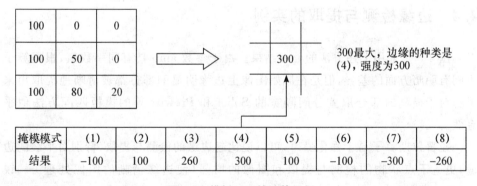

图 4-5　模板匹配的计算示例

(对于当前像素的 8 邻域,计算各掩模的一致程度)

例如掩模模式(1):$1\times100+1\times0+1\times0+1\times100+(-2)\times50+1\times0+(-1)\times100$

$+(-1)\times80+(-1)\times20=-100$

基于 Prewitt 算子的边缘检测与提取的程序表示在 List 4.3 中,输出结果是对应边缘强度的灰度图像。

此外,在模板匹配中,经常使用的还有图 4-6 所示的 Kirsch 算子和图 4-7 所示的 Robinson 算子等,将这些算子代入 List 4.3 相应的位置,即可获得不同的检测效果。

M1	M2	M3	M4	M5	M6	M7	M8
5　5　5	−3　5　5	−3　−3　5	−3　−3　−3	−3　−3　−3	−3　−3　−3	5　−3　−3	5　5　−3
−3　0　−3	−3　0　5	−3　0　5	−3　0　5	−3　0　−3	5　0　−3	5　0　−3	5　0　−3
−3　−3　−3	−3　−3　−3	−3　3　5	−3　5　5	5　5　5	5　5　−3	5　−3　−3	−3　−3　−3

图 4-6　Kirsch 算子

M1	M2	M3	M4	M5	M6	M7	M8
1　2　1	2　1　0	1　0　−1	0　−1　−2	−1　−2　−1	−2　−1　0	−1　0　1	0　1　2
0　0　0	1　0　−1	2　0　−2	1　0　−1	0　0　0	−1　0　1	−2　0　2	−1　0　1
−1　−2　−1	0　−1　−2	1　0　−1	2　1　0	1　2　1	0　1　2	−1　0　1	−2　−1　0

图 4-7　Robinson 算子

4.4　边缘检测与提取的实例

图 4-8 是采用上述方法的处理结果。由于参数 amp 具有同一数值,根据算子不同有明暗方面的差异,但是在原始图像上边缘明显的部分都被清晰地提取出来了。对于模糊的部分取差分间隔宽的 Sobel 和 Prewitt 等的模板匹配方法似乎有效。

拉普拉斯算子易于强化噪声,可以说比起边缘的检测与提取(特别对平缓的边缘)更适于点状物的检测与提取和图像的增强(使边缘清晰的图像处理——锐化)等。

在图 4-9 中表示了所提取的边缘的灰度变化,请与图 4-2 比较一下。

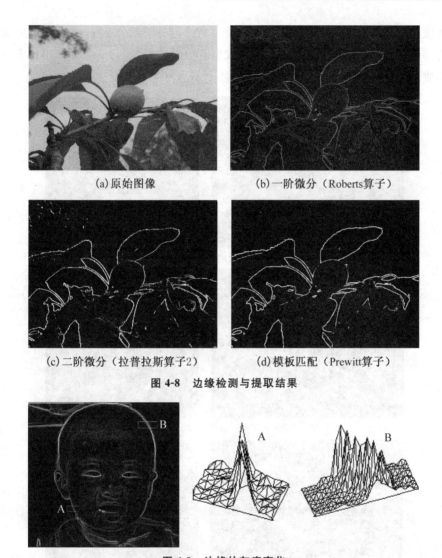

(a)原始图像　　　　　　　　　(b)一阶微分（Roberts算子）

(c)二阶微分（拉普拉斯算子2）　　　(d)模板匹配（Prewitt算子）

图 4-8　边缘检测与提取结果

图 4-9　边缘的灰度变化

4.5　二值边缘图像的制作

　　到目前为止所叙述的方法,由于其输出图像是对应于边缘强度的灰度图像,如果要表示边缘线或者在打印机上打印,有必要进行二值化处理。为此,在边缘检测与提取处理的输出图像上进行阈值处理即可。

　　图 4-10 给出了二值边缘图像的例子。由图可见,增大阈值,边缘线变得模糊

不清或消失;相反,减小阈值,不需要的噪声就多起来。除了经过反复设定来确定合适阈值之外,使用直方图的方法试一试也是很有趣的。另外,第 5 章中将要介绍的膨胀腐蚀处理可用于去除二值边缘图像中不需要的点状噪声。

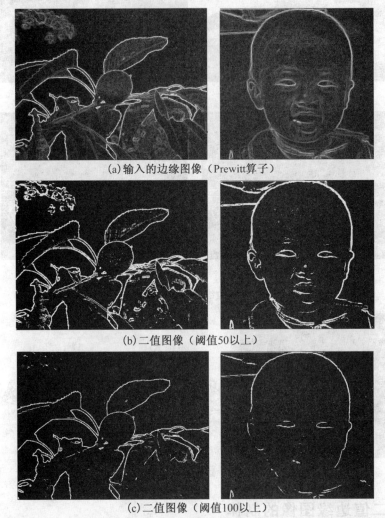

(a)输入的边缘图像（Prewitt算子）

(b)二值图像（阈值50以上）

(c)二值图像（阈值100以上）

图 4-10　二值边缘图像示例

4.6　细线化处理

对使用上述方法所得到的边缘,再增加处理可以获得清晰的边缘图像。在此对边缘的精细化方法中的细线化(thinning)作一简单介绍。

细线化是把线宽不均匀的边缘线整理成同一线宽(一般为 1 个像素宽)的处理,在阈值处理后的二值图像上进行。

细线化处理,如图 4-11 所示那样,将粗边缘线从外侧开始一层一层地削去各个像素,直到成为 1 个像素的宽度为止。根据像素的削去规则不同而有不同的方法,其中 Hilditch 算法表示在 List 4.4 中。图 4-12 是对图 4-10(c)所示二值边缘图像的处理结果,得到了线宽为 1 个像素的边缘图像。

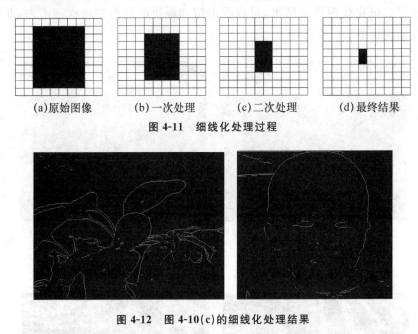

(a)原始图像　　　(b)一次处理　　　(c)二次处理　　　(d)最终结果

图 4-11　细线化处理过程

图 4-12　图 4-10(c)的细线化处理结果

4.7　应用研究实例

农田作业机器人的自动导航是国内外的研究热点,目前主要有 GPS 导航、机器视觉导航以及多传感器融合导航等方式。基于机器视觉的导航技术,由于能够适应复杂的田间作业环境,探测范围宽,信息丰富完整,受到国内外研究者的广泛关注。陈兵旗等[1-3]针对插秧机器人的导航路线进行了图像检测,在水田苗的检测和田埂的检测中都用到了微分运算。

4.7.1 苗列的检测

在水田图像上,由于水面平滑,苗列突出水面,因此可以通过微分运算检测出苗列。又由于在图像上苗列是垂直向上的,为了减少计算量,选用了 Kirsch 算子中检测左右边缘的 M3 和 M7 进行微分运算,对微分图像再用以直方图上位 5％作为阈值的 p 参数法进行了二值化处理。图 4-13 是 2 幅水田的灰度图像,其中图(a)为晴天图像,图(b)为阴天图像。图 4-14 是对图 4-13 进行上述微分处理及二值化处理后的结果,可以看出苗和泥块能被很好地检测出来,并且不受天气情况影响。

(a)晴天　　　　　　　　　　　　(b)阴天

图 4-13　水田灰度图像

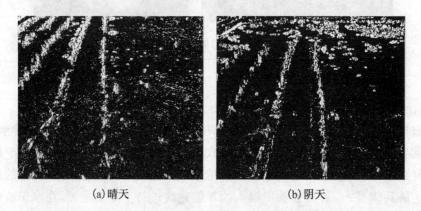

(a)晴天　　　　　　　　　　　　(b)阴天

图 4-14　图 4-13 的微分及二值化处理结果

4.7.2　导航目标田埂的检测

　　用同样的方法对导航目标田埂进行了检测。图 4-15 和图 4-16 分别是土质目标田埂和水泥目标田埂的图像,分别代表了晴天、阴天、有田端和无田端等不同状态。

(a)晴天,有田端　　　　　　　　　(b)阴天,无田端

图 4-15　土质目标田埂

(a)晴天,有田端　　　　　　　　　(b)阴天,无田端

图 4-16　水泥目标田埂

　　图 4-17 和图 4-18 分别是利用上述方法对图 4-15 和图 4-16 中间 1/3 区域进行处理得到的二值图像。可以看出,土质田埂的田埂线(水与田埂的分界线)处没有长连接成分,而水泥田埂的田埂线处有长连接成分。根据这个特点,可以对两种情况分别研究田埂线处像素的提取方法。

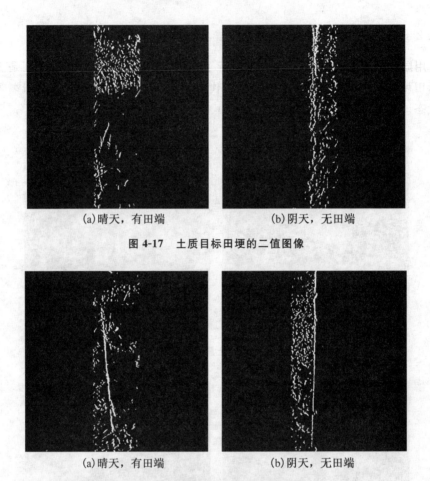

(a)晴天,有田端　　　　　　　　(b)阴天,无田端

图 4-17　土质目标田埂的二值图像

(a)晴天,有田端　　　　　　　　(b)阴天,无田端

图 4-18　水泥目标田埂的二值图像

4.7.3　田端田埂的检测

由于田端田埂线在图像上是水平的,因此选用了 Kirsch 算子中检测水平边缘的 M1 和 M 5 进行微分运算,二值化方法与苗列检测一样。由于田埂线处一般会有阴影,阴影的位置会随着太阳的方位和田埂的高度而变化,因此在检测田埂线之前需要首先检测出阴影的位置,然后再在阴影位置以上检测田端田埂线。

1. 阴影的检测

由于阴影的亮度比水面暗,因此可以用检测下方亮、上方暗的 Kirsch 算子中的 M5 来检测阴影。图 4-19 分别是土质和水泥田端田埂在不同天气状况的图像,图 4-20 分别是利用上述方法对图 4-19 中间 1/3 区域处理得到的二值图像。可以

(a)土质，晴天　　　　(b)土质，阴天

(c)水泥，晴天　　　　(d)水泥，阴天

图 4-19　田端田埂

图 4-20　图 4-19 中阴影检测的二值图像

看出,无论是土质还是水泥的田端田埂,在阴影里的田埂线处都检测出了长连接成分。利用这些特点,可以通过进一步的处理获得阴影的实际位置。

2.田埂的检测

由于在田端田埂与水面的交界处,存在有水洇湿的痕迹,田埂上干燥部位比洇湿部位的亮度高,因此可以用检测下方暗、上方亮的 Kirsch 算子中的 M1 来检测田端田埂。图 4-21 是利用上述方法处理图 4-19 获得的二值图像。从阴影位置开始到图像上端,通过进一步的处理可以获得田埂线的位置。

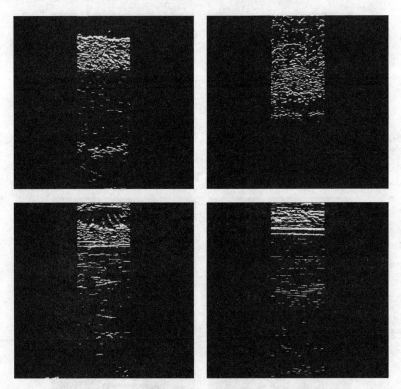

图 4-21　图 4-19 中田端检测的二值图像

4.7.4　侧面田埂的检测

对侧面田埂线,在二值化处理时利用检测左上角或者右上角的 Kirsch 算子中的 M2 和 M8,微分图像的二值化方法与苗列检测一样。图 4-22 和图 4-23 分别是侧面田埂的原图像和微分处理后的二值图像。

(a) 土质，晴天　　　　　(b) 土质，阴天

(c) 水泥，晴天　　　　　(d) 水泥，阴天

图 4-22　侧面田埂的原图像

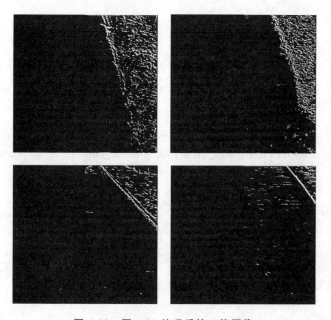

图 4-23　图 4-22 处理后的二值图像

应用研究文献

[1] 陈兵旗,東城清秀,渡辺兼五,など.水田における移植水稲苗の検出:反射光の影響を受けない画像処理法[J].日本農業機械誌,1999,61(5):57−63.

[2] 陈兵旗,東城清秀,渡辺兼五,など.田植ロボットの視覚部に関する研究(第 4 報)[J].日本農業機械誌,1999,61(3):57−64.

[3] 陈兵旗,東城清秀,渡辺兼五,など.田植ロボットの視覚部に関する研究(第 3 報)[J].日本農業機械誌,1998,60 (5):13−22.

附录:源程序列表

List 4.1   一阶微分边缘检测(梯度运算)

```
#include "StdAfx. h"
#include "BaseList. h"
#include <math. h>


/* --- Differential --- 1 阶微分边缘检测 -------------------------------------
    image_in：输入图像数据指针
    image_out:输出图像数据指针
    xsize：      图像宽度
    ysize：      图像高度
    amp：        输出像素值倍数
---------------------------------------------------------------------- */
void Differential(BYTE * image_in, BYTE * image_out, int xsize, int ysize, float
amp)
{
    //以下算子可以自由设定
    static int cx[9] = { 0, 0, 0,//算子 x(Roberts)
                        0, 1, 0,
                        0, 0,−1};
    static int cy[9] = { 0, 0, 0,//算子 y(Roberts)
                        0, 0, 1,
                        0,−1, 0};
```

```
int        d[9];
int        i, j, dat;
float      xx, yy, zz;

for (j = 1; j < ysize-1; j++) {
  for (i = 1; i < xsize-1; i++) {
      d[0] = *(image_in + (j-1) * xsize + i-1);
      d[1] = *(image_in + (j-1) * xsize + i);
      d[2] = *(image_in + (j-1) * xsize + i+1);
      d[3] = *(image_in + j * xsize + i-1);
      d[4] = *(image_in + j * xsize + i);
      d[5] = *(image_in + j * xsize + i+1);
      d[6] = *(image_in + (j+1) * xsize + i-1);
      d[7] = *(image_in + (j+1) * xsize + i);
      d[8] = *(image_in + (j+1) * xsize + i+1);
      xx = (float)(cx[0] * d[0] + cx[1] * d[1] + cx[2] * d[2]
                     + cx[3] * d[3] + cx[4] * d[4] + cx[5] * d[5]
                     + cx[6] * d[6] + cx[7] * d[7] + cx[8] * d[8]);
      yy = (float)(cy[0] * d[0] + cy[1] * d[1] + cy[2] * d[2]
                     + cy[3] * d[3] + cy[4] * d[4] + cy[5] * d[5]
                     + cy[6] * d[6] + cy[7] * d[7] + cy[8] * d[8]);
      zz = (float)(amp * sqrt(xx * xx+yy * yy));
      dat = (int)zz;
      if(dat > 255) dat = 255;
    *(image_out + j * xsize + i) = dat;
  }
 }
}
```

List 4.2　二阶微分边缘检测(拉普拉斯运算)

```
# include "StdAfx. h"
# include "BaseList. h"
# include <math. h>

/ * --- Differential --- 2 阶微分边缘检测 -----------------------------------
   image_in：输入图像数据指针
```

image_out：输出图像数据指针

xsize： 图像宽度

ysize： 图像高度

amp： 输出像素值倍数

-- * /

```
void Differential2(BYTE * image_in, BYTE * image_out, int xsize, int ysize, float amp)
{
    //以下算子可以自由设定
    static int c[9] = {-1, -1, -1// 算子(laplacian)
                       -1, 8, -1
                       -1, -1, -1};
int  d[9];
int  i, j, dat;
float z, zz;

for (j = 1; j < ysize-1; j++) {
    for (i = 1; i < xsize-1; i++) {
        d[0] = * (image_in + (j-1) * xsize + i-1);
        d[1] = * (image_in + (j-1) * xsize + i);
        d[2] = * (image_in + (j-1) * xsize + i+1);
        d[3] = * (image_in + j * xsize + i-1);
        d[4] = * (image_in + j * xsize + i);
        d[5] = * (image_in + j * xsize + i+1);
        d[6] = * (image_in + (j+1) * xsize + i-1);
        d[7] = * (image_in + (j+1) * xsize + i);
        d[8] = * (image_in + (j+1) * xsize + i+1);
        z = (float)(c[0] * d[0] + c[1] * d[1] + c[2] * d[2]
                + c[3] * d[3] + c[4] * d[4] + c[5] * d[5]
                + c[6] * d[6] + c[7] * d[7] + c[8] * d[8]);
        zz = amp * z;
        dat = (int)(zz);
        if (dat < 0) dat = -dat;
        if (dat > 255) dat = 255;
        * (image_out + j * xsize + i) = dat;
    }
}
```

```
}
```

List 4.3　Prewitt 算子边缘检测

```
#include "StdAfx.h"
#include "BaseList.hA"
#include <math.h>
/ * --- Prewitt --- Prewitt 算子边缘检测 --------------------------------
    image_in：输入图像数据指针
    image_out:输出图像数据指针
    xsize：    图像宽度
    ysize：    图像高度
    amp：      输出像素值倍数
------------------------------------------------------------------ * /
void Prewitt(BYTE * image_in, BYTE * image_out, int xsize, int ysize, float amp)
{
    int     d[9];
    int     i,j,k,max,dat;
    int     m[8];
    float   zz;

for (j = 1; j < ysize−1; j++) {
    for (i = 1; i < xsize−1; i++) {
        d[0] = * (image_in + (j−1) * xsize + i−1);
        d[1] = * (image_in + (j−1) * xsize + i);
        d[2] = * (image_in + (j−1) * xsize + i+1);
        d[3] = * (image_in + j * xsize + i−1);
        d[4] = * (image_in + j * xsize + i);
        d[5] = * (image_in + j * xsize + i+1);
        d[6] = * (image_in + (j+1) * xsize + i−1);
        d[7] = * (image_in + (j+1) * xsize + i);
        d[8] = * (image_in + (j+1) * xsize + i+1);
    m[0] = d[0] + d[1] + d[2] + d[3] −2 * d[4] + d[5] − d[6] − d[7] − d[8];
    m[1] = d[0] + d[1] + d[2] + d[3] −2 * d[4] − d[5] + d[6] − d[7] − d[8];
    m[2] = d[0] + d[1] − d[2] + d[3] −2 * d[4] − d[5] + d[6] + d[7] − d[8];
    m[3] = d[0] − d[1] − d[2] + d[3] −2 * d[4] − d[5] + d[6] + d[7] + d[8];
    m[4] = −d[0] − d[1] − d[2] + d[3] −2 * d[4] + d[5] + d[6] + d[7] + d[8];
```

$$m[5] = -d[0] - d[1] + d[2] - d[3] -2 * d[4] + d[5] + d[6] + d[7] + d[8];$$
$$m[6] = -d[0] + d[1] + d[2] - d[3] -2 * d[4] + d[5] - d[6] + d[7] + d[8];$$
$$m[7] = d[0] + d[1] + d[2] - d[3] -2 * d[4] + d[5] - d[6] - d[7] + d[8];$$

```
            max = 0;
            for (k = 0; k < 8; k++)if (max < m[k]) max = m[k];
        zz = amp * (float)(max);
            dat = (int)(zz);
            if (dat > 255) dat = 255;
            *(image_out + j * xsize + i) = dat;
        }
    }
}
```

List 4.4　二值图像的细线化处理

```
#include "StdAfx. h"
#include "BaseList. h"
#include <math. h>
/* --- Thinning --- 2值图像的细线化处理 ----------------------------------
    image_in：输入图像数据指针
    image_out:输出图像数据指针
    xsize:     图像宽度
    ysize:     图像高度
    ---------------------------------------------------------- */


int cconc(int inb[9] );
void Thinning(BYTE * image_in, BYTE * image_out, int xsize, int ysize)
{
    int ia[9], ic[9], i, ix, iy, m, ir, iv, iw;

    for (iy = 0; iy < ysize; iy++)
      for (ix = 0; ix < xsize; ix++)
        *(image_out + iy * xsize +ix) = *(image_in + iy * xsize +ix);
    m = 100;
    ir = 1 ;
    while (ir ! = 0) {
      ir = 0;
```

```
for (iy = 1; iy < ysize−1; iy++)
    for (ix = 1; ix < xsize−1; ix++) {
        if ( * (image_out + iy * xsize + ix) ! = HIGH) continue;
        ia[0] = * (image_out +iy * xsize + ix+1);
        ia[1] = * (image_out +(iy−1) * xsize + ix+1);
        ia[2] = * (image_out +(iy−1) * xsize + ix);
        ia[3] = * (image_out +(iy−1) * xsize + ix−1);
        ia[4] = * (image_out + iy * xsize + ix−1);
        ia[5] = * (image_out + (iy+1) * xsize + ix−1);
        ia[6] = * (image_out + (iy+1) * xsize + ix);
        ia[7] = * (image_out + (iy+1) * xsize + ix+1);
        for (i = 0; i < 8; i++) {
            if (ia[i] == m) {
                ia[i] = HIGH;`
                ic[i] = 0;
            }
            else {
                if (ia[i] < HIGH) ia[i] = 0;
                ic[i] = ia[i];
            }
        }
        ia[8] = ia[0];
        ic[8] = ic[0];
        if (ia[0]+ia[2]+ia[4]+ia[6] == HIGH * 4) continue;
        for (i = 0, iv = 0, iw = 0; i < 8; i++) {
            if (ia[i] == HIGH) iv++;
            if (ic[i] == HIGH) iw++;
        }
        if (iv <= 1) continue;
        if (iw == 0) continue;
        if (cconc(ia) ! = 1) continue;
        if ( * (image_out + (iy−1) * xsize + ix) == m) {
            ia[2] = 0;
            if (cconc(ia) ! = 1) continue;
            ia[2] = HIGH;
        }
```

```
                if ( * (image_out + iy * xsize + ix-1) == m) {
                    ia[4] = 0;
                    if (cconc(ia) ! = 1) continue;
                    ia[4] = HIGH;
                }
                * (image_out + iy * xsize + ix) = m;
                ir++;
            }

        m++;
    }
    for (iy = 0; iy < ysize; iy++)
        for (ix = 0; ix < xsize; ix++)
            if ( * (image_out+iy * xsize+ix)<HIGH) * (image_out+iy * xsize+ix)=0;
}


/ * --- cconc --- 计算连接数 ------------------------------------
(In)inb:连接数
--------------------------------------------------------------- * /

intcconc(int inb[9])
{
    int i, icn;
    icn = 0;

    for (i = 0; i < 8; i += 2)
        if (inb[i] == 0)
        if (inb[i+1] == HIGH || inb[i+2] == HIGH)
        icn++;
        return icn;

}
```

第 5 章　图像平滑

5.1　关于图像噪声

噪声(noise)这一词,如果说原来有什么目的的话,那就是用于指障碍物。那么,图像的噪声是什么呢? 例如电视机因天线的状况不佳,图像混乱,变得难以观看了,这样的状态被称为图像的劣化。仔细观察这种图像劣化的话能将其分成两类,一类是目标图像本身变形或模糊而劣化,另一类是粗糙的障碍物附在目标图像上而劣化。像后者那样的障碍物就是图像的噪声(杂质)。噪声的性质不同,消除噪声的方法也将变化。图 5-1 是带有噪声的图像的一个例子,这种噪声具有如下的性质:

- 在图面的何处附加噪声是随机的。
- 噪声的形状、大小是不规则的。

这种噪声称为随机噪声(random noise),是一种线索最少却最常见的噪声。用摄像机在暗处拍摄的图像上会感觉像附有沙状物,那就是带有随机噪声的图像的最好例子。

图 5-1　带有随机噪声的图像

在此,考虑静止的相同物体被连续拍摄时,噪声在随时随机地出现,每一个瞬间噪声的位置和大小等都在变化着。图 5-2 表示了被输入图像处理系统的多帧具有随机噪声的图像。在这种情况下,可以利用随机的性质来有效地消除噪声。

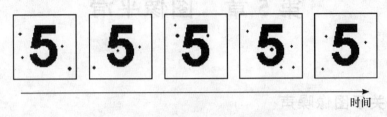

图 5-2　多帧带有随机噪声的图像

现在让我们关注图面上的某像素。通过多帧图像研究一下该像素,其灰度应该如图 5-3 所示的那样以实际值(真值)为中心散落着。在此,取这些值的平均,研究的帧数越多应越接近实际值。它的原理是,如果使用无数帧的图像的话,噪声将无限制地趋近于 0。这种方法是在用摄像机和扫描仪等输入清晰的静止图像时经常采用的。

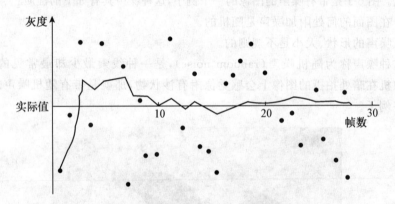

图 5-3　多帧图像上某像素的灰度变化

(图像灰度值以实际值为中心散布着,所以帧数越多其平均值越接近实际值)

5.2　图像平滑

对只有一帧带有噪声的图像,要消除噪声的话,该如何处理呢?这就是本章的主题。这时由随机噪声隐藏的像素的实际灰度值是绝对不可知的。断言无法处理的话会令人失望,我们的目的是使噪声不要成为障碍,在视觉上不明显就可以了。

让我们看一下放大的带有噪声的图像。观察图 5-4 可以看出,噪声与其周围像素之间有急剧的灰度变化,也正是这些急剧的灰度变化才造成了观察障碍。一般把利用噪声的这种性质消除图像中噪声的方法称为图像平滑(image smoothing)或简称为平滑(smoothing)。只是目标图像的边缘部分也具有急剧的灰度变化,所以如何把边缘部分与噪声部分区分开而只消除噪声,是图像平滑的技巧所在。

图 5-4　带有噪声图像的放大图

移动平均法(moving average model,或称 averaging filter,均值滤波器)是最简单的噪声消除方法。如图 5-5 所示的那样,这是用某像素周围 3×3 邻域范围的平均值置换该像素值的方法。它的原理是,通过使图像模糊,达到看不到细小噪声的目的。但是,这种方法对噪声和边缘都一视同仁地模糊化,结果是噪声被消除的同时,目标图像也模糊了。

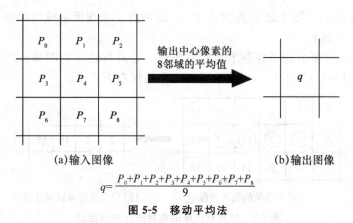

(a)输入图像　　　　　　　　　　　　　(b)输出图像

$$q = \frac{P_0 + P_1 + P_2 + P_3 + P_4 + P_5 + P_6 + P_7 + P_8}{9}$$

图 5-5　移动平均法

消除噪声最好的结果应该是,噪声被消除了,而边缘还完好地保留着。达到这种处理效果的最有名的方法是中值滤波(median filter)。

5.3 中值滤波

如图 5-6 所示的灰度图像的数据,为了求〇中像素的灰度,查看 3×3 邻域内(粗虚线框所围的范围)的 9 个像素的灰度,按照从小到大的顺序排列为:

2　　2　　3　　3　　④　　4　　4　　5　　10

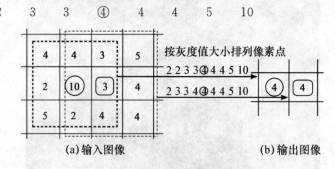

图 5-6　中值滤波

这时的中间值(也称中值,medium)应该是排序后全部 9 个像素的第 5 个像素的灰度值 4。灰度值 10 的像素是作为噪声故意输入进去的,通过中值处理确实被消除了。为什么?原因是,与周围像素相比噪声的灰度值极端不同,按大小排序时它们将集中在左端或右端,是不会被作为中间值选中的。

那么,其右侧的像素(□中像素)又如何呢?查看一下细虚线框所围的邻域内的像素:

2　　3　　3　　4　　④　　4　　4　　5　　10

中间值是 4,实际上是 3,却变成了 4。这是由于处理所造成的损害。但是,视觉上还是看不出来。

问题是边缘部分能否保存下来。图 5-7(a)是具有边缘的图像,求〇中像素的灰度,得到图 5-7(b)的结果,可见边缘被完全地保存下来了。

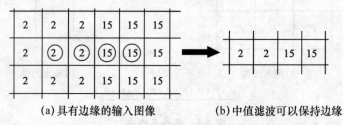

图 5-7　对具有边缘的图像进行中值滤波

在移动平均法中,由于噪声成分被放入平均计算之中,所以输出受到了噪声的影响。但是在中值滤波中,由于噪声成分难以被选择上,所以几乎不会影响到输出。因此,用同样的 $3×3$ 邻域进行比较的话,中值滤波的消除噪声能力会更胜一筹。

图 5-8 表示了用中值滤波和移动平均法消除噪声的结果,很清楚地表明了中值滤波无论在消除噪声上还是在边缘保存上都是一种非常优秀的方法。但是,中值滤波花费的计算时间是移动平均法的许多倍。

(a)原始图像　　　　　　(b)中值滤波　　　　　　(c)移动平均法

图 5-8　中值滤波与移动平均法的比较

基于移动平均法和基于中值滤波消除噪声的程序分别见 List 5.1 和 List 5.2。

5.4　二值图像的平滑

在第 3 章的区域分割与提取和第 4 章的边缘检测与提取中,输出图像都是二值图像。在进行这些处理之前,预先基于平滑处理消除噪声是很重要的。这被称为预处理(pre-processing),它使得后续处理更加容易。即使如此,输出的二值图像中还是有令人讨厌的噪声存在时,必须在后续处理中消除。

二值图像的噪声,如图 5-9 所示的那样,被称为椒盐噪声,也就是英语 salt-and-pepper noise 的直译。当然这种噪声能够用中值滤波消除,但是由于它只有二值,也可以采用被称为膨胀与腐蚀的处理来消除。

膨胀(dilation)是某像素的邻域内只要有 1 个像素是白像素,则该像素就由黑变为白而其他保持不变的处理;腐蚀(erosion)是某像素的邻域内只要有 1 个像素是黑像素,则该像素就由白变为黑而其他保持不变的处理。请看图 5-10,经过膨胀→腐蚀处理后,膨胀变粗,腐蚀变细,结果是图像几乎没有什么变化;相反,经过腐蚀→膨胀处理后,白色孤立点噪声在腐蚀时被消除了。程序见 List 5.3 和 List 5.4。

图 5-9 椒盐噪声

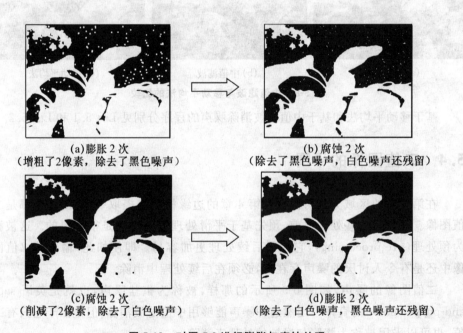

(a)膨胀 2 次
(增粗了2像素，除去了黑色噪声)

(b)腐蚀 2 次
(除去了黑色噪声，白色噪声还残留)

(c)腐蚀 2 次
(削减了2像素，除去了白色噪声)

(d)膨胀 2 次
(除去了白色噪声，黑色噪声还残留)

图 5-10 对图 5-9 进行膨胀与腐蚀处理
(膨胀与腐蚀的顺序不同，处理结果也不同)

5.5 其他相关技术

到目前为止所叙述的都是最一般、实际中使用最多的平滑方法，除此之外还有各种各样的方法被提出来，在此介绍一种稍微复杂的方法。

请看图 5-11。在某像素周围 5×5 邻域内,如图所示的那样依据 9 个模板选择 7 个或 9 个像素。例如,在模板 1 中是 7 个像素,而在模板 9 中选择了 9 个像素。接着,对各个模板求方差。

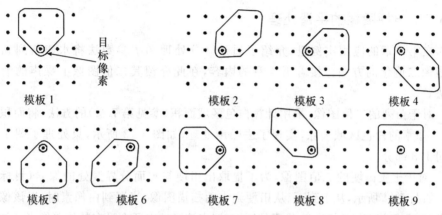

图 5-11 边缘保持平滑

(在目标像素周围设定 9 个小区域,输出标准差最小的模板的平均值)

假设 n 个像素的值分别是 $P_0, P_1, P_2, \cdots, P_{n-1}$,则平均值(mean)

$$a = \frac{1}{n} \sum_{i=0}^{n-1} P_i \tag{5.1}$$

方差(variance)

$$\sigma = \frac{1}{n} \sum_{i=0}^{n-1} (a - P_i)^2 \tag{5.2}$$

标准差(standard deviation)

$$d = \sqrt{\sigma} \tag{5.3}$$

那么选择方差最小的模板,求其平均值作为目标像素的值。这到底在做什么呢?实际上是把 5×5 邻域分割成图 5-12 所示的 9 个小区域,寻找其中标准差最小的小区域(即无噪声和无边缘)的值作为输出,就可以消除噪声。

这种方法不仅保持了边缘,消除了噪声,而且有增强边缘的性质,因此被称为边缘保持平滑(edge preserving smoothing),作为区域生成、边缘检测的预处理是很有效的,但是计算时间也将会很长。

在消除噪声方面还没有很完善的方法,关键是要选择与目的相符合的方法。

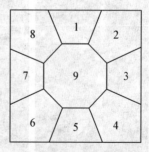

图 5-12 把 5×5 邻域分割成 9 个小区域

(9 是目标像素所在小区域, 1~8 为其周围邻域)

5.6 应用研究实例

5.6.1 田埂图像的平滑处理

在第 4 章的应用实例里,介绍了通过微分处理和 p 参数法将水田苗列和田埂图像二值化的方法。接着第 4 章的内容,在此介绍其二值图像上噪声的消除方法。

对于苗列的二值图像,采用计算白色区域面积(参见第 7 章)的方法,将面积小于 50 像素的白色区域去除,实现了去噪声处理,如图 5-13 所示,只处理了图 4-14 中间 1/3 部分。

对于土质田埂的二值图像,为了提取出田埂与水面分界线处的像素(目标像素),如图 5-14 所示,从上到下、从田埂到水面扫描图像,当遇到白像素时,以该像素为目标,在其前方设定 9×40 像素的区域,搜查该区域内还有没有其他白像素。如果有,将目标像素变为黑像素;否则,保持目标像素不变。这样可以消除田埂上的白像素,只留下田埂线处的白像素。对于图 4-17 土质田埂的二值图像,其目标像素的提取结果如图 5-15 所示,田埂上的白像素被去除,只剩下水面交界处的白像素,而且田端上的白像素也都被去除,由此可以判断出田端的位置。对于图 4-23 的侧面土质田

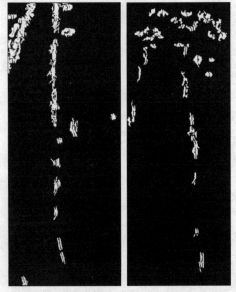

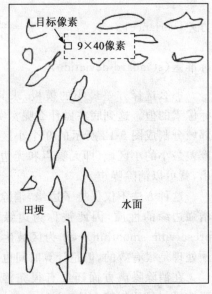

图 5-13　图 4-14 苗列二值图像的去噪声处理结果　　图 5-14　土质田埂目标像素提取方法

埂,也可以进行相同的处理。之后,再进行后续的分界线检测。

图 5-15　图 4-17 土质田埂目标像素的提取结果

用同样的方法,可以提取侧面土质田埂线处的像素。图 5-16 是图 4-23 上面 2 个侧面土质田埂线处目标像素的提取结果。

图 5-16　图 4-23 上面 2 个土质田埂目标像素的提取结果

对于水泥田埂的二值图像,利用区域标记和区域连接(参见 7.3 节)的方法来提取水面交界处像素,将在第 7 章的应用研究实例中具体介绍。

5.6.2　小麦地扫描线平滑处理

Liu Yang 等[1]在进行小麦播种行走路线检测时,对每条水平扫描线进行分析,获得每条水平扫描线上田埂与田间以及已播种地与未播种地之间的分界点,然后对这些分界点群进行过已知点哈夫变换(参见第 11 章)获得了导航线。在进行水平扫描线分析时,由于分界点处的信号差别很小,用一般数据平滑方法很容易消除这种微小差别,而用小波变换的方法,可以在平滑数据的同时,保留分界处的信号差别,如图 5-17 所示。图 5-17(a)和(b)中左侧曲线为标注线段的原数据,右侧曲线为基于小波变换平滑后的数据,分界处的信号差别被很好地保留了下来,为后续的分界点提取奠定了基础。

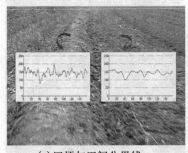

(a)田埂与田间分界线　　　　(b)已播种地与未播种地分界线

图 5-17　基于小波变换的小麦播种扫描线平滑处理

5.6.3　变电柜保护压板状态检测

查涛[2]对变电柜保护压板的投退(开关)状态进行了图像检测。在进行压板的投退状态判断前,首先需要经过以下 3 步来精确定位各个压板的位置:行定位、列定位和每个压板的定位。在进行列定位时,首先利用 B 分量的跳动投影获得原始数据。所谓 B 分量的跳动投影,就是在扫描线上,如果当前像素 B 分量的值与一定距离(例如 5 个像素)外像素 B 分量值的差大于设定阈值(例如 5),记为跳动一次,累计各个扫描线上的 B 分量跳动次数,即可获得跳动累计曲线。由于压板上的边缘较背景上的多很多,由此即可分析出压板的纵向和横向中心位置。在进行跳动累计曲线分析前,需要进行数据平滑,这里使用了简单的移动平滑,平滑距离是 5 个像素。图 5-18(a)为压板的列判断结果,图 5-18(b)

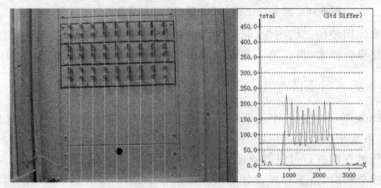

(a)列判断结果　　　　　　(b)平滑后的纵向跳动累计曲线

图 5-18　变电柜保护压板列判断结果及其纵向跳动累计曲线

为其纵向 B 分量跳动曲线的平滑结果,很容易看出跳动曲线的每一个峰值对应压板列的一条中心线。

应用研究文献

[1] Liu Yang, Chen Bingqi. Detection for weak navigation line for wheat planter based on machine vision[J]. Applied Mechanics and Materials, 2013, 246 - 247:235-240.

[2] 查涛. 基于图像处理的变电柜保护压板状态检测[D]. 北京:中国农业大学,2012.

附录:源程序列表

List 5.1　移动平均法

```
# include "StdAfx. h"
# include "BaseList. h"
# include <math. h>
/ * --- Image_smooth --- 去噪声处理(移动平均) -----------------------------
    image_in: 输入图像数据指针
    image_out:输出图像数据指针
    xsize:    图像宽度
    ysize:    图像高度
-------------------------------------------------------------------- * /
void Image_smooth(BYTE * image_in, BYTE * image_out, int xsize, int ysize)
{
    int    i, j, buf;

    for (j = 1; j < ysize-1; j++) {
        for (i = 1; i < xsize−1; i++) {
            buf =(int)( * (image_in + (j−1) * xsize + i−1))
                + (int)( * (image_in + (j−1) * xsize + i))
                + (int)( * (image_in + (j−1) * xsize + i+1))
                + (int)( * (image_in + j * xsize + i−1))
                + (int)( * (image_in + j * xsize + i))
```

```
              + (int)( * (image_in + j * xsize + i+1))
              + (int)( * (image_in + (j+1) * xsize + i−1))
              + (int)( * (image_in + (j+1) * xsize + i))
              + (int)( * (image_in + (j+1) * xsize + i+1));
           * (image_out + j * xsize + i) = (BYTE)(buf / 9);
       }
    }
}
```

List 5.2　中值滤波

```
#include "StdAfx. h"
#include "BaseList. h"
#include <math. h>
/ * --- Median --- 去噪声处理(中值) -----------------------------------
    image_in：输入图像数据指针
    image_out：输出图像数据指针
    xsize：      图像宽度
    ysize：      图像高度
------------------------------------------------------------------------ * /
int median_value(BYTE c[9]);

void Median(BYTE * image_in, BYTE * image_out, int xsize, int ysize)
{
    int      i, j;
    unsigned char c[9];

    for (i = 1; i < ysize−1; i++) {
        for (j = 1; j < xsize−1; j++) {
            c[0] = * (image_in + (i−1) * xsize + j−1);
            c[1] = * (image_in + (i−1) * xsize + j);
            c[2] = * (image_in + (i−1) * xsize + j+1);
            c[3] = * (image_in + i * xsize + j−1);
            c[4] = * (image_in + i * xsize + j);
            c[5] = * (image_in + i * xsize + j+1);
            c[6] = * (image_in + (i+1) * xsize + j−1);
            c[7] = * (image_in + (i+1) * xsize + j);
```

```
            c[8] = *(image_in + (i+1) * xsize + j+1);
            *(image_out + i * xsize + j) = median_value(c);
        }
    }
}
```

/ * --- median_value ---求 9 个像素的中间值 --------------
　　c:像素数组
-- * /

```
int median_value(BYTE c[9])
{
    int     i, j, buf;

    for (j = 0; j < 8; j++) {
        for (i = 0; i < 8; i++) {
            if (c[i +1] < c[i]) {
                buf = c[i+1];
                c[i+1] = c[i];
                c[i] = buf;
            }
        }
    }
    return c[4];
}
```

List 5.3　腐蚀处理

```
#include "StdAfx. h"
#include "BaseList. h"
```

/ * --- Erodible --- 腐蚀 -----------------------------------
　　image_in：　输入图像数据指针
　　image_out：输出图像数据指针
　　xsize：　　图像宽度
　　ysize：　　图像高度
-- * /

```
void Erodible(BYTE * image_in, BYTE * image_out, int xsize, int ysize)
{
    int i, j;
```

```
for (j = 1; j < ysize−1; j++) {
    for (i = 1; i < xsize−1; i++) {
        * (image_out + j * xsize + i) = * (image_in + j * xsize + i);
        if ( * (image_in + (j−1) * xsize + i−1) == LOW)
            * (image_out + j * xsize + i) = LOW;
            if ( * (image_in + (j−1) * xsize + i) == LOW)
            * (image_out + j * xsize + i) = LOW;
        if ( * (image_in + (j−1) * xsize + i+1) == LOW)
            * (image_out + j * xsize + i) = LOW;
        if ( * (image_in + j * xsize + i−1) == LOW)
            * (image_out + j * xsize + i) = LOW;
        if ( * (image_in + j * xsize + i+1) == LOW)
            * (image_out + j * xsize + i) = LOW;
        if ( * (image_in + (j+1) * xsize + i−1) == LOW)
            * (image_out + j * xsize + i) = LOW;
        if ( * (image_in + (j+1) * xsize + i) == LOW)
            * (image_out + j * xsize + i) = LOW;
        if ( * (image_in + (j+1) * xsize + i+1) == LOW)
            * (image_out + j * xsize + i) = LOW;
    }
  }
}
```

List 5.4   膨胀处理

```
# include "StdAfx. h"
# include "BaseList. h"
/ * ---Dilation---膨胀-----------------------------------------------
    image_in：输入图像数据指针
    image_out：输出图像数据指针
    xsize：     图像宽度
    ysize：     图像高度
------------------------------------------------------------------- * /
void Dilation(BYTE * image_in, BYTE * image_out, int xsize, int ysize)
{
    int  i, j;
```

```
for (j = 1; j < ysize−1; j++) {
    for (i = 1; i < xsize−1; i++) {
        * (image_out + j * xsize + i) = * (image_in + j * xsize + i);
        if ( * (image_in + (j−1) * xsize + i−1) == HIGH)
            * (image_out + j * xsize + i) = HIGH;
        if ( * (image_in + (j−1) * xsize + i) == HIGH)
            * (image_out + j * xsize + i) = HIGH;
        if ( * (image_in + (j−1) * xsize + i+1) == HIGH)
            * (image_out + j * xsize + i) = HIGH;
        if ( * (image_in + j * xsize + i−1) == HIGH)
            * (image_out + j * xsize + i) = HIGH;
        if ( * (image_in + j * xsize + i+1) == HIGH)
            * (image_out + j * xsize + i) = HIGH;
        if ( * (image_in + (j+1) * xsize + i−1) == HIGH)
            * (image_out + j * xsize + i) = HIGH;
        if ( * (image_in + (j+1) * xsize + i) == HIGH)
            * (image_out + j * xsize + i) = HIGH;
        if ( * (image_in + (j+1) * xsize + i+1) == HIGH)
            * (image_out + j * xsize + i) = HIGH;
    }
  }
}
```

第 6 章　图像增强

6.1　清晰图像

对于我们来说,图像是一种非常有用的信息源,所以要求它是清晰的。在此,清晰图像是指对象物体的亮度和色彩的细微差别清清楚楚地被拍摄下来的图像。像"百闻不如一见"、"一目了然"等词句所说的那样,清晰图像可以给我们提供许多信息。可是通过摄像机所得到图像并不一定是清晰的。例如,黑暗中拍摄的动物或者草丛中拍摄的蝗虫,目标物融入了具有相似亮度或者色彩的背景之中,这样的图像就难以分辨了。但是,即使是这样的图像,对动物、蝗虫与背景之间在色彩和亮度上的微小差别进行放大,使背景中的动物和蝗虫的姿态显现出来也是可能的。像这样对图像中所包含的亮度和色彩等信息进行放大,或者将这些信息变换成其他形式的信息等,通过各种手段来获得清晰图像的方法,称为图像增强(image enhancement)。

图像增强,拟人说法就是给图像化妆。比如为了使我们自己面部的眼睛和鼻子显得端庄漂亮,我们会按照自己的方式对自己的眼睛和鼻子进行化妆,加强自己的眼睛和鼻子的效果。同样,图像增强至少是使图像清晰些所做的化妆。化妆中要用到口红、眼影、粉底等,根据加强部分的不同,需要用各种各样的化妆品,而图像的增强,根据增强的信息不同,有边缘增强、灰度增强、色彩的饱和度增强等方法。

这些图像增强在电视机上也能够简单地实行。在遥控器的按钮中,选用"图像"按钮就可以增强在屏幕上显示的图像。例如,按"图像"按钮后,出现图像状态,按项目选择键,选择调整图像状态项目,如选择"亮度"栏,当把所显示的数字再调高时,整个画面将变得更亮,相反调低数字将使整个画面变暗,从而达到增强或抑制屏幕上图像亮度的目的。此外,还有调整颜色的"色度"栏、调整画面灰度分布的"对比度"栏等。

有好几种方法可以用来增强图像,在此只对因灰度差不够大而难以分辨的图像进行处理,介绍一种使之变成清晰图像的简单且有效的方法——对比度增强(contrast enhancement)。

6.2 对比度增强

画面的明亮部分与阴暗部分的灰度的比值称为对比度(contrast)。对比度高的图像中被照物体的轮廓分明可见,为清晰图像;相反,对比度低的图像中物体轮廓模糊,为不清晰图像。当看见一张很久以前留下的照片时,会发现它整体发白,并且黑白很难分辨清楚。对这种对比度低的图像,可以采用使其白的部分更白、黑的部分更黑的变换,即对比度增强,从而得到清晰图像。

下面来说明一下对比度增强的方法。

请看图 6-1(a),整个图像很暗,查看一下灰度直方图[图 6-1(b)],发现图像的灰度值过于集中在灰度区域的低端。要使这样的图像变为清晰图像,只要把过于集中的灰度值分散,使背景与对象物之间的差扩大即可。一种处理方法是把图像中的各像素的灰度值都扩大到 n 倍,即

$$g(x,y)=n\times f(x,y) \tag{6.1}$$

在原始图像的位置(x,y)处的图像灰度值 $f(x,y)$ 被乘以 n,处理图像在(x,y)处的灰度值就变为 $g(x,y)$。这个处理的程序见 List 6.1。因为图像数据范围是0～255,所以如果计算的结果超过255,将其设定为255,即把255作为限定的最大值。

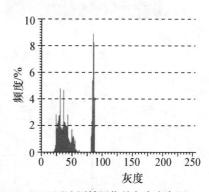

(a)原始图像　　　　　　　　　(b)原始图像的灰度直方图

图 6-1　对比度不强的照片

图 6-2 是对于图 6-1(a)的图像灰度值扩大到 $n(=2～5)$ 倍的处理结果。随着 n 值的增大,图像变得越来越亮,也越来越清晰了。可是,当 n 值过大时,图像整体变得白亮,反而难以分辨了。对这个图像来说,可以看出 $n=3$ 时图像最为清晰,查

看其灰度直方图(图 6-3)可知,当灰度值扩大到 3 倍后,灰度分布几乎遍布 0～255 的整个区域,这样,图像的明暗分明,对比度增强。因此,可以顺次增加倍数 n 来寻求最佳值,以便得到清晰图像。

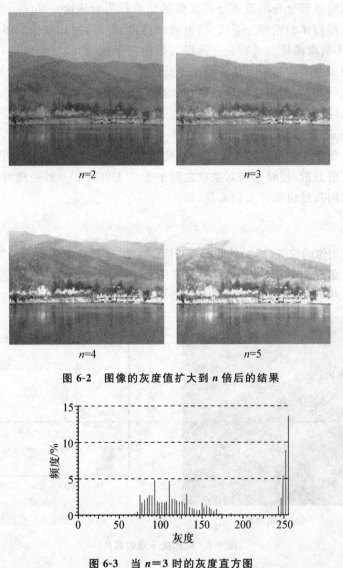

图 6-2　图像的灰度值扩大到 n 倍后的结果

图 6-3　当 $n=3$ 时的灰度直方图

那么,有没有通过对原始图像进行自动分析,实现自动增强对比度的方法呢?

6.3 自动对比度增强

从上一节所得的结果可知,原始图像的灰度范围能够充满所允许的整个灰度范围的话,就可得到清晰图像。

对于灰度直方图,可以用式(6.2)将其范围从图 6-4 左侧所示的$[a,b]$变换到右侧所示的$[a',b']$:

$$z'=\frac{(b'-a')}{(b-a)}\times(z-a)+a' \tag{6.2}$$

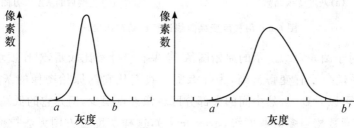

图 6-4 灰度直方图的拉伸

根据这个式子就可以把任意像素的灰度 $z(a\leqslant z\leqslant b)$ 变换成灰度 z'。这个变换形式用灰度变换曲线来表现更易于理解。灰度变换曲线是用变换前的图像灰度值作为横坐标、变换后的灰度值作为纵坐标来表现的。式(6.2)的灰度变换曲线如图 6-5 所示。从这幅图可以看出,变换前的图像灰度的最小值 a 和最大值 b 分别被变换为 a' 和 b',任意值 z 被变换为 z'。那么,如果式(6.2)中的变量 a 和 b 是原始图像的灰度值的最小值和最大值,变量 a' 和 b' 分别为内存所处理的灰度的最小值(0)和最大值(255),则将自动从原始图像得到对比度增强的图像。List 6.2 是求原始图像的灰度的最小值和最大值的程序,List 6.3 是按照式(6.2)进行变换的程序。图 6-6 为处理结果和处理后的灰度直方图,可见灰度值遍布于 0~255 的全部范围。图 6-6 与图 6-1 相比,对比度获得了增强,图像层次清晰分明。

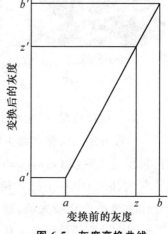

图 6-5 灰度变换曲线

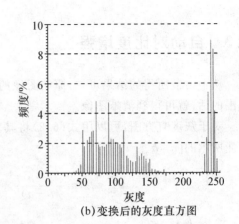

(a)灰度变换结果 　　　　　　　(b)变换后的灰度直方图

图 6-6　用灰度变换曲线进行自动对比度增强

　　然而,对于图 6-7(a)所示的原始图像,苹果和枝叶都比较暗,对比度增强后[图 6-7(b)]几乎丝毫没有变得清晰,为什么呢? 我们从它的原始图像的灰度直方图[图 6-7(c)]可以看到,虽然中间的大部分区域像素点很少,但是它的低端和高端分别存在着像素数相当多的灰度级(gray level),这样灰度直方图无法拉伸,当然也就无法进行对比度增强。

  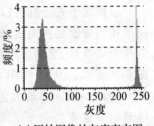

(a)原始图像 　　　　　　(b)灰度变换结果 　　　　　(c)原始图像的灰度直方图

图 6-7　无法用灰度拉伸方法改善的图像

　　对于这种情况,图像对比度增强的方法有以下 2 种:

　　一种方法是将像素数少的灰度级压缩,仅取出要增强的部分的灰度范围,进行灰度范围变换(gray-scale transformation 或 gray-level transformation)。也就是在式(6.2)中不是把 a 和 b 作为灰度的最小值和最大值,而是把要增强的部分作为最小值和最大值,这样就能够原封不动地使用 List 6.3 的程序。

　　另一种方法是将灰度直方图上的所有灰度变换成像素数相同的分布形式。这种方法被称为灰度直方图均衡化。

前一种方法需要知道要增强部分的灰度范围,而后一种方法不需要查看灰度范围就可以进行对比度增强。下面对后一种方法进行稍微详细的说明。

6.4　直方图均衡化

直方图均衡化(histogram equalization)是压缩原始图像中像素数较少的部分、拉伸像素数较多的部分的处理。如果在某一灰度范围内像素比较集中,因为被拉伸的部分的像素相对于被压缩的部分要多,从而整个图像的对比度获得增强,图像变得清晰。

下面用一个简单的例子来说明直方图均衡化算法。灰度为 $0 \sim 7$ 的各个灰度级所对应的像素数如图 6-8 所示。均衡化后,每个灰度级所分配的像素数应该是总像素数除以总灰度级数,即 $40 \div 8 = 5$。从原始图像的灰度值大的像素开始,每次取 5 个像素,从 7 开始重新进行分配。对于如图 6-8 所示图像,给灰度级 7 分配原始图像中的灰度级 7、6 的全部像素和灰度级 5 的 9 个像素中的 1 个像素。从灰度级 5 的像素中选取 1 个像素有如下两种算法:

(1)随机选取;

(2)从周围像素的平均灰度较大的像素中顺次选取。

算法(2)比算法(1)稍微复杂一些,但是算法(2)所得结果的噪声比算法(1)少。

在此选用算法(2)。接下来的灰度级从原始图像的灰度级 5 剩下的 8 个像素中用前面的方法选取 5 个,作为灰度级 6 的像素数。依此类推,对所有像素重新进行灰度级分配。这个处理的程序见 List 6.4。在 List 6.4 的新的图像数组中按灰度级从大到小的顺序分配像素,最后的灰度级 0 分配给剩下的全部像素。

灰度级	7	6	5	4	3	2	1	0
原始图像各灰度级的像素数	0	4	9	11	5	7	4	0
均衡化后各灰度级的像素数	5	5	5	5	5	5	5	5

图 6-8　灰度直方图均衡化

图 6-9 和图 6-10 是利用 List 6.4 分别对图 6-1(a)和图 6-7(a)进行直方图均衡化的结果,可见直方图均衡化对改善对比度是相当有效的。

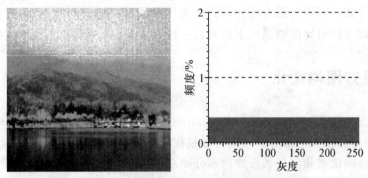

图 6-9　对图 6-1(a)进行灰度直方图均衡化的结果

图 6-10　对图 6-7(a)进行灰度直方图均衡化的结果

6.5　伪彩色增强

前面介绍的方法都是通过增加灰度变化来增强对比度,使图像层次清晰,在这一节中,将介绍怎样把图像中的灰度差用不同色彩来替代,从而将灰度图像通过灰度的细微差别变换成易于区分的伪彩色图像(pseudo color image)。

使用伪彩色图像处理(pseudo color image processing)的一个例子就是测定人体温度分布,在人体图像上把所测定的结果从体温较低部位到体温较高部位赋予从蓝到红不同的颜色,这样就形成了一个能显示体温的伪彩色图像。这个人体图像首先把温度的高低变换成图像的明暗,也就是作为所谓的灰度图像被拍摄,然后利用伪彩色增强(pseudo color enhancement)来为灰度图像赋色。图 6-11 为一幅人体腿部的红

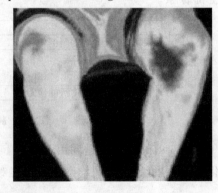

图 6-11　红外线摄影的伪彩色图像

外线图像,红色部分表示有软组织损伤的部位。观看处理后的图像会发现,体温随着颜色的变化而变化,另外因为红色表示温度高,蓝色表示温度低,体温的高低一目了然。

此外,对于那些无法得到彩色照片的情况,例如人造卫星的红外线摄影、X 射线拍照等,对拍摄到的照片赋予伪彩色,同样可以增强其辨别能力。

6.6　应用研究实例

近年来储粮害虫的种类和密度呈上升趋势,这对储粮害虫的检测提出了更高的要求。因此邱道尹等[1]设计了基于机器视觉的储粮害虫智能检测系统,提出运用图像差分法及自适应图像增强法提高储粮害虫样本图像的质量。由于传送带的运动、取样机构中电机运转产生震动、粮样中灰尘对 CCD 摄像机镜头的影响等因素,视觉系统所获取的图像是带有噪声的模糊图像[图 6-12(a)],因此有必要对图像进行增强处理。该系统运用基于空域的图像差分法和自适应增强法进行增强处理,先差分再自适应增强处理后的图像,如图 6-12(b)所示,图像处理效果比较理想。

(a)原始图像　　　　　　　　　　(b)增强处理后的图像

图 6-12　增强前、后的储粮害虫图像

贾渊等[2]在传统灰度直方图均衡化的基础上,提出一种增强牛肉图像对比度的改进算法:先用一个函数来缩小最大灰度频数与最小灰度频数之间的差距以使其更好地保留细节,然后对有效的灰度级进行等间距处理以使图像在整个范围内显示。

为了验证该算法在牛肉图像处理中的有效性,作者进行了大量的实验,将它与同类的直方图均衡算法进行了对比,结果证明该算法具有很好的自适应性,在增强对比度的同时也保持了较好的视觉效果。图 6-13 为一幅牛肉眼肌原图像及其对应的灰度直方图,采用不同算法处理后的图像及其直方图如图 6-14 至图 6-16 所示。

由图 6-14 可见,采用经典的直方图均衡算法,对比度有所改善,图像灰度范围达到了 0~255,但是牛肉图像中肌肉部分偏亮,脂肪边缘模糊,且与肌肉部分相混杂,同时其直方图上的灰度级间距大,直方图毛刺严重,不利于进一步处理。图 6-15 和图 6-16 是改进算法分别取变换函数指数 $m=1$ 和 0.5 时的结果,与经典直方图均衡算法相比,改进后的算法在增强对比度的同时,肌内脂肪与肌肉的区别更加明显,细节清晰,边缘不模糊。就这两者来看,虽然在视觉上差别不大,但图 6-16 的直方图更平滑,边缘更清晰,更有利于图像的进一步处理。

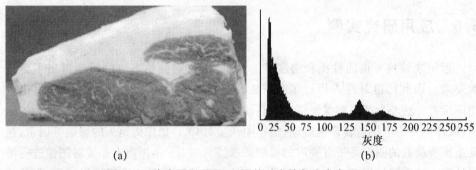

(a)   (b)

图 6-13 牛肉眼肌原图(a)及其对应的灰度直方图(b)

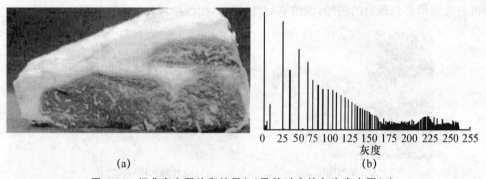

(a)   (b)

图 6-14 经典直方图均衡结果(a)及其对应的灰度直方图(b)

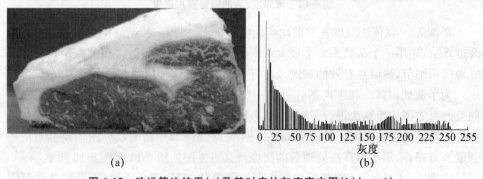

(a)   (b)

图 6-15 改进算法结果(a)及其对应的灰度直方图(b)($m=1$)

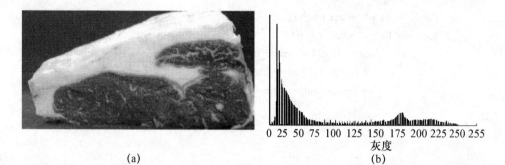

图 6-16　改进算法结果(a)及其对应的灰度直方图(b)(*m*=0.5)

应用研究文献

[1] 邱道尹,张红涛,陈铁军,等.基于机器视觉的储粮害虫智能检测系统软件设计[J].农业机械学报,2003,34(2):83-85.

[2] 贾渊,姬长英.牛肉图像直方图增强算法的改进[J].南京农业大学学报,2005,28(2):122-124.

附录:源程序列表

List 6.1　灰度 *n* 倍

```
# include "StdAfx. h"
# include "BaseList. h"
/ * --- Brightness_amplify --- 灰度 n 倍 ------------------------------------
     image_in：输入图像数据指针
     image_out:输出图像数据指针
     xsize：   图像宽度
     ysize：   图像高度
     n：       倍数
----------------------------------------------------------------- * /
void Brightness_amplify(BYTE * image_in, BYTE * image_out, int xsize, int ysize,
float n)
{
     int i, j, nf;
```

```
for (j = 0; j< ysize; j++){
for (i = 0; i < xsize; i++){
            nf = (int)( * (image_in + j * xsize + i) * n);
            if (nf > 255) nf = 255;
            * (image_out + j * xsize + i) = (BYTE)nf;
    }
 }
}
```

List 6.2   求取灰度范围

```
# include "StdAfx. h"
# include "BaseList. h"
/ * --- Brightness_range --- 求取灰度范围 -------------------------------
    image_in：输入图像数据指针
    xsize：      图像宽度
    ysize：      图像高度
    fmax：       求得的亮度最大值
    fmin：       求得的亮度最小值
------------------------------------------------------------------ * /
void Brightness_range(BYTE * image_in, int xsize, int ysize, int * fmax, int *
fmin)
{
    int i, j, nf;

    * fmax = 0;
    * fmin = 255;
    for (j = 0; j < ysize; j++){
        for (i=0; i < xsize; i++){
            nf =(int)( * (image_in + j * xsize + i));
            if (nf > * fmax) * fmax = nf;
            if (nf < * fmin) * fmin = nf;
        }
    }
}
```

List 6.3   灰度拉伸

```
# include "StdAfx. h"
```

```
#include "BaseList. h"
/ * --- Brightness_expand --- 灰度范围拉伸 -------------------------
        image_in：输入图像数据指针
        image_out：输出图像数据指针
        xsize：     图像宽度
        ysize：     图像高度
        fmax：      输入图像亮度最大值
        fmin：      输入图像亮度最小值
------------------------------------------------------------------ * /
void Brightness_expand(BYTE * image_in, BYTE * image_out, int xsize, int ysize,
                       int fmax, int fmin)
{
    int i, j;
    float d;

    for (j = 0; j < ysize; j++) {
        for (i = 0; i < xsize; i++) {
            d = (float)255 / (float)(fmax-fmin)
                * ((int)( * (image_in + j * xsize + i))-fmin);
            if (d > 255)
                * (image_out + j * xsize + i) = 255;
            else if (d < 0)
                * (image_out + j * xsize + i) = 0;
            else
                * (image_out + j * xsize + i) = (BYTE)d;
        }
    }
}
```

List 6.4   直方图均衡化

```
#include "StdAfx. h"
#include <math. h>
#include "BaseList. h"
void sort(BYTE * image_in, int xsize, int ysize, struct XYW * data,
    int level);
void weight(BYTE * image_in, int xsize, int ysize, int i, int j,int * wt);
```

```
/ * --- Hist_plane --- 直方图均衡化 -----------------------------
    image_in：输入图像数据指针
    image_out；输出图像数据指针
    xsize：      图像宽度
    ysize：      图像高度
    hist：       亮度直方图配列
------------------------ ------------------------------------ * /
void Hist_plane(BYTE * image_in, BYTE * image_out, int xsize, int ysize, long
hist[256])
{
    int i, j, jy, ix, sum;
    int delt;              //根据周围像素值选择的像素数
    int low, high；        //处理灰度范围
    int av；               //均衡化后的亮度值
    BYTE * image_buf；     //作业图像数据指针
    int max_number；
    XYW * buf；            //像素位置(x,y)及周边像素的亮度和(weight)

    if( (image_buf = new BYTE[xsize * ysize]) == NULL ) return；

    max_number = 0；
    for(i=0; i<256; i++) max_number = max(hist[i], max_number)；

    if( (buf = new XYW[max_number]) == NULL ) return；

    av = (int)((ysize) * (xsize) / 256)；
    high = 255；
    low = 255；
    for (j = 0; j < ysize; j++){
        for (i = 0; i < xsize; i++){
            * (image_out + j * xsize + i) = 0；
            * (image_buf + j * xsize + i) = * (image_in + j * xsize + i)；
        }
    }

    for (i = 255; i > 0; i--){
```

```
for (sum = 0; sum < av; low——) sum = sum + hist[low];
low++;
delt = hist[low] − (sum − av);
sort(image_buf, xsize, ysize, buf, low);
if (low < high){
    for (jy = 0; jy < ysize; jy++){
        for (ix = 0; ix < xsize; ix++){
            if (((int)( * (image_buf + jy * xsize + ix)) >= low + 1 ) &&
                ((int)( * (image_buf + jy * xsize + ix)) <= high))
                * (image_out + jy * xsize + ix) = (BYTE)i;
        }
    }
    for (j = 0; j < delt; j++){
        * (image_out + buf[j]. y * xsize + buf[j]. x) =(BYTE)i;
        * (image_buf + buf[j]. y * xsize + buf[j]. x) =(BYTE)0;
    }
    hist[low] = hist[low] − delt;
    high = low;
}

delete image_buf;
delete buf;
}


/ * --- sort --- 将周围像素按灰度由高到低排列 ----------------------------
    image_in：  输入图像数据指针
    xsize：     图像宽度
    ysize：     图像高度
    data：      位置及周围像素灰度和配列
    level：     排序像素的灰度
-------------------------------------------------------------------- * /
void sort(BYTE * image_in, int xsize, int ysize, struct XYW * data, int level)
{
    int i, j, inum, wt;
    struct XYW temp;
```

```
        inum = 0;
        for (j = 0; j < ysize; j++ ){
            for (i = 0; i < xsize; i++ ){
                if ((int)( * (image_in + j * xsize + i)) == level){
                    weight(image_in, xsize, ysize, i, j, &wt);//计算周围像素的亮度和
                    data[inum].y = j;
                    data[inum].x = i;
                    data[inum].w = wt;
                    inum++;
                }
            }
        }


        for(j = 0; j < inum - 1; j++ ){       //排序
            for (i = j + 1; i < inum; i++){
                if (data[j].w <= data[i].w){
                    temp.y = data[j].y;
                    temp.x = data[j].x;
                    temp.w = data[j].w;
                    data[j].y = data[i].y;
                    data[j].x = data[i].x;
                    data[j].w = data[i].w;
                    data[i].y = temp.y;
                    data[i].x = temp.x;
                    data[i].w = temp.w;
                }
            }
        }
    }


/ * ---weight --- 计算周围像素的灰度和 --------------------------------
        image_in：输入图像数据指针
        xsize：     图像宽度
        ysize：     图像高度
        i, j：      像素位置
        wt：        灰度和
```

```
----------------------------------------------------------------------- * /
void weight(BYTE * image_in, int xsize, int ysize, int i, int j, int * wt)
{
    int dim, djm;
    int dip, djp;
    int k, d[8];

    dim = i - 1;
    djm = j - 1;
    dip = i + 1;
    djp = j + 1;
    if (dim < 0) dim = i;
    if (djm < 0) djm = j;
    if (dip > xsize-1) dip = i;
    if (djp > ysize-1) djp = j;

    d[0] = (int)( * (image_in + djm * xsize + dim));
    d[1] = (int)( * (image_in + djm * xsize + i));
    d[2] = (int)( * (image_in + djm * xsize + dip));
    d[3] = (int)( * (image_in + j * xsize + dim));
    d[4] = (int)( * (image_in + j * xsize + dip));
    d[5] = (int)( * (image_in + djp * xsize + dim));
    d[6] = (int)( * (image_in + djp * xsize + i));
    d[7] = (int)( * (image_in + djp * xsize + dip));

    * wt = 0;
    for (k = 0; k < 8; k++) * wt = * wt + d[i];
}
```

第7章 特征选择与描述

7.1 基于图像特征的自动识别

每个人都持有钥匙,有时所持有钥匙的多少成了一个人地位的象征。假如你除了自家的门钥匙、自己办公室的门钥匙、自家的车钥匙之外,还持有许多其他的门钥匙,甚至还持有金库的钥匙,你一定是个大权在握的人。可见权力越大的人,掌握的钥匙也越多。

如果说随着图像处理技术的发展,将来世上可能没有了钥匙,你会有何感想?现在由于计算机的进步,许多钥匙已经变成了电子键、电子暗号等,计算机也能够判别人的脸部特征或者声音特征了。目前,通过计算机调查图像特征对物体进行自动判别的例子已经很多,例如自动售货机的钱币判别、工厂内通过摄像机自动判别产品质量、通过判别邮政编码自动分拣信件、基于指纹识别的电子钥匙以及最近出现的通过脸型识别来防范恐怖分子等。本章就对这些特征(feature)尤其是图像的特征选择(feature selection)进行说明。

为了便于理解,本章以简单的二值图像为对象,通过调查物体的形状、大小等特征,介绍提取所需要的物体、消除不必要的噪声的方法。

7.2 二值图像的特征参数

所谓图像的特征,换句话说是指图像中包括具有何种特征的物体。请看图 7-1,图像上有几个水果。如果想从该图像中提取香蕉,该怎么办?对于计算机来说,它并不知道人们讲的香蕉为何物,人们只能通过所要提取物体的特征来指示计算机,例如香蕉是细长的物体。也就是说,必须告诉计算机图像中物体的大小、形状等特征,指出诸如大的东西、圆的东西、有棱角的东西等。当然,这种指示依靠的是描述物体形状特征(shape representation and description)的参数。

图 7-1 原始图像

以下说明几个有代表性的特征参数以及计算方法,表 7-1 列出了几个图形以及相应的参数。

表 7-1 图形及其特征

项目	圆	正方形	正三角形
图形			
面积	πr^2	r^2	$\dfrac{\sqrt{3}}{4}r^2$
周长	$2\pi r$	$4r$	$3r$
圆形度	1.0	$\dfrac{\pi}{4}\approx 0.79$	$\dfrac{\pi\sqrt{3}}{9}\approx 0.60$

1. 面积(area)

面积指物体(或区域)图像中包含的像素数。

2. 周长(perimeter)

物体(或区域)轮廓线的周长是指轮廓线上像素间距离之和。像素间距离有图 7-2(a)和(b)两种情况。图 7-2(a)表示并列的像素,当然并列方式可以是上、下、左、右 4 个方向,这种并列像素间的距离是 1 个像素。图 7-2(b)表示的是倾斜方向连接的像素,倾斜方向也有左上角、左下角、右上角、右下角 4 个,这种倾斜方向像素间的距离是$\sqrt{2}$像素。在进行周长测量时,需要根据像素间的连接方式分别计算距离。图 7-2(c)是一个周长的测量例。

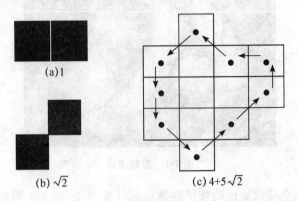

(a)1

(b) $\sqrt{2}$

(c) $4+5\sqrt{2}$

图 7-2 像素间的距离(像素)

如图 7-3 所示,提取轮廓线,需要按以下步骤,对轮廓线进行追踪。

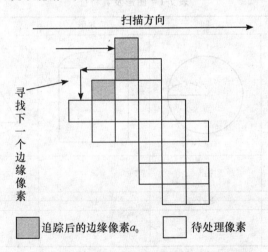

扫描方向

寻找下一个边缘像素

■ 追踪后的边缘像素a_0 □ 待处理像素

图 7-3 轮廓线的追踪

(1)扫描图像,顺序调查图像上各个像素的值,寻找没有扫描标志 a_0 的边界点。

(2)如果 a_0 周围全为黑像素(0),说明 a_0 是个孤立点,停止追踪。

(3)否则,按图 7-3 的顺序寻找下一个边界点。用同样的方法,追踪一个一个的边界点。

(4)到了下一个交界点 a_0,证明已经围绕物体一周,终止扫描。

3. 圆形度(circularity)

圆形度是基于面积和周长而计算物体(或区域)形状的复杂程度的特征量。例如圆和五角星。如果五角星的面积和圆的面积相等,那么它的周长一定比圆的长。因此,可以考虑以下参数:

$$e = \frac{4\pi \times 面积}{(周长)^2} \tag{7.1}$$

e 就是圆形度。对于半径为 r 的圆来说,面积等于 πr^2,周长等于 $2\pi r$,所以圆形度 e 等于 1。由表 7-1 可以看出,形状越接近于圆,e 越大,最大为 1,形状越复杂 e 越小,e 的值在 0 和 1 之间。

4. 重心(center of gravity 或 centroid)

重心就是求物体(或区域)中像素坐标的平均值。例如,某白色像素的坐标为 $(x_i, y_i)(i=0, 1, 2, \cdots, n-1)$,其重心坐标 (x_0, y_0) 可由下式求得:

$$(x_0, y_0) = \left(\frac{1}{n} \sum_{i=0}^{n-1} x_i, \frac{1}{n} \sum_{i=0}^{n-1} y_i \right) \tag{7.2}$$

除了上面的参数以外,还有长度和宽度(length and breadth)、欧拉数(Euler's number)以及物体的长度方向的矩(moment)等许多特征参数,这里不一一介绍,如有兴趣,请参阅其他书籍。

利用上述参数,好像能把香蕉与其他水果区别开来。香蕉是那些水果中圆形度最小的。不过,请稍候,首先需要把所有的东西从背景中提取出来,这可以利用二值化处理提取明亮部分来实现。图 7-4 是图 7-1 的图像经过二值化处理(阈值为 40 以上)、再通过 2 次中值滤波去噪后得到的图像。

图 7-4　图 7-1 的二值图像

到此为止还不够,还必须将每一个物体区分开来。为了区分每个物体,必须调查像素是否连接在一起,这样的处理称为区域标记(labeling)。

7.3 区域标记

区域标记是指给连接在一起的像素(连接成分,connected component)附上相同的标记,不同的连接成分附上不同的标记的处理。区域标记在二值图像处理中占有非常重要的地位。图 7-5 表示了区域标记后的图像,通过该处理将各个连接成分区分开来,然后就可以调查各个连接成分的形状特征。

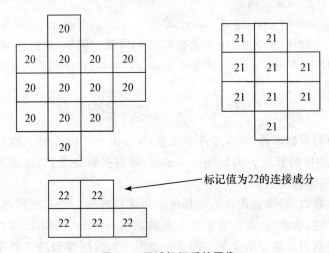

图 7-5　区域标记后的图像

区域标记也有许多方法,下面介绍一个简单的方法。步骤如下(参考图 7-6):

(1)扫描图像,遇到没加标记的目标像素(白像素)P 时,附加一个新的标记(label)。

(2)给与 P 连接在一起(即相同连接成分)的像素附加相同的标记。

(3)进一步,给所有与加标记像素连接在一起的像素附加相同的标记。

(4)继续第(3)步,直到连接在一起的像素全部被附加标记。这样,一个连接成分就被附加了相同的标记。

(5)返回到第(1)步,重新查找新的没加标记的像素,重复上述各个步骤。

(6)图像全部被扫描后,处理结束。

区域标记处理的程序列于 List 7.1,调查物体(连接成分)特征参数的处理程序列于 List 7.2。

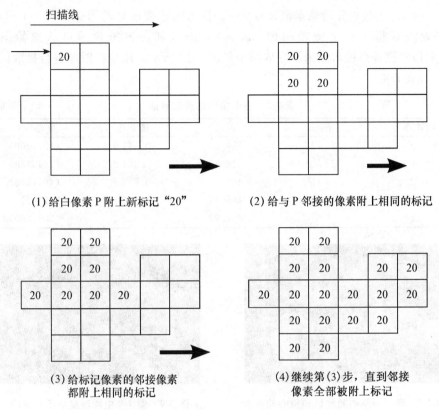

(1) 给白像素 P 附上新标记"20"　　　(2) 给与 P 邻接的像素附上相同的标记

(3) 给标记像素的邻接像素
　　都附上相同的标记

(4) 继续第(3)步，直到邻接
　　像素全部被附上标记

图 7-6　给一个连接成分附加标记(标号 20)

7.4　基于特征参数提取物体

通过以上处理，完成了从图 7-1 中提取香蕉的准备工作。调查各个物体特征的步骤如图 7-7 所示，处理结果表示在表 7-2 中。图 7-8 表示了处理后的图像，轮廓线和重心位置的像素表示得比较亮。

图 7-7　调查物体特征的步骤

由表 7-2 可知，圆形度小的物体有 2 个，可能就是香蕉。如果要提取香蕉，按照图 7-7 的步骤进行处理，然后再把具有某种圆形度的连接成分提取即可。上述处理的程序见 List 7.3，该程序中把圆形度小于最小值 ratio_min 或者大于最大值

ratio_max的连接成分的像素值设置为0。提取的连接成分的图像如图 7-9 所示。这些处理获得了一个掩模图像（mask image），利用该掩模即可从原始图像（图 7-1）中把香蕉提取出来。提取结果如图 7-10 所示。用掩模图像进行提取的程序见 List 7.4。

表 7-2　各个物体的特征参数　　　　　　　　　　　像素

物体序号	面积	周长	圆形度	重心位置
0	21 718	894.63	0.341 0	(307,209)
1	22 308	928.82	0.324 9	(154,188)
2	9 460	367.85	0.878 5	(401,136)
3	14 152	495.14	0.745 4	(470,274)
4	8 570	352.98	0.864 4	(206,260)

图 7-8　表示追踪的轮廓线和重心的图像　　图 7-9　图 7-8 中圆形度小于 0.5 的
　　　　　　　　　　　　　　　　　　　　　　　　物体的提取结果

图 7-10　利用图 7-9 从图 7-1 中提取香蕉

7.5　基于特征参数消除噪声

到现在为止，都是以提取物体为目标所进行的处理，当然也可以用于除去不必要的东西。例如,可以用于消除噪声处理。关于二值图像的噪声,在第 5 章介绍了用膨胀与腐蚀连接成分来消除噪声的方法,利用特征参数也可以进行这个处理。也就是说,通过区域标记处理将各个连接成分区分开后,除去面积小的连接成分即可。处理流程表示在图 7-11 中,处理程序见 List 7.5,处理结果如图 7-12 所示(以青椒样本为例)。将由微分处理(Prewitt 算子)所获得的图像[图 7-12(c)]作为输入图像,消除噪声处理后的结果图像见图 7-12(d),被除去的噪声是面积小于 80 像素的连接成分,可见图中点状噪声完全消失了。

読入图像　→　二值化　→　区域标记　→　参数计算　→

→　特征提取　→　表示结果

图 7-11　利用特征参数消除噪声的步骤

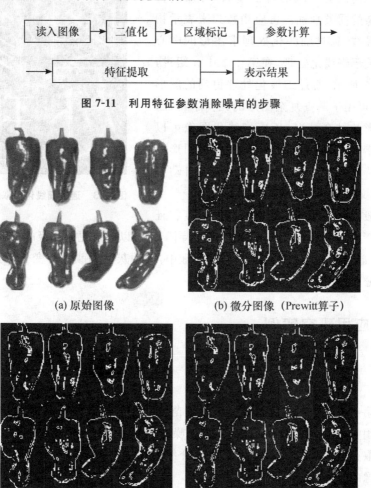

(a) 原始图像　　　　　　　(b) 微分图像 (Prewitt算子)

(c) 二值图像(阈值100)　　(d) 面积＜80像素的成分被除去后

图 7-12　利用面积参数消除噪声示例

7.6　高级特征参数

　　物体最简单的特征是面积和圆形度,仅利用这两个简单的特征,就可以进行各种各样的处理。在实际应用中,这些参数可以被应用在工厂内不合格品的检出、摄像机方向的控制、机器人手臂位置的控制等。

　　如果使用更高级的特征参数,可以进行更为复杂的同类判别。可应用数式来表示物体的边缘线,通过细线化处理求图形的中心线等。关于细线化处理,在第 4 章中介绍过,如图 7-13 所示,通过细线化处理得到的图形中心线,可用于调查复杂图形的几何学特征,调查图形的结合情况,所以细线化图像可以用于文字、图面的解析。如果知道了图形的几何学特征,就可以进行邮政编码的自动判别、手写文字的自动识别等。

图 7-13　通过细线化提取几何学特征

　　一般的图像都具有浓淡层次的灰度特征和颜色特征,如果巧妙地综合利用这些特征,则可以进行更为高级的图像处理。例如,在人造卫星进行土地调查的图像处理中,利用灰度和颜色的变化情报,制作土地利用分布图等。

7.7　应用研究实例

7.7.1　田埂和田端检测

　　在第 4 章的应用实例里介绍了水田苗列和田埂的微分处理检测方法,在第 5 章的应用实例里介绍了苗列二值图像的噪声消除方法和土质田埂二值图像的目标像素提取方法。接着前两章内容,在此介绍利用本章图像处理算法提取水泥田埂二值图像的目标像素的方法。

　　通过区域标记,测量二值图像上最大长度的目标,如果最大长度大于 50 像素,则认为该二值图像是水泥田埂,否则看作土质田埂。本研究在进行区域标记时,只对目标像素下方的 3 邻域像素进行标记,在标记过程中记录向下扫描的次数,从而获得目标区域的高度(像素数),判断下方没有白色像素后,再向上扫描,把标定像素的值改为区域的高度,这样减少了扫描次数,提高了处理速度。

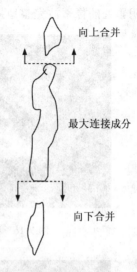

如果判断是水泥田埂,如图 7-14 所示,将最大连接成分的上、下端分别向左、向右扩展 5 像素,分别向上和向下进行区域合并处理。所谓区域合并处理,就是将检测范围内的其他不为 0 的像素值设定为最大连接成分的像素值。然后,将最大连接成分像素值的像素提取出来,即可将田埂线处的目标像素提取出来。图 7-15 是图 4-18 的二值图像经过区域标记和区域合并,然后提取最大连接成分像素的结果,田埂线处的像素被很好地提取出来。

图 7-14　区域合并

图 7-15　图 4-18 水泥田埂线处像素提取结果

　　用同样的方法,可以提取侧面水泥田埂线处的像素。图 7-16 是图 4-23 下面 2 个侧面水泥田埂线处像素的提取结果。

　　对于田端田埂,首先需要利用阴影检测的二值图像进行阴影位置的检测。设定了一个高度为 4 像素、宽度为处理区域的移动区域,从图像的上端到下端移动处理区域,同时计算移动区域中的白像素数。然后,分析移动区域中的像素分布情况。由于阴影处像素数突然增多,找到像素数分布的突变处,提取该突变处的像素即可。提取方法与水泥目标田埂线处像素的提取方法相似,只是将垂直方向提取改为水平方向提取。图 7-17 是图 4-20 对应图像阴影处像素的提取结果,可以看出，阴影处的像素被完整地提取出来。

图 7-16　图 4-23 侧面水泥田埂线处像素提取结果

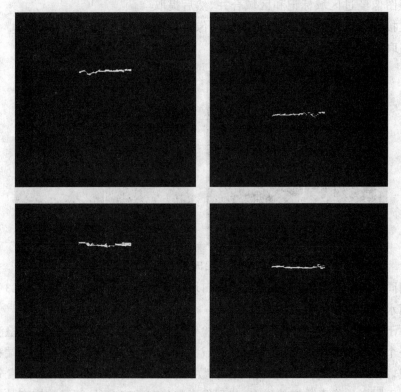

图 7-17　图 4-20 对应图像阴影处像素提取结果

阴影位置确定以后，再利用检测田端田埂的二值图像，进行田端位置的检测。

与检测阴影位置相同,设定一个高度为 4 像素、宽度为处理区域的移动区域,对上述二值图像,从上端到下端移动处理区域,同时计算移动区域中的白像素数。对于土质田端,分布的最大值位置不确定;对于水泥田端,最大值的位置在水和田端分界处或者上表面的边缘处,最大值附近有像素数趋于零的区域。利用上述特点,进行实际田端位置的检测。图 7-18 是利用上述方法对图 4-21 检测出的田端田埂处的像素。

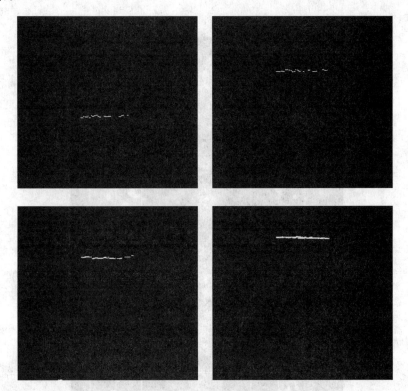

图 7-18　图 4-21 对应田端田埂处像素提取结果

7.7.2　排种器播种籽粒数检测

Liu 等[1]设计了排种器检测试验台,在传送带上方安装排种器,在排种器后方安装摄像头,开启传送带,一边排种一边录制视频图像,排种结束后将视频图像进行拼接,利用大津法对拼接图像进行二值化处理,然后对二值图像进行排种的条宽、粒数、穴距等参数的检测。对于没有粘连的籽粒,通过区域标记,测量出图像上有几个区域,即获得了籽粒数。但是,如图 7-19 那样有粘连的情况,只通过区域标记无法获得实际籽粒数。粘连物体的分离一直是图像处理的热门课题,根据不同的使用环境,研究者提出了各种各样的分离方法。假设在图像上粘连的籽粒属于少数(这个假设在排种器上是成立的),测量出各个区域的面积,然后将面积从小到大进行排序,取面积的中间值作为单个籽粒的面积。最后再将每个区域的面积除以单个籽粒的面积,对小数点部分进行四舍五入处理,累计以后即为处理区域里籽粒的总数。图 7-19 中每个区域的左上角显示了检测出的籽粒数,与实际籽粒数基本相符。

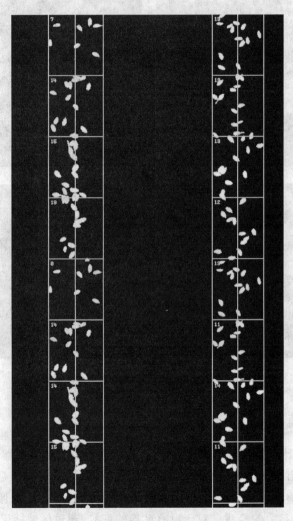

图 7-19　排种籽粒计数结果

7.7.3 青椒分级

为了实现青椒的自动化品质分级,田间移动型果菜分级机器人(mobile fruit grading robot)利用二值图像的特征对彩色青椒的品质和形状进行了描述和提取。如图 7-20 所示,左图为机器视觉系统获得的青椒多方位视图(4 幅侧视图和 1 幅顶视图),右图为经过二值化及去噪等处理步骤后得到的图像。具体步骤为:①获取彩色图像。②利用颜色特征对图像中青椒和背景进行分割。该实验的样本为红色、黄色和橙色青椒,包含红色(R)和绿色(G)成分多,蓝色(B)成分很少,而且背景颜色接近黑色,因此采用 R、G、B 图像间演算对青椒和背景进行分割,分割算式为$(R+G)/2-B$。③在分割图像的基础上进行二值处理,根据统计分析结果,令演算值$\geqslant 10$ 的像素点为 255,其余的像素点为 0,从而获得二值图像。④通过膨胀和腐蚀的组合操作消除部分噪声点。⑤进行区域标记。⑥实施面积抽出,像素点连接成分大于 3 000 像素的对象为青椒的侧视投影面积。之后,利用侧视图和顶视图投影面积的组合对青椒的质量进行了成功估算[2]。

依据青椒形状手工分级标准,对青椒的大小和形状特征进行描述和提取。

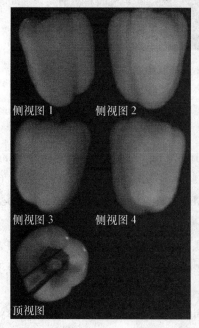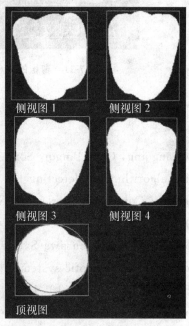

图 7-20 彩色青椒原始图像和二值图像

首先获取二值化处理后的图像,然后定义形状特征(图 7-21),并通过图像几何特征的计算获得相应的特征值。青椒中心轴(central axis)的提取是通过细线化处理求得的,在此基础上,青椒的最大长度(max length)和中部直径(middle diameter)即可以求得。通过青椒顶部投影面积的计算,其等价直径(equivalent diameter)和圆形度也可以获得。综合这些特征值就可以对青椒的大小和形状进行快速判定[3]。

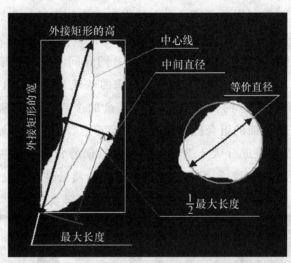

图 7-21　青椒的大小和形状特征的定义

应用研究文献

[1] Liu Changqing, Chen Bingqi, Song Jiannong, et al. Study on the image processing algorithm for detecting the seed-sowing performance[C]//2010 International Conference on Digital Manufacturing &Automation, December 2010:551-556.

[2] Qiao J, Sasao A, Shibusawa S, et al. Mobile fruit grading robot (Part 1): Development of a robotic system for grading sweet peppers[J]. The Journal of JSAM, 2004, 66(2):113-122.

[3] Qiao Jun. Development of mobile fruit grading robot[D]. Tokyo:Tokyo University of Agriculture and Technology,2004.

附录:源程序列表

List 7.1　区域标记(加标记)

```
# include "StdAfx. h"
# include "BaseList. h"
# include <stdio. h>


void labelset(BYTE * image, int xsize, int ysize, int xs, int ys, int label);


/ * --- Labeling --- 加标记处理 ------------------------------------
    image_in:    输入图像数据指针(2 值图像)
    image_out:   输出图像数据指针(标记图像)
    xsize:       图像宽度
    ysize:       图像高度
    cnt:         标记个数
-------------------------------------------------------------------- * /
int Labeling(BYTE * image_in, BYTE * image_out, int xsize, int ysize, int * cnt)
{
    int i, j, label;

    for (j = 0; j < ysize; j++)
        for (i = 0; i < xsize; i++)
            * (image_out + j * xsize + i) = * (image_in + j * xsize + i);
    label = L_BASE;
    for (j = 0; j < ysize; j++)
        for (i = 0; i < xsize; i++) {
            if ( * (image_out + j * xsize + i) == HIGH) {
            if (label >= HIGH) {
                AfxMessageBox("Error! too many labels.");
                return -1;
                }
            labelset(image_out, xsize, ysize, i, j, label);
            label++;
        }
```

```
        }
    * cnt = label−L_BASE;


    return 0;
}


/ * --- labelset --- 给连接像素加标记 --------------------
    image：              图像数据指针
    xsize：              图像宽度
    ysize：              图像高度
    xs，ys：             开始位置
    label：              标记值
------------------------------------------------------------------ * /
void labelset(BYTE * image, int xsize, int ysize, int xs, int ys, int label)
{
    int   i, j, cnt, im, ip, jm, jp;
    * (image + ys * xsize + xs) = label;
    for (;;) {
      cnt = 0;
      for (j = 0; j < ysize; j++)
          for (i = 0; i < xsize; i++)
                  if ( * (image + j * xsize + i) == label) {
                  im = i−1; ip = i+1; jm = j−1; jp = j+1;
                  if (im < 0) im = 0; if (ip >= xsize) ip = xsize−1;
                  if (jm < 0) jm = 0; if (jp >= ysize) jp = ysize−1;
                  if ( * (image + jm * xsize + im) == HIGH) {
                        * (image + jm * xsize + im) = label; cnt++;
                  }
                  if ( * (image + jm * xsize + i ) == HIGH) {
                        * (image + jm * xsize + i ) = label; cnt++;
                  }
                  if ( * (image + jm * xsize + ip) == HIGH) {
                        * (image + jm * xsize + ip) = label; cnt++;
                  }
                  if ( * (image + j * xsize + im) == HIGH) {
                        * (image + j * xsize + im) = label; cnt++;
```

```
                }
                if ( * (image + j * xsize + ip) == HIGH) {
                        * (image + j * xsize + ip) = label; cnt++;
                }
                if ( * (image + jp * xsize + im) == HIGH) {
                        * (image + jp * xsize + im) = label; cnt++;
                }
                if ( * (image + jp * xsize + i ) == HIGH) {
                        * (image + jp * xsize + i ) = label; cnt++;
                }
                if ( * (image + jp * xsize + ip) == HIGH) {
                        * (image + jp * xsize + ip) = label; cnt++;
                }
        }
    if (cnt == 0) break;
  }
}
```

List 7. 2　计算图像特征参数

```
# include "StdAfx. h"
# include "BaseList. h"
# include <stdio. h>


float calc_size(BYTE * image_label, int xsize, int ysize,
    int label, int * cx, int * cy);
float calc_length(BYTE * image_label, int xsize, int ysize, int label);
float trace(BYTE * image_label, int xsize, int ysize, int xs, int ys);


/ * --- Features --- 计算特征数据 -----------------------------------
    image_label_in：输入标记图像指针
    image_label_out：输出标记图像指针

    xsize：        图像宽度
    ysize：        图像高度
    cnt：          对象物个数
    size：         面积
    length：       周长
```

```
    ratio:          圆形度
    center_x:       重心 x 坐标
    center_y:       重心 y 坐标
---------------------------------------------------------------------- */
void Features(BYTE * image_label_in, BYTE * image_label_out, int xsize, int ysize,
    int cnt, float size[], float length[], float ratio[], int center_x[], int center_y[])
{
    int     i, j, cx, cy;
    float L;

    for (j = 0; j < ysize; j++){
      for (i = 0; i < xsize; i++){
          * (image_label_out + j * xsize + i) = * (image_label_in + j * xsize + i);
      }
    }


for (i = 0; i < cnt; i++) {

    size[i]= calc_size(image_label_out, xsize, ysize, i+L_BASE,
          &cx, &cy);
    center_x[i] = cx;
    center_y[i] = cy;

    L=calc_length(image_label_out, xsize, ysize, i+L_BASE);
    length[i] = L;

    ratio[i]=4 * PI * size[i]/(L * L);
    * (image_label_out + cy * xsize + cx) = HIGH;//重心


  }
}


/ * --- calc_size --- 求面积和重心位置 -----------------------------------
    image_label:    标记图像指针
    xsize:          图像宽度
    ysize:          图像高度
```

```
    label：           标记号
    cx,cy：           重心位置
---------------------------------------------------------------- * /
float calc_size(BYTE * image_label，int xsize，int ysize，
    int label，int * cx，int * cy)
{
    int i，j；
    float tx，ty，total；

    tx = 0；ty = 0；total = 0；
    for (j = 0；j < ysize；j++)
        for (i = 0；i < xsize；i++)
            if ( * (image_label + j * xsize + i) == label) {
                tx += i；ty += j；total++；
            }
    if (total == 0.0) return 0.0；
    * cx = (int)(tx/total)；* cy = (int)(ty/total)；
    return total；
}


/ * --- calc_length --- 求周长 -------------------------------------------
    image_label：     标记图像指针
    xsize：           图像宽度
    ysize：           图像高度
    label：           标记号
---------------------------------------------------------------- * /
float calc_length(BYTE * image_label，int xsize，int ysize，int label)
{
    int     i，j；
    float leng=1；

    for (j = 0；j < ysize；j++){
        for (i=0；i<xsize；i++){
            if ( * (image_label + j * xsize + i) == label)
            {
                leng = trace(image_label，xsize，ysize，i-1，j)；
```

```
                    return leng;
                }
            }
        }
        return 0;
}


/ * --- trace --- 追踪轮廓线 -----------------------------------------------
    image_label：    标记图像指针
    xsize：          图像宽度
    ysize：          图像高度
    xs,ys：          开始位置
------------------------------------------------------------------------ * /
float trace(BYTE * image_label, int xsize, int ysize, int xs, int ys)
{
    int   x, y, no, vec;
    float l;

    l=0;x=xs;y=ys;no= * (image_label + y * xsize+x+1);vec=5;
    for (;;) {
        if (x == xs && y == ys && l ! = 0) return l;

        * (image_label + y * xsize + x) = HIGH;

        switch (vec) {
            case 3：
                if ( * (image_label + y * xsize + x+1) ! = no &&
                    * (image_label + (y-1) * xsize + x+1) == no)
                    {x = x+1;y=y;l++ ;vec=0;continue;}
            case 4：
                if ( * (image_label + (y-1) * xsize + x+1) ! = no &&
                    * (image_label + (y-1) * xsize + x) == no)
                    {x = x+1; y = y-1; l += ROOT2; vec = 1; continue;}
            case 5：
                if ( * (image_label + (y-1) * xsize + x) ! = no &&
                    * (image_label + (y-1) * xsize + x-1) == no)
                    {x = x ; y = y-1; l++ ; vec = 2; continue;}
```

```
case 6：
    if ( * (image_label + (y−1) * xsize + x−1) ！= no &&
        * (image_label + y * xsize + x−1) == no)
        {x = x−1；y = y−1；l += ROOT2；vec = 3；continue；}
case 7：
    if ( * (image_label + y * xsize + x−1) ！= no &&
        * (image_label + (y+1) * xsize + x−1) == no)
        {x = x−1；y = y ；l++ ；vec = 4；continue；}
case 0：
    if ( * (image_label + (y+1) * xsize + x−1) ！= no &&
        * (image_label + (y+1) * xsize + x) == no)
        {x = x−1；y = y+1；l += ROOT2；vec = 5；continue；}
case 1：
    if ( * (image_label + (y+1) * xsize + x) ！= no &&
        * (image_label + (y+1) * xsize + x+1) == no)
        {x = x ；y = y+1；l++ ；vec = 6；continue；}
case 2：
    if ( * (image_label + (y+1) * xsize + x+1) ！= no &&
        * (image_label + y * xsize + x+1) == no)
        {x = x+1；y = y+1；l += ROOT2；vec = 7；continue；}
    vec = 3；
    }
  }
}
```

List 7.3　根据圆形度抽出物体

```
# include "StdAfx. h"
# include "BaseList. h"
# include <stdio. h>


/ * --- Ratio_extract --- 抽出具有某圆形度的对象物 ------------------
    image_label_in：    输入标记图像指针
    image_label_out：   输出标记图像指针
    xsize：             图像宽度
    ysize：             图像高度
    cnt：               对象物个数
```

ratio：　　　　　　　圆形度

ratio_min, ratio_max：最小值,最大值

-- * /

void Ratio_extract(BYTE * image_label_in, BYTE * image_label_out, int xsize, int ysize, int cnt, float ratio[], float ratio_min, float ratio_max)

```
{
    int i, j, x, y;
    int lno[256];

    for (i = 0, j = 0; i < cnt; i++)
    {
        if (ratio[i] >= ratio_min && ratio[i] <= ratio_max)
            lno[j++] = L_BASE+i;
    }
    for (y = 0 ; y < ysize; y++) {
        for (x = 0; x < xsize; x++) {
            * (image_label_out + y * xsize + x) = 0;
            for (i = 0; i < j; i++)
            {
                if ( * (image_label_in + y * xsize + x) == lno[i])
                * (image_label_out + y * xsize + x) = * (image_label_in
                    + y * xsize + x);
            }
        }
    }
}
```

List 7.4　复制掩模邻域的原始图像

\# include "StdAfx. h"

\# include "BaseList. h"

/ * ---- Mask_copy --- 复制掩模邻域的原始图像 ----------------------

image_in：　　　　输入图像指针

image_out：　　　　输出图像指针

image_mask：　　　输入模块图像(2 值图像)

　　xsize：　　　　　图像宽度

　　ysize：　　　　　图像高度

-- * /

```
void Mask_copy(BYTE * image_in, BYTE * image_out,
    BYTE * image_mask, int xsize, int ysize)
{
    int i, j;
    for (j = 0; j < ysize; j++) {
        for (i = 0; i < xsize; i++) {
            if ( * (image_mask + j * xsize +i) ! = LOW)
                * (image_out + j * xsize + i) = * (image_in + j * xsize + i);
            else * (image_out + j * xsize + i) = 0;
        }
    }
}
```

List 7.5　根据面积提取对象物

```
# include "StdAfx. h"
# include "BaseList. h"
# include<stdio. h>
```

/ * --- Size_extract --- 抽出某面积范围的对象物 --------------------
　　　　image_label_in：　　　　输入标记图像指针
　　　　image_label_out：　　　　输出标记图像指针
　　　　xsize：　　　　　　　　图像宽度
　　　　ysize：　　　　　　　　图像高度
　　　　cnt：　　　　　　　　　对象物个数
　　　　size：　　　　　　　　　面积
　　　　size_min，size_max：　　最小、最大值

-- * /

```
void Size_extract(BYTE * image_label_in, BYTE * image_label_out, int xsize, int
ysize, int cnt, float size[], float size_min, float size_max)
{
    int   i, j, x, y;
    int   lno[256];
```

```
for (i = 0, j = 0; i < cnt; i++)
    if (size[i] >= size_min && size[i] <= size_max)lno[j++] = L_BASE+i;
for (y = 0; y < ysize; y++) {
    for (x = 0; x < xsize; x++) {
        * (image_label_out + y * xsize + x) = 0;
        for (i=0 ; i<j ; i++)
            if ( * (image_label_in + y * xsize + x) == lno[i])
                * (image_label_out+y * xsize+x)= * (image_label_in+y * xsize+x);
    }
}
}
```

第8章 彩色变换

8.1 彩色信息处理

在基于彩色图像(color image)的处理中,不仅要考虑位置、灰度,还要考虑彩色信息。位置信息在画面上是用指定的坐标系来表示的,灰度信息是用 0～255 的灰度级来处理的,那么彩色信息是怎样取得的呢?作为彩色图像的处理装置,我们最熟悉的莫过于彩色电视机了。通过彩色电视机从早到晚都能够欣赏到似乎近在眼前的临场感画面。远处观看时看到的是很平滑的影像,但当我们接近电视机的荧光屏近距离观看时,会发现影像是由一个个小光源点聚集起来形成的。

这些点光源中包含着红(R)、绿(G)、蓝(B)等颜色。当拍摄绿草地时,G 光较R、B 光强,可是对于蓝天的景色来说,B 光较 R、G 光强。另外,对于其他部分,各种强度的 R、G、B 光混合在一起就会产生出各种各样的颜色来。

彩色图像是由 R、G、B 3 种颜色构成的,这 3 种颜色被称为视觉的三基色(three primary color)。在处理彩色图像的内存中,如图 8-1 右侧所示,为了记录R、G、B 的颜色信息,需要备有分别储存它们的颜色平面。能够表示的颜色的数目是由 R、G、B 分别对应的颜色平面能够处理的灰度的级数决定的。当 R、G、B 各个颜色平面是 1 像素 8 比特的数据即 256 级的灰度表示时,能够处理 256(R)×256(G)×256(B)≈1 677 万种颜色。

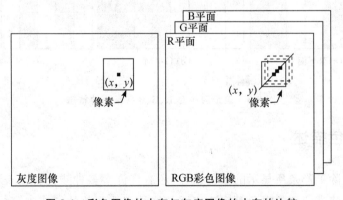

图 8-1　彩色图像的内存与灰度图像的内存的比较

8.2 彩条制作

当了解了使用内存的简单的彩色图像表示方式后,让我们实际地制作一幅彩色图像在显示器上表示出来。调整摄像机和显示器时,经常在彩色图像上用到彩条或色带(color bars)。如图 8-2 所示,彩条从左开始依次为白(white,W)、黄(yellow,Ye)、青(cyan,Cy)、绿(green,G)、品红(magenta,Mg)、红(red,R)、蓝(blue,B)、黑(black,Bl)。由于 W 是由 R、G、B 以同样的比例混合而成,Cy、Mg、Ye 分别是 G 和 B,R 和 B,R 和 G 混合而成,所以为了制作图 8-2(a)所示的彩条,在 R、G、B 平面上写入如图 8-3 所示的数据就可以,其中,白色表示明亮部分,灰色表示黑暗部分。制作彩条的程序见 List 8.1。所制作的彩条如图 8-2(b)所示(参见彩插)。

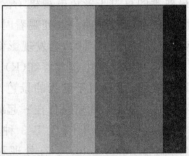

(a)彩条中各颜色的顺序　　　　　　　　　　(b)用程序制作的彩条

图 8-2　彩色图像上常用的彩条

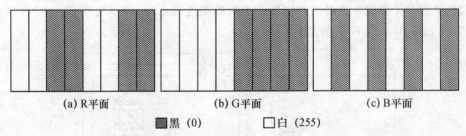

(a) R平面　　　　　　(b) G平面　　　　　　(c) B平面

▨黑 (0)　　　　　□白 (255)

图 8-3　表示彩条时 R、G、B 各平面的状态

8.3 颜色描述

世界上除了彩条所显示的颜色以外,还有许许多多种颜色。在表现这些颜色时,有浅红、略带蓝色的绿色等表达方式。这种表达颜色的方式中,对于同一种颜色可能有不同的描述,或者听到的是同样的描述,可每个人脑子里所想的颜色却可能不相同。因此,为了尽可能定量地来表现颜色,可以把颜色分成如下的 3 个特性来表现:第一个特性是色调或者色相 H(hue),可表现 R、G、B、Ye 等各种各样颜色的种类。第二个特性是用来表现明暗的,称为明度(value)或者亮度 Y(brightness)或 I(intensity)。第三个特性是用来表现颜色的鲜明程度的饱和度 S(saturation)或彩度,以区分同样颜色的浓淡。这 3 个特性被称为颜色的 3 个基本属性。颜色的这 3 个基本属性可以用一个理想化的双锥体 HSI 模型来表示,图8-4(参见彩插)显示了基于彩色三角形和圆形的双锥体 HSI 模型。双锥体轴线代表非彩色系列(achromatic series),即与亮度坐标重合。垂直于轴线的平面可以用图 8-4(a)所示的彩色三角形表示,也可以用图 8-4(b)所示的彩色圆表示。色调和饱和度用极坐标形式表示,即夹角表示色调,径向距离表示在一定色调下的饱和度。

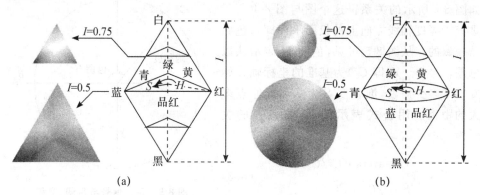

图 8-4　颜色的理想模型

这 3 个基本属性之间的关系是三维的,从而能够改变在 R、G、B 平面上写入的数值来进行操作。可是还不清楚 R、G、B 值与色调、饱和度的关系,因此还很难自由自在地进行操作。在此,首先考虑如何从 R、G、B 信号来分离亮度信号和彩色信号。

实际上在制作彩色电视信号时也是把 R、G、B 信号变换到亮度信号 Y 和彩色信号 C_1、C_2 的。其关系式如下:

$$\left. \begin{array}{l} Y = 0.3R + 0.59G + 0.11B \\ C_1 = R - Y = 0.7R - 0.59G - 0.11B \\ C_2 = B - Y = -0.3R - 0.59G + 0.89B \end{array} \right\} \quad (8.1)$$

式(8.1)表示了 R、G、B 信号与 Y、C_1、C_2 的关系,其中亮度信号 Y 相当于灰度值,彩色信号 C_1、C_2 是除去了亮度信号所剩下的部分,称为色差信号(chrominance)。

相反,从亮度信号、色差信号求 R、G、B 的公式如下:

$$\left.\begin{array}{l} R=Y+C_1 \\ G=Y-\dfrac{0.3}{0.9}C_1-\dfrac{0.11}{0.59}C_2 \\ B=Y+C_2 \end{array}\right\} \qquad (8.2)$$

从 R、G、B 信号变换成 Y、C_1、C_2 的程序见 List 8.2。在 List 8.2 中,从亮度、色差信号变换到 R、G、B 信号时,为了不超过在内存中所显示的范围,进行了数据范围的限定。

上述的色差信号与色调、饱和度之间有如图 8-5 所示的关系。这个图与图 8-4 所示垂直于亮度轴线方向上的投影平面即彩色圆是一致的。从图 8-5 可见,色调 H 表示从以色差信号 $B-Y$(即 C_2)为基准的坐标轴开始旋转了多少角度,饱和度 S 表示离开原点多大的距离。用公式表示的话,与色差的关系为

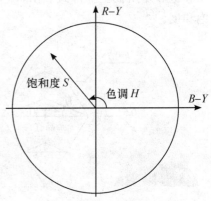

$$\left.\begin{array}{l} H=\arctan(C_1/C_2) \\ S=\sqrt{C_1^2+C_2^2} \end{array}\right\} \qquad (8.3)$$

相反,从色调 H、饱和度 S 变换到色差信号的公式为

图 8-5 色差信号与色调、饱和度、亮度的关系

$$\left.\begin{array}{l} C_1=S\cdot\sin H \\ C_2=S\cdot\cos H \end{array}\right\} \qquad (8.4)$$

实现这些变换的程序列于 List 8.3。色调 H 在 $0°\sim360°$ 的范围内,无色差信号时 H 的值不确定,这时不妨将其代入 0 值。用以上公式计算的主要颜色的色调 H 和饱和度 S 见表 8-1 和表 8-2。表 8-1 表示白色被定义为 255 时的情况,也就是一般图像数据的表示形式。表 8-2 表示白色被定义为 1 时的情况。

从表 8-1 可以看出,颜色变化时色调值也变化,颜色不同则饱和度也不同。

表 8-1　彩条的色调 H 和饱和度 S (亮度 Y:0~255)

项目	R (255,0,0)	Ye (255,255,0)	G (0,255,0)	Cy (0,255,255)	B (0,0,255)	Mg (255,0,255)
H	113.2°	173.0°	225.0°	293.2°	353.0°	45.0°
S	194.20	228.68	212.77	194.20	228.68	212.77

表 8-2　彩条的色调 H 和饱和度 S (亮度 I:0~1)

项目	R (1,0,0)	Ye (1,1,0)	G (0,1,0)	Cy (0,1,1)	B (0,0,1)	Mg (1,0,1)
H	113.2°	173.0°	225.0°	293.2°	353.0°	45.0°
S	0.76	0.90	0.83	0.76	0.90	0.83

那么,让我们把彩色图像的 R、G、B 信号变换为亮度、色调、饱和度的图像。将亮度信号图像可视化得到的就是灰度图像。色调和饱和度是把它们的差作为灰度差进行图像可视化,程序见 List 8.4。色调的表示是从某基准的颜色开始计算在 0°~180° 之间旋转多大角度,当与基准颜色相同(色调的旋转角为 0°)时为 255,相对方向的补色(色调的旋转角为 180°)为 0,中间用 254 级的灰度表示。在色调的表示中,当饱和度为 0(即无颜色信号)时将不计算色调,常常给予 0 灰度级。将饱和度的最小值作为像素的最小值 0,将饱和度的最大值作为像素的最大值 255,依次按比例将饱和度的数据转换为图像数据,获得饱和度的图像。

让我们使用这些程序从先前制作的彩条图像中取出亮度、色调、饱和度等各个信号。表示亮度信号的图像显示在图 8-6(a)中,从左到右亮度是呈阶梯状变化的。图 8-6(b)是以 R 作为基准颜色表示的色调,R 的灰度级最高,接下来是 Mg,再接着是 Ye,R 的补色 Cy 的灰度级最低。图 8-6(c)表示彩条的饱和度,由于 R、G、B 的灰度被限定在 0~255 之间,饱和度的最大值因颜色的不同而不同。

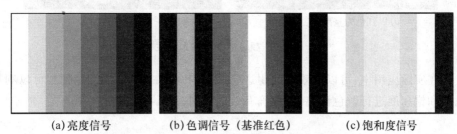

(a)亮度信号　　　　　(b)色调信号（基准红色）　　　　　(c)饱和度信号

图 8-6　彩条的特征信号

对实际摄像机拍摄的图像进行上述变换的结果如图 8-7(参见彩插)所示,图

8-7(a)是正在进食的宠物兔的原始图像,图 8-7(b)是其亮度信号的图像。原始图像中宠物兔的红色成分较多,由于色调信号以红色为基准,因此所表示的宠物兔部分的灰度级较高,色调信号图像的整体偏亮[图 8-7(c)]。整个图像的颜色不是很深,所以饱和度信号偏低,特别是背景地板砖的饱和度最低[图 8-7(d)]。

(a)原始图像   (b)亮度信号

(c)以红色为基准的色调信号   (d)饱和度信号

图 8-7 颜色的 3 个基本属性

在实际应用中,可以有效地利用这些处理,比如在田间害虫识别中,可以利用色调和饱和度进行颜色调整,以准确有效地找到害虫。

8.4 亮度、色调、饱和度的调整

如前所述,彩色图像不是分解成 R、G、B 信号而是分解成亮度信号和色差信号来处理，才能更好地理解它的颜色特征。首先把彩色图像分解成亮度、色调、饱和度信号进行处理，然后再变换成 R、G、B 信号写入内存，就可以自由地改变彩色图像的颜色特征。调整亮度、色调、饱和度的程序见 List 8.5。在这个程序中的输入变量是通过 List 8.3 计算得到的亮度、色调、饱和度等数据以及它们的变更量。调整亮度、色调、饱和度后，需要计算出相应的色差信号 C_1 和 C_2，再由色差信号计算出三基色信号 R、G、B 进行表示。色差信号和三基色信号的计算程序分别见 List 8.6 和 List 8.7。

　　使用这个程序处理一个简单的例子，将图像的色调旋转一下，然后再从亮度、色差信号返回到 R、G、B 信号，那么就能够改变彩色图像的颜色，如图 8-8（参见彩插）所示。由于在这个例子中旋转了整个图像的色调（旋转角为 120°），整体的颜色发生了变化，如图中洋葱和盛水瓶的颜色由红色调变为绿色调，青椒由绿色调变为了蓝色调，蓝色调的背景变为红色调。

(a) 原始图像　　　　　　　　　(b) 色调增加120°后的图像

图 8-8　变更色调

　　为了读者使用方便，另外附加了两个小程序。一个是将一个像素的 R、G、B 值换算为 S、H 值的程序 List 8.8，另一个是将亮度信号 Y 或者色差信号 C 变为图像信号的程序 List 8.9。

8.5　应用研究实例

　　色彩使我们的世界变得缤纷，也使我们的生活充满了快乐。对于颜色的描述，不仅有我们常用的 RGB 模型和 HSI 模型，还有 L * a * b * 和 XYZ 等诸多模型。

这些模型可以应用于不同的目的和场景,在农业科研和生产中也有不少成功的实例。

8.5.1　玉米叶面病害识别

玉米病害严重影响着产量,为了更加快速、有效地识别病害,巴西的研究人员开发了一种快速图像识别方法。该方法首先应用了颜色的演算,获得"标准化绿色系数(EG)",$EG=(2G-R-B)/(R+G+B)$;然后,利用 EG 系数图像,有效地进行了病害部分的识别(图 8-9)[1]。

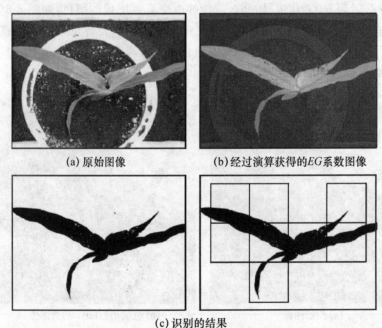

(a) 原始图像　　　　(b) 经过演算获得的EG系数图像

(c) 识别的结果

图 8-9　玉米叶面病害识别

8.5.2　青椒表面病害检测

青椒的病害主要表现为果实的颜色不正以及腐烂或条状伤等,这些外部表现都可以通过其颜色特征进行快速分割和提取[2]。主要操作步骤包括:①把获取的青椒图像进行 HSI 模型转化。②作出色调和饱和度的分布图(图 8-10),图中显示出正常青椒的绿色主要分布于区域 5,其他典型不正常颜色分布在区域 1~4。③利用分布图给出每个区域的边界域值。④利用相关边界域值对不正常颜色进行分割。识别结果见图 8-11。

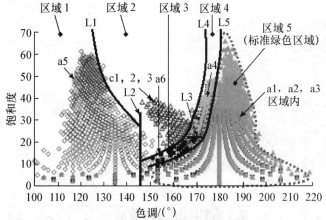

图例：
◇ 绿色中有红色部分　　△ 绿色中有条状伤（c1，c2，c3）
◆ 绿色中有白色部分　　■ 绿色中有黑色部分（a6）　　▲ 标准绿色（a1，a2，a3）

图 8-10　绿色青椒表面正常颜色和不正常颜色的色调和饱和度分布

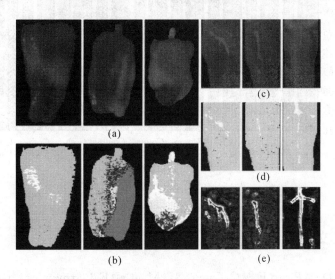

图 8-11　绿色青椒果实不正常颜色识别结果

8.5.3　木材表面缺陷识别

　　为了快速识别木材表面的缺陷，美国研究人员开发了一种识别方法。该方法把获取的 RGB 图像变换到 L＊a＊b＊ 颜色空间，然后再利用统计算法等对缺陷进行了有效识别（图 8-12）。从图 8-12（c）中可以看出，选择不同的识别模型（RGB、L＊a＊b＊ 和 gray），识别结果是有差异的[3]。

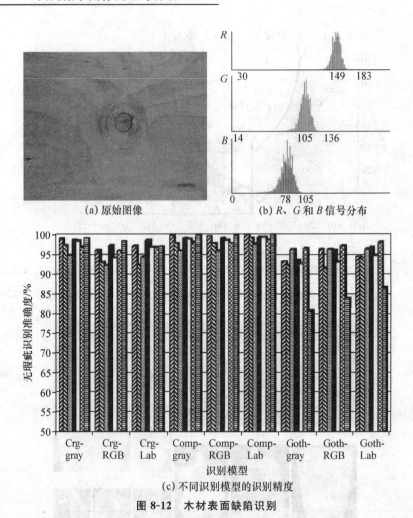

(a) 原始图像   (b) R、G 和 B 信号分布

(c) 不同识别模型的识别精度

图 8-12　木材表面缺陷识别

应用研究文献

[1] Sena Jr D G, Pinto F A C, Queiroz D M, et al. Fall armyworm damaged maize plant identification using digital image[J]. Biosystems Engineering, 2003, 85 (4): 449−454.

[2] Qiao Jun. Development of mobile fruit grading robot[D]. Tokyo: Tokyo University of Agriculture and Technology, 2004.

[3] Funck J W, Zhong Y, Butler D A. Image segmentation algorithms applied to wood defect detection[J]. Computers and Electronics in Agriculture, 2003 (41): 157−179.

附录：源程序列表

List 8.1　彩条制作

```
#include "StdAfx.h"
#include "BaseList.h"
/* ---- Colorbar ---彩条制作 ------------------------------------------
        image_r：       输出图像数据 R 分量指针
        image_g：       输出图像数据 G 分量指针
        image_b：       输出图像数据 B 分量指针
        xsize：         图像宽度
        ysize：         图像高度
        level：         亮度值
--------------------------------------------------------------------- */
void Colorbar(BYTE * image_r, BYTE * image_g, BYTE * image_b,
                int xsize, int ysize, int level)
{
    int i, j, width;

    width= xsize / 8;
    for (j=0;j<ysize;j++){
        for (i = 0; i < xsize; i++){
        if (((i >= 0) && (i < 2 * width)) || //R
                ((i >= 4 * width) && (i < 6 * width)))
            *(image_r + j * xsize + i) = level;
        else *(image_r + j * xsize + i) = 0;
        if ((i >= 0) && (i < 4 * width ))     //G
            *(image_g + j * xsize + i) = level;
        else *(image_g + j * xsize + i) = 0;
        if (((i>=0)&& (i < width )) ||        //B
                ((i >= 2 * width) && (i < 3 * width)) ||
                ((i >= 4 * width) && (i < 5 * width)) ||
                ((i >= 6 * width) && (i < 7 * width)))
            *(image_b + j * xsize + i) = level;
        else *(image_b + j * xsize + i) = 0;
```

```
    }
  }
}
```

List 8. 2   R、G、B 与 Y、R−Y、B−Y 之间的变换

```
# include "StdAfx. h"
# include "BaseList. h"
```

/ * --- Rgb_to_yc --- 由 R、G、B 变换为亮度、色差信号 -----------------------

image_r：	输入图像数据 R 分量指针
image_g：	输入图像数据 G 分量指针
image_b：	输入图像数据 B 分量指针
y：	输出数据指针 Y
c1：	输出数据指针 R−Y
c2：	输出数据指针 B−Y
xsize：	图像宽度
ysize：	图像高度

--- * /

```
void Rgb_to_yc(BYTE * image_r, BYTE * image_g, BYTE * image_b,
    int * y, int * c1, int * c2, int xsize, int ysize)
{

    int    i, j;
    float fr, fg, fb;

    for(j=0;j<ysize;j++) {
    for(i=0;i<xsize;i++) {
        fr=(float)( * (image_r + j * xsize + i));
        fg=(float)( * (image_g + j * xsize + i));
        fb=(float)( * (image_b + j * xsize + i));
        * (y+j * xsize+i)=(int)(0. 3 * fr + 0. 59 * fg + 0. 11 * fb);
        * (c1+j * xsize+i)=(int)(0. 7 * fr−0. 59 * fg−0. 11 * fb);
        * (c2+j * xsize+i)=(int)(−0. 3 * fr−0. 59 * fg+0. 89 * fb);
    }
  }
}
```

List 8. 3   R−Y、B−Y 与色调 H、饱和度 S 之间的变换

```
# include "StdAfx. h"
```

```
# include "BaseList. h"
# include <math. h>
/ * ---- C_to_SH---由色差信号计算饱和度和色调------------------------------
      c1：           输入数据指针 R－Y
      c2：           输入数据指针 B－Y
      sat：          饱和度数据指针
      hue：          色调数据指针
      xsize：        数列宽度
      ysize：        数列高度

-------------------------------------------------------------------------- * /

void C_to_SH(int * c1，int * c2，int * sat，int * hue，int xsize，int ysize)
{
    int            i，j；
    float fhue，length；


    for (j = 0；j < ysize；j++) {
      for (i = 0；i < xsize；i++) {
          length =(float)( * (c1 + j * xsize + i)) * (float)( * (c1 + j * xsize + i))
                  +(float)( * (c2 + j * xsize + i)) * (float)( * (c2 + j * xsize + i));
          * (sat + j * xsize + i) = (int)(sqrt((double)length));

          if ( * (sat + j * xsize + i) > THRESHOLD){
            fhue = (float)(atan2((double)( * (c1 + j * xsize + i)),
                 (double)( * (c2 + j * xsize + i))) * 180.0 / PI);
                 if (fhue < 0 ) fhue = fhue + (float)360.0;
                 * (hue + j * xsize + i) = (int)fhue；
                 }
          else * (hue + j * xsize + i) = (int)NONE；//彩度小于阈值
        }
      }
}
```

List 8.4　色调、饱和度信号图像化

```
# include "StdAfx. h"
# include "BaseList. h"
# include <math. h>
```

```
/* --- Hue_to_image --- 由色调数据变换灰度图像 -------------------------------------
        sat：        饱和度数据指针
        hue：        色调数据指针
        stdhue：     基准色相值
        image_out：  输出图像数据
        xsize：      数列宽度
        ysize：      数列高度
    ------------------------------------------------------------------------- */
void Hue_to_image(int * sat, int * hue, double stdhue,
                    BYTE * image_out, int xsize, int ysize)
{
    int       i, j;
    int       ihue;
    double    delt;

    for (j = 0; j < ysize; j++){
        for (i = 0; i < xsize; i++){
            if ( * (sat + j * xsize + i) > 0){
                delt = fabs((double)( * (hue + j * xsize + i)) - (double)stdhue);
                if (delt > 180.0) delt = 360.0 - delt;
                ihue = (int)(255.0 - delt * 255.0 / 180.0);
                * (image_out + j * xsize + i) = (BYTE)ihue;
            }
            else * (image_out + j * xsize + i) = 0;
        }
    }
}
/* --- Sat_to_image --- 由饱和度数据变换灰度图像 -------------------------------------
        sat：       饱和度数据指针
        image_out：输出图像数据指针
        xsize：     数列宽度
        ysize：     数列高度
    ------------------------------------------------------------------------- */
int Sat_to_image(int * sat, BYTE * image_out, int xsize, int ysize)
{
    int i, j;
```

```
    int min, max;
    int isat;


    min=255;
    max=0;
    for(j=0;j<ysize;j++){
        for (i = 0; i < xsize; i++ ){
            if ( * (sat + j * xsize + i) > max) max = * (sat + j * xsize + i);
            if ( * (sat + j * xsize + i) < min) min = * (sat + j * xsize + i);
        }
    }
    if (min == max) return -1;
    for (j = 0; j < ysize; j++){
        for (i = 0; i < xsize; i++ ){
            isat = 255 * ( * (sat + j * xsize + i) - min) / (max - min);
            * (image_out + j * xsize + i) = (BYTE)(isat);
        }
    }
    return 0;
}
```

List 8.5　亮度、色调、饱和度的调整

```
# include "StdAfx. h"
# include "BaseList. h"
/ * --- Change_YSH ---亮度、饱和度、色调的调整 -------------------------------------
```

in_y：	输入数据指针（亮度）
in_sat：	输入数据指针（饱和度）
in_hue：	输入数据指针（色调）
out_y：	输出数据指针（亮度）
out_sat：	输出数据指针（饱和度）
out_hue：	输出数据指针（色调）
ym：	亮度乘数
sm：	饱和度乘数
hd：	色调乘数
xsize：	数列宽度
ysize：	数列高度

```
--------------------------------------------------------------- * /
void Change_YSH(int * in_y, int * in_sat, int * in_hue, int * out_y,
    int * out_sat, int * out_hue, float ym, float sm, float hd, int xsize, int ysize)
{
    int i, j;

    for (j = 0; j < ysize; j++){
        for (i = 0; i < xsize; i++){
            * (out_y + j * xsize + i) = (int)( * (in_y + j * xsize + i) * ym);
            * (out_sat + j * xsize + i) = (int)( * (in_sat + j * xsize + i) * sm);
            * (out_hue + j * xsize + i) = (int)( * (in_hue + j * xsize + i) + hd);
            if( * (out_hue + j * xsize + i)>360)
                * (out_hue + j * xsize + i) = * (out_hue + j * xsize + i) - 360;
            if( * (out_hue + j * xsize + i)< 0)
                * (out_hue + j * xsize + i) = * (out_hue + j * xsize + i) + 360;
        }
    }
}
```

List 8.6　由饱和度和色调计算色差信号

```
#include "StdAfx. h"
include "BaseList. h"
#include <math. h>


/ * --- SH_to_C --- 由饱和度和色调计算色差信号 -------------------------
        c1:          输出数据指针 R－Y
        c2:          输出数据指针 B－Y
        sat:         输入饱和度数据指针
        hue:         输入色调数据指针
        xsize:       数列宽度
        ysize:       数列高度
--------------------------------------------------------------- * /
void SH_to_C(int * sat, int * hue, int * c1, int * c2, int xsize, int ysize)
{
    int i, j;
    float rad;
```

```
for (j = 0; j < ysize; j++) {
    for (i = 0; i < xsize; i++) {
        rad = (float)(PI * ( * (hue + j * xsize + i)) / 180.0);
        *(c1 + j * xsize + i) = (int)( * (sat + j * xsize + i) * sin((double)rad));
        *(c2 + j * xsize + i) = (int)( * (sat + j * xsize + i) * cos((double)rad));
    }
}
}
```

List 8.7　由亮度、色差变换 *R*、*G*、*B* 信号

```
#include "StdAfx.h"
#include "BaseList.h"
```

```
/* --- Yc_to_rgb --- 由亮度、色差变换 R、G、B 信号 -------------------
```
y：	输入数据指针 Y
c1：	输入数据指针 R−Y
c2：	输入数据指针 B−Y
image_r：	输出数据指针 R
image_g：	输出数据指针 G
image_b：	输出数据指针 B
xsize：	图像宽度
ysize：	图像高度

```
-------------------------------------------------------------- */
void Yc_to_rgb(int * y, int * c1, int * c2, BYTE * image_r, BYTE * image_g,
    BYTE * image_b, int xsize, int ysize)
{
    int i, j;
    int ir, ig, ib;

    for (j = 0; j < ysize; j++) {
        for (i = 0; i < xsize; i++) {
            ir = *(y + j * xsize + i) + *(c1 + j * xsize + i);
            if (ir > 255) ir = 255;
            if (ir < 0) ir = 0;
            ig = (int)( * (y + j * xsize + i) - 0.3 / 0.59 *
                *(c1 + j * xsize + i) - 0.11 / 0.59 * ( * (c2 + j * xsize + i)));
```

```
            if (ig > 255) ig = 255;
            if (ig < 0) ig = 0;
            ib = * (y + j * xsize + i) + * (c2 + j * xsize + i);
            if (ib > 255) ib = 255;
            if (ib < 0) ib = 0;
            * (image_r + j * xsize + i) = (BYTE)ir;
            * (image_g + j * xsize + i) = (BYTE)ig;
            * (image_b + j * xsize + i) = (BYTE)ib;
        }
    }
}
```

List 8.8   由某点的 *R*、*G*、*B* 值计算饱和度和色调

```
# include "StdAfx. h"
# include "BaseList. h"
# include <math. h>


/ * ---- Rgb_to_SH --- 由某点的 RGB 值计算饱和度和色调 -------------------------
      r:         输入 R 值
      g:         输入 G 值
      b:         输入 B 值
      sat:       输出饱和度值
      hue:       输出色调值


---------------------------------------------------------------------- * /
void Rgb_to_SH(BYTE r, BYTE g, BYTE b, double * sat, double * hue)
{

    double Y = 0. 3 * r + 0. 59 * g + 0. 11 * b;


    double C1 = (double)r − Y;
    double C2 = (double)b − Y;


    * sat = sqrt(C1 * C1 + C2 * C2);


    if( * sat > 0. 0)
```

```
                * hue = atan2(C1, C2) * 180.0 / PI;
    else * hue = 0.0;


}
```

List 8.9 将亮度或者色差数据变为图像数据

```
# include "StdAfx. h"
# include "BaseList. h"


/ * --- Yc_to_image --- 将色差数据变为图像数据 ------------------
        data：     输入数据(Y 或者 C)指针
        image：    输出图像数据指针
        xsize：    图像宽度
        ysize：    图像高度
-------------------------------------------------------------------- * /
void Yc_to_image(int * data, BYTE * image, int xsize, int ysize)
{
    int i, j;
    int byte;


    for (j = 0; j < ysize; j++) {
        for (i = 0; i < xsize; i++) {
            byte = * (data + j * xsize + i);
            if (byte > 255) byte = 255;
            if (byte < 0) byte = 0;
            * (image + j * xsize + i) = (BYTE)byte;
        }
    }
}
```

第9章　彩色分割

如第 8 章所述,彩色信息可用亮度(brightness)、色调(hue)、饱和度(satura-tion)3 个基本属性描述。在第 3 章中仅仅利用了亮度(即灰度)信息来分割图像,可是有些情况只依靠亮度的差来提取物体区域是困难的,这是因为即使同一物体上由于光的照射程度不同也会产生明亮部分和阴暗部分。亮度因照射方式的不同而变化,而色调、饱和度是由于物体的不同而具有特定的值。观看灰度图像,虽然大体上也能看得出来图像上拍摄了什么东西,但是如果在图像上加上颜色,则会看得更清楚一些。如红花、绿叶、蓝天等那样,颜色不仅使我们赏心悦目,而且为我们识别物体提供了重要的信息。在图像处理中不仅使用灰度信息,而且使用彩色信息,才能更精确、更好地进行图像分割。

9.1　颜色分布

对于灰度图像,我们是用灰度值进行阈值处理(thresholding),但是为了分割彩色图像中的特定颜色区域,需要对彩色图像的 R、G、B 各个平面分别进行阈值处理。问题是在进行阈值处理时使用什么样的值作为阈值。最简单的方法是不断地改变阈值,查看处理结果,然后再进行调整,不过如果知道了要提取区域的 R、G、B 值的范围,还会有更加有效的确定阈值的方法。那么让我们先来调查一下直方图,查看一下各个颜色的像素是如何分布的。

图 9-1 为 4 种食品的彩色图像(参见彩插),图像在黑色的背景下显示了橘红色的胡萝卜、绿色的黄瓜、黄色的橘子、白色的鸡蛋。让我们考虑一下如何只把橘子分割出来。图 9-2 显示了图 9-1 所示彩色图像的 R、G、B 各分量的直方图。从这些直方图可以发现,在 0～50 之间存在一个最大的山峰,这个似乎就是背景。然而,我们想要分割的橘子的区域到底在哪个部分,从这些直方图中不容易看出来。像这样,虽然仅从 R、G、B 中某一个分量的直方图就可以知道画面中占面积比较大的部分的特征,但是占面积比较小的区域的分布山峰,经常会被掩盖在背景等大

图 9-1　原始彩色图像

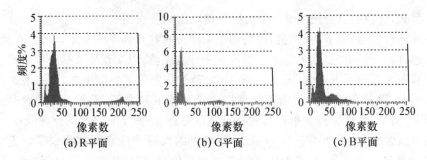

图 9-2　图 9-1 中彩色图像的直方图

区域的山峰中,以致很难发现它们的分布位置。

　　在此,让我们考虑一下,有没有更容易理解的像素的分布方式呢? 有,图 9-3 所示的用 R 与 G、R 与 B 各分量表示的分布图就是其中的一种。图 9-3(a)和图 9-3(b)的横坐标都是 R,纵坐标分别是 G 和 B。由于每个像素的颜色都表现为(R, G, B)一组值,所以每个像素的颜色在图 9-3(a)、(b)上各对应一个点。在图 9-2 的直方图中用柱的高度来表示出现的频度,而图 9-3 的直方图中用明暗的点表示出现的频度,越明亮的地方表示出现的频度越高。图 9-3 的直方图是在二维平面上表现频度分布的,因此被称为二维直方图(two-dimensional histogram)。使用这个二维直方图就可以清晰地观察出颜色空间上的像素分布,在 R、G、B 的各个直方图中不能区分的区域在这个二维直方图中也变得能够区分了。二维直方图计算并可视化的程序见 List 9.1。

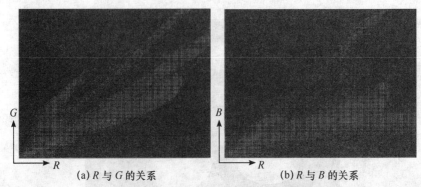

(a)R 与 G 的关系   (b)R 与 B 的关系

图 9-3   图 9-1 中彩色图像的二维直方图

9.2   基于颜色分布提取物体

那么,让我们试着把图 9-1 中的橘子提取出来。在图 9-1 所示图像中,除了橘子以外还有黄瓜、胡萝卜、鸡蛋,仅凭明暗来区分这些食品是非常困难的。在此,利用绿色、橘红色、黄色、白色等颜色的差异来分割图像,以实现提取橘子的目的。

首先注意一下 R 分量,把具有 $R \geqslant 125$ 范围内的像素提取出来,其结果如图 9-4(a)所示,用 R 分量进行的阈值处理把背景和黄瓜除去了,留下了 3 种食品——胡萝卜、橘子、鸡蛋。接着用 G 分量进行阈值处理,对图 9-4(a)的图像提取 $G \geqslant 125$ 范围内的像素,结果如图 9-4(b)所示,胡萝卜的大部分像素都被除去了。进一步用 B 分量进行阈值处理,提取 $B \leqslant 90$ 范围内的像素,结果如图 9-4(c)所示的那样,虽然不完整,但橘子的绝大部分被提取出来,只是橘子的顶部被除去,原因是它的颜色不是黄色。参见彩插。

可见仅用单一颜色信息几乎不能分割的复杂彩色图像,使用 3 个颜色信息就能够提取所要求的目标区域。给出 R、G、B 的最大值和最小值,通过阈值处理提取在该范围内的像素的程序见 List 9.2。

  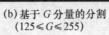 

(a)基于 R 分量的分割   (b)基于 G 分量的分割   (c)基于 B 分量的分割
($125 \leqslant R \leqslant 255$)   ($125 \leqslant G \leqslant 255$)   ($0 \leqslant B \leqslant 90$)

图 9-4   橘子的提取过程

　　上面列举的是通过设定 R、G、B 三基色的阈值，对原图像进行区域分割与提取的例子。在实际应用中，可以根据要提取目标的颜色状况，通过计算色差，对彩色图像进行灰度化处理，然后再用阈值分割的方法进行目标提取，这样往往会获得较好的效果。例如，在提取绿色植物时可以采用 $2G-R-B$，提取红花时可以采用 $2R-G-B$，等等。图 9-5 是图 9-1 彩色图像的不同色差灰度图像，对这些灰度图像就比较容易设定分割阈值。

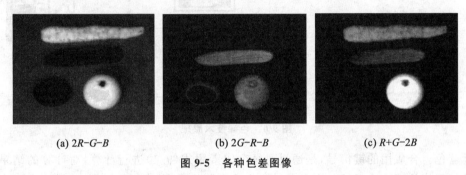

(a) $2R-G-B$　　　　　(b) $2G-R-B$　　　　　(c) $R+G-2B$

图 9-5　各种色差图像

　　有时候利用第 8 章所介绍的，先将 R、G、B 变换成相关性较低的 H、S、I，再利用 H、S、I 进行区域提取，效果可能会更好些，不过代价是花费更多的处理时间。在实际应用中，尽量使用 R、G、B 分量及它们之间的色差组合，这样可以减少运算时间，特别是对于速度要求较高的实时处理，尤其重要。

9.3　图像合成

　　在制作电视节目时所使用的合成法中有被称为色键（chroma key）的方法。色键的含义是基于颜色差异（chroma）做成用于合成的键（key）信号，其原理如图 9-6 所示，在从所拍摄的人站在蓝色背景前的图像中，按照如前景 255、背景 0 那样分配各个像素的值，分离蓝色的背景部分，做成用于合成的键信号。依据这个键信号，把图像 A 中的蓝色背景部分用其他的图像如图像 B 替代就完成了图像合成（image mixing）。

　　在实际的色键中不仅可以使用蓝色也可以用其他各种颜色作为背景来提取，自然图像合成有各式各样的技巧。在此，让我们采用简单的图像处理来试一试类似色键的效果。首先对于各个像素计算下式的值：

$$(R+G)/2-B \tag{9.1}$$

用这个值的大小来提取背景。蓝色时这个值为负数，也就意味着这个值越小越接

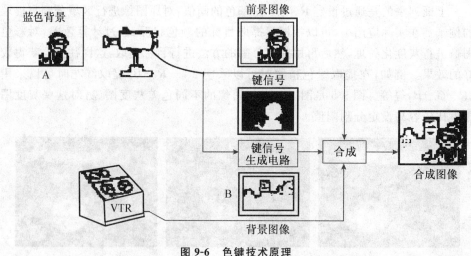

图 9-6　色键技术原理

近蓝色。合成用的键信号,是通过对每个像素用式(9.1)进行计算,对计算的结果进行阈值处理而获得的。由以上方法生成键图像的程序见 List 9.3。在这个程序中前景部分设为 255(白)、背景部分为 0(黑)。接着基于这个键图像,把值为 255 的部分用前景图像的像素值代替,值为 0 的部分用其他图像的像素值替代,从而将两幅图像合成为一幅图像。合成程序见 List 9.4。

那么,让我们用这个程序进行一下实际的图像合成。在图 9-7(a)为一幅在浅蓝色背景前面的一位小主持人的图像,图 9-7(b)为一幅秋季的红叶的图像,在此要求把图 9-7(a)中的小主持人作为前景,图 9-7(b)中的红叶图像作为背景来合成一幅图像。那么,首先使用 List 9.3 的程序除去图 9-7(a)中的浅蓝色背景,得到的键图像如图 9-7(c)所示,阈值是－65。接着采用 List 9.4 的程序对前景图像[图 9-7(a)]和背景图像[图 9-7(b)]进行合成,合成时键图像的白色部分镶嵌前景图像,黑色部分镶嵌背景图像,合成结果如图 9-7(d)所示。在合成后的图像中,原来小主持人浅蓝色的背景被置换成了红叶的图像,就好像小主持人站在红叶遍地的校园里,津津乐道地介绍着由五彩树叶构成的缤纷世界似的。参见彩插。

这样,图像的合成就完成了。但是,得到的合成图像还是让人觉得有一点人工合成不太自然的感觉,因为小主持人头发的轮廓线以及衣服领口等处的边界,有锯齿状或蓝色框存在。如果要自然地合成不确切形状的头发和领口,就需要忠实地提取浅蓝色的灰度变化,这时就不能采用如图 9-8(a)那样的二值键信号,而需要采用如图 9-8(b)所示的多值键信号。多值键信号的交叉部分不同于图9-8(a)所示那样或者前景或者背景的二值,而是具有 0～255 的多层次的灰度级,合成时依据这个灰度级在图像上的不同位置改变混合比。图 9-8(b)所示的具有多值灰度级的键信号称为软键信号,而图 9-8(a)所示的二值灰度级的键信号称为硬键信号。

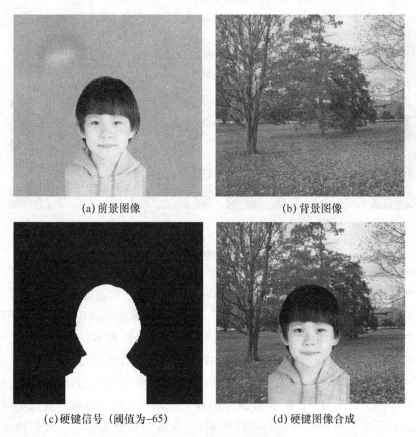

(a)前景图像　　　　　　　　(b)背景图像

(c)硬键信号（阈值为−65）　　　　(d)硬键图像合成

图 9-7　用色健技术合成图像

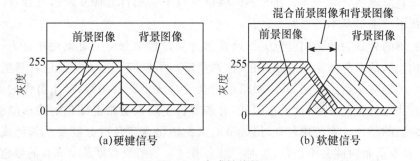

(a)硬键信号　　　　　　　　(b)软健信号

图 9-8　合成键信号

　　生成软键信号的程序见 List 9.5。图 9-9(a)所示图像(参见彩插)是使用这个程序从图 9-7(a)生成的软键信号,阈值是最小值−100、最大值 0。

(a)软键信号 (阈值为 −100 和 0) 　　　　　　　(b)软键合成图像

图 9-9　软键合成图像的效果

　　与硬键信号相比,使用这个软键信号得到了相对自然的图像合成,但合成面还可以看到微微蓝色,仍然有不自然的部分。为此,可以事先消除相当于前景图像边界处 Z 部分[图 9-8(b)所示]的蓝色,然后再进行合成,这样不仅能够防止边界处出现蓝色框,而且人物等的影子也可以在背景图像中很自然地合成。消除蓝色的简单方法,是在边界处使用与亮度相近的 G 值来替代 B 值。根据这个方法进行图像合成的程序见 List 9.6。图 9-9(b)是用这个程序由软键信号进行合成的结果。与图 9-7(d)的基于硬键信号的合成图像相比,在基于软键信号的合成图像中,小主持人头发的轮廓线、衣服领口等处的锯齿状或蓝色框消失了,前景图像和背景图像更加自然地融合成一体。在实际的电视节目中会施行更加复杂的处理,在此只是介绍了一下最基本的思路而已。

　　色键的背景为什么用蓝色呢?这是因为从背景中分离的对象往往是人,蓝色和人的皮肤的颜色基本上是互补色(色调相反),所以容易把人从蓝色背景里分离出来。不过对于蓝色眼睛的人,眼睛部位会被合成上背景图案,产生奇怪的效果。为了防止这种情况发生,据说在国外,有些节目主持人会带上变色的隐形眼镜,来改变眼睛的颜色。在使用色键时,如果前景物体呈含蓝色成分较多的紫色或者青绿色,提取前景时就会不稳定,这时一般会通过人物的服装以及小道具的颜色进行调整。

9.4　应用研究实例

　　为了实现机器人对成熟桃子的采摘,需要在自然环境下对成熟桃子进行图像识别。Liu 等[1]探讨了在自然环境下对成熟桃子进行图像识别、圆心定位和半径获取的算法。图 9-10 为果树上桃子的彩色原图像,分别代表了单个果实、多个果实成簇、果实相互分离或相互接触等生长状态以及不同光照条件和不同背景下的图像样本。

|(a) 单果实,树叶遮挡|(b) 多果实,树叶遮挡|(c) 直射光,多果实,接触|

|(d) 弱光,多果实,接触|(e) 顺光,多果实,枝干干扰|(f) 多果实,接触,枝干干扰|

图 9-10　桃子彩色原图像

　　由于成熟桃子一般带红色,因此对原彩色图像,首先利用红、绿色差信息提取图像中桃子的红色区域,然后再采用与原图进行匹配膨胀的方法来获得桃子的完整区域。对图 9-10 的 $R-G$ 色差图像,采用其均值为阈值,提取桃子红色区域的二值图像。结果如图 9-11 所示。可以看出,该方法对图 9-10 中各种光照条件和不同背景情况,都能较好地提取出桃子的红色区域。

　　图 9-12 为图 9-11 与彩色原图像进行匹配膨胀后的二值图像。因为同一个桃子上相邻像素的 R 分量不会发生剧烈变化,而桃子边缘相邻像素的 R 分量则会出现较大变化,据此将目标像素 24 邻域内桃子像素点的 R 分量的最大、最小值作为不发生剧烈变化的阈值范围。该方法可以自动确定阈值,能够准确、快速地将本属

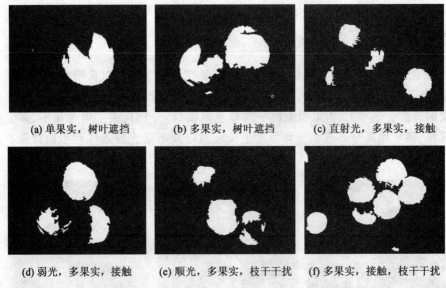

(a) 单果实，树叶遮挡　　　(b) 多果实，树叶遮挡　　　(c) 直射光，多果实，接触

(d) 弱光，多果实，接触　　(e) 顺光，多果实，枝干干扰　　(f) 多果实，接触，枝干干扰

图 9-11　提取图 9-10 桃子红色区域的二值图像

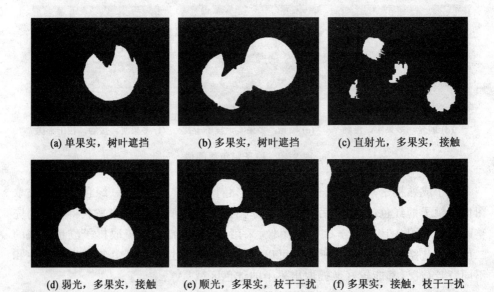

(a) 单果实，树叶遮挡　　　(b) 多果实，树叶遮挡　　　(c) 直射光，多果实，接触

(d) 弱光，多果实，接触　　(e) 顺光，多果实，枝干干扰　　(f) 多果实，接触，枝干干扰

图 9-12　图 9-11 与图 9-10 匹配膨胀结果

于桃子的像素重新找回。从图 9-12 的结果可以看出，无论图 9-10 中的哪种情况，图像中没有被枝叶遮挡的桃子部分，都被很好地匹配膨胀成了白像素。

　　对上述处理后的二值图像,通过第 7 章介绍的边界追踪的方法获得目标轮廓上各个像素点的 x 坐标和 y 坐标,并保存到数组中。从轮廓线的起点到终点,以 A_1 个像素为连线起点步长,以 A_2 个像素为连线点间间隔,依次连线,将相邻两条连线中垂线的交点,作为可能圆心点。

　　在实际场景中,一幅图像中往往存在多个桃子,且可能相互接触或重叠,在二值图像上会出现多个桃子连成一个轮廓的情形。因此,在对一个轮廓线求出可能圆心点群后,需要再对圆心点群进行分组处理。对分组后的圆心点群,分别求出其分布中心并作为圆心,将分布中心到边缘线的最小距离作为半径,即可拟合出每个桃子的区域。图 9-13 为图 9-12 进行区域轮廓提取及拟合的结果图。可以看出,该拟合算法能够适应桃子单果实、多果实相互分离以及多果实相互接触等多种生长状态,并且对于部分遮挡(遮挡部位小于 1/2 轮廓)的果实也能够实现很好的拟合。

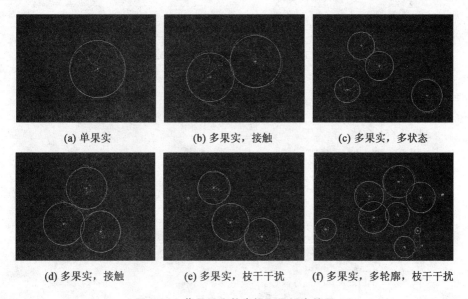

　　(a) 单果实　　　　　(b) 多果实,接触　　　　(c) 多果实,多状态

　　(d) 多果实,接触　　(e) 多果实,枝干干扰　　(f) 多果实,多轮廓,枝干干扰

图 9-13　苹果果实轮廓提取及拟合结果

应用研究文献

[1] Liu Y, Chen B, Qiao J. Development of a machine vision algorithm for recognition of peach fruit in natural scene[J]. Transaction of the ASABE,2011,54 (2):694-702.

附录:源程序列表

List 9.1   二维直方图

```
#include "StdAfx.h"
#include "BaseList.h"


/* --- Hist2_image --- 计算 2 维直方图并图像化 ---------------------
      image_in1:   输入 x 轴图像数据
      image_in2:   输入 y 轴图像数据
      image_hist:  输出 2 维直方图图像
      xsize:       输入图像宽度
      ysize:       输入图像高度
----------------------------------------------------------------------- */
void Hist2_image(BYTE * image_in1, BYTE * image_in2, BYTE * image_hist, int
xsize, int ysize)
{
    int i, j;
    float kx, ky;
    int hx, hy, max, kk;

    for ( j = 0; j < ysize; j++)      //初始化
        for (i = 0; i < xsize; i++)
            * (image_hist + j * xsize + i) = 0;
    max = 0;

    ky = (float)256 / (float)ysize;
    kx = (float)256 / (float)xsize;

    for (j = 0; j < ysize; j++) {
        for (i = 0; i < xsize; i++) {
            hy = (int)((float)(HIGH- * (image_in2 + j * xsize + i)) / ky);
            hx = (int)((float)( * (image_in1 + j * xsize + i)) / kx);
            if ( * (image_hist + hy * xsize + hx) < HIGH)
                * (image_hist + hy * xsize + hx)= * (image_hist + hy * xsize + hx) + 1;
```

```
            if (max < * (image_hist + hy * xsize + hx)) max = * (image_hist+
                hy * xsize + hx);
            }
        }
    for (j = 0; j < ysize; j++) {
        for (i = 0; i < xsize; i++) {
            if ( * (image_hist + j * xsize + i) ! = 0) {
                kk = (long)( * (image_hist + j * xsize + i)) * HIGH / max + BIAS;
                if (kk > HIGH) * (image_hist + j * xsize + i) = HIGH;
                else            * (image_hist + j * xsize + i) = kk;
            }
        }
    }
    for (j = 0; j < ysize; j++) * (image_hist + j * xsize + 1) = HIGH;        //y轴
    for (i = 0; i < xsize; i++) * (image_hist + (ysize-2) * xsize + i) = HIGH;   /x轴
}
```

List 9.2　基于 *R*、*G*、*B* 分量的阈值处理

```
# include "StdAfx. h"
# include "BaseList. h"
```

```
/ * --- Thresh_color --- R,G,B 的阈值处理 -------------------------------
```

image_in_r：	输入图像 R 分量数据指针
image_in_g：	输入图像 G 分量数据指针
image_in_b：	输入图像 B 分量数据指针
image_out_r：	输出图像 R 分量数据指针
image_out_g：	输出图像 G 分量数据指针
image_out_b：	输出图像 B 分量数据指针
thdrl,thdrm：	R 阈值（min,max）
thdgl,thdgm：	G 阈值（min,max）
thdbl,thdbm：	B 阈值（min,max）
xsize：	图像宽度
ysize：	图像高度

```
------------------------------------------------------------------------ * /
void Thresh_color(BYTE * image_in_r, BYTE * image_in_g, BYTE * image_in_b,
    BYTE * image_out_r, BYTE * image_out_g, BYTE * image_out_b,
```

```
    int thdrl, int thdrm, int thdgl, int thdgm, int thdbl, int thdbm,
    int xsize, int ysize)
{

    int i, j;

    for (j = 0; j < ysize; j++) {
        for (i = 0; i < xsize; i++) {
            *(image_out_r + j * xsize + i) = *(image_in_r + j * xsize + i);
            *(image_out_g + j * xsize + i) = *(image_in_g + j * xsize + i);
            *(image_out_b + j * xsize + i) = *(image_in_b + j * xsize + i);
        }
    }
    for (j = 0; j < ysize; j++) {
        for (i = 0; i < xsize; i++) {
            if ( *(image_out_r + j * xsize + i) < thdrl)
            {
                *(image_out_r + j * xsize + i) = 0;
                *(image_out_g + j * xsize + i) = 0;
                *(image_out_b + j * xsize + i) = 0;
            }
            if ( *(image_out_r + j * xsize + i) > thdrm)
            {
                *(image_out_r + j * xsize + i) = 0;
                *(image_out_g + j * xsize + i) = 0;
                *(image_out_b + j * xsize + i) = 0;
            }
            if ( *(image_out_g + j * xsize + i) < thdgl)
            {
                *(image_out_r + j * xsize + i) = 0;
                *(image_out_g + j * xsize + i) = 0;
                *(image_out_b + j * xsize + i) = 0;
            }
            if ( *(image_out_g + j * xsize + i) > thdgm)
            {
                *(image_out_r + j * xsize + i) = 0;
                *(image_out_g + j * xsize + i) = 0;
```

```
            * (image_out_b + j * xsize + i) = 0;
        }
        if ( * (image_out_b + j * xsize + i) < thdbl)
        {
            * (image_out_r + j * xsize + i) = 0;
            * (image_out_g + j * xsize + i) = 0;
            * (image_out_b + j * xsize + i) = 0;
        }
        if ( * (image_out_b + j * xsize + i) > thdbm)
        {
            * (image_out_r + j * xsize + i) = 0;
            * (image_out_g + j * xsize + i) = 0;
            * (image_out_b + j * xsize + i) = 0;
        }
        }
    }
    }
}
```

List 9.3　硬键信号的生成

```
# include "StdAfx. h"
# include "BaseList. h"


/ * --- hard_key --- 生成合成键 -------------------------------
        image_in_r：      输入图像 R 分量数据指针
        image_in_g：      输入图像 G 分量数据指针
        image_in_b：      输入图像 B 分量数据指针
        image_key：       输出合成键数据指针
        thresh：          阈值
------------------------------------------------------------ * /
void Hard_key(BYTE * image_in_r, BYTE * image_in_g, BYTE * image_in_b,
    BYTE * image_key, int xsize, int ysize, int thresh)
{
    int i, j, d;

    for (j = 0; j < xsize; j++) {
```

```
        for (i = 0; i < ysize; i++) {
            d = ((int)(*(image_in_r + j * ysize + i)) + (int)(*(image_in_g
                + j * ysize + i))) / 2
                  - (int)(*(image_in_b + j * ysize + i));
            if (d >= thresh)  *(image_key + j * ysize + i) = 255;
            else                      *(image_key + j * ysize + i) = 0;
        }
    }
}
```

List 9.4   图像合成

```
# include "StdAfx. h"
# include "BaseList. h"


/ * --- synth --- 图像合成 -----------------------------------
        image_in1_r：      输入前景图像 R 分量数据指针
        image_in1_g：      输入前景图像 G 分量数据指针
        image_in1_b：      输入前景图像 B 分量数据指针
        image_in2_r：      输入背景图像 R 分量数据指针
        image_in2_g：      输入背景图像 G 分量数据指针
        image_in2_b：      输入背景图像 B 分量数据指针
        image_out_r：      输出合成图像 R 分量数据指针
        image_out_g：      输出合成图像 G 分量数据指针
        image_out_b：      输出合成图像 B 分量数据指针
        image_key：        输入合成键图像数据指针
------------------------------------------------------------ * /
void Synth(BYTE * image_in1_r, BYTE * image_in1_g,
        BYTE * image_in1_b, BYTE * image_in2_r,
        BYTE * image_in2_g, BYTE * image_in2_b,
        BYTE * image_out_r, BYTE * image_out_g,
        BYTE * image_out_b, BYTE * image_key,
        int xsize, int ysize)
{
    int i, j;
    int rr1, gg1, bb1;
    int rr2, gg2, bb2;
```

```
long kk;

for (j = 0; j < ysize; j++) {
    for (i = 0; i < xsize; i++) {
        rr1 = (int)( * (image_in1_r + j * xsize + i));
        gg1 = (int)( * (image_in1_g + j * xsize + i));
        bb1 = (int)( * (image_in1_b + j * xsize + i));
        rr2 = (int)( * (image_in2_r + j * xsize + i));
        gg2 = (int)( * (image_in2_g + j * xsize + i));
        bb2 = (int)( * (image_in2_b + j * xsize + i));
        kk = (long)( * (image_key + j * xsize + i));
        * (image_out_r + j * xsize + i) = (unsigned char)((rr1 * kk+rr2 *
            (255-kk))/255);
        * (image_out_g + j * xsize + i) =(unsigned char)((gg1 * kk+gg2 *
            (255-kk))/255);
        * (image_out_b + j * xsize + i) =(unsigned char)((bb1 * kk+bb2 *
            (255-kk))/255);
    }
  }
}
```

List 9.5　软键信号的生成

```
# include "StdAfx. h"
# include "BaseList. h"

/ * --- Soft_key --- 生成软合成键 ----------------------------
      image_in_r：          输入图像 R 分量数据指针
      image_in_g：          输入图像 G 分量数据指针
      image_in_b：          输入图像 B 分量数据指针
      image_key：           输出合成键图像数据指针
      thdh, thdl：          阈值(max,min)
----------------------------------------------------------------- * /
void Soft_key(BYTE * image_in_r, BYTE * image_in_g, BYTE * image_in_b,
    BYTE * image_key, int xsize, int ysize, int thdh, int thdl)
    int i, j, d;
```

```
int kk;

for (j = 0; j < ysize; j++) {
    for (i = 0; i < xsize; i++) {
        d = ((int)( * (image_in_r + j * xsize + i)) + (int)( * (image_in_g + j
            * xsize + i))) / 2
            - (int)( * (image_in_b + j * xsize + i));
        kk = ((long)(d - thdl) * 255 / (thdh - thdl));
        if (kk > 255)           * (image_key + j * xsize + i) = 255;
        else if (kk < 0)        * (image_key + j * xsize + i) = 0;
          else                  * (image_key + j * xsize + i) = kk;
    }
}
}
```

List 9.6 图像合成(消除边界处颜色)

```
# include "StdAfx. h"
# include "BaseList. h"


/ * --- S_synth --- 图像合成(消除边界线)----------------------
        image_in1_r:      输入前景图像 R 分量数据指针
        image_in1_g:      输入前景图像 G 分量数据指针
        image_in1_b:      输入前景图像 B 分量数据指针
        image_in2_r:      输入背景图像 R 分量数据指针
        image_in2_g:      输入背景图像 G 分量数据指针
        image_in2_b:      输入背景图像 B 分量数据指针
        image_out_r:      输出合成图像 R 分量数据指针
        image_out_g:      输出合成图像 G 分量数据指针
        image_out_b:      输出合成图像 B 分量数据指针
        image_key:        合成键图像分量数据指针
-------------------------------------------------------------- * /

void S_synth (BYTE * image_in1_r, BYTE * image_in1_g, BYTE * image_in1_b,
        BYTE * image_in2_r, BYTE * image_in2_g, BYTE * image_in2_b,
        BYTE * image_out_r, BYTE * image_out_g, BYTE * image_out_b,
        BYTE * image_key, int xsize, int ysize)
```

```
{
    int i, j;
    int rr1, gg1, bb1;
    int rr2, gg2, bb2;
    long kk;

    for (j = 0; j < ysize; j++) {
        for (i = 0; i < xsize; i++) {
            rr1 = (int)(*(image_in1_r + j * xsize + i));
            gg1 = (int)(*(image_in1_g + j * xsize + i));
            bb1 = (int)(*(image_in1_b + j * xsize + i));
            rr2 = (int)(*(image_in2_r + j * xsize + i));
            gg2 = (int)(*(image_in2_g + j * xsize + i));
            bb2 = (int)(*(image_in2_b + j * xsize + i));
            kk = (long)(*(image_key + j * xsize + i));
            if (kk == 255 || kk == 0) {        // 前景或背景
                *(image_out_r + j * xsize + i) = (BYTE)((rr1 * kk+rr2 * (255−
                    kk))/255);
                *(image_out_g + j * xsize + i) = (BYTE)((gg1 * kk+gg2 * (255−
                    kk))/255);
                *(image_out_b + j * xsize + i) = (BYTE)((bb1 * kk+bb2 * (255−
                    kk))/255);
            }
            else {                                    //边界部
                *(image_out_r + j * xsize + i) = (BYTE)((gg1 * kk+rr2 * (255−kk))/255);
                *(image_out_g + j * xsize + i) = (BYTE)((gg1 * kk+gg2 * (255−kk))/255);
                *(image_out_b + j * xsize + i) = (BYTE)((gg1 * kk+bb2 * (255−kk))/255);
            }
        }
    }
}
```

第 10 章　几何变换

10.1　关于几何变换

在电视上都看过图 10-1 那样变形的图像吧？这就是这一章的主题。

如此进行变形在图像处理领域被称为几何变换（geometric transformation）。图 10-1 为对宠物兔的图像进行透视变换（perspective transformation）后得到的结果，这是让电视节目看起来更加富有渲染效果而进行的几何变换。在各种各样的场合都有这方面的应用。在天气预报中经常可以看到气象卫星所拍摄的云层图像，这也是经过几何变换所得到的图像。从人造卫星上用照相机拍摄的图像包含有镜头引起的变形，需要通过几何变换进行校正，才能得到无变形的图像。

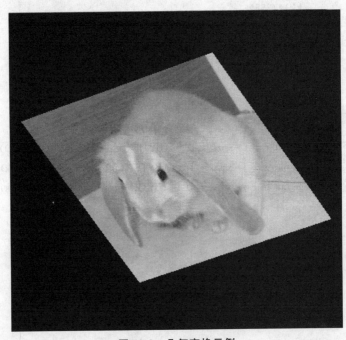

图 10-1　几何变换示例

那么,几何变换是一种什么样的处理呢? 旅游时为了尽可能把周围广阔的美景收录到我们的镜头之中,有时需要用照相机拍摄数枚全景照片,然后把它们拼接起来。拼接是相当不容易的,会有错位、弯曲,难以做到天衣无缝,为了拼接好必须采取对它们放大或移位等办法。可见,几何变换是通过改变像素的位置实现的。与此相对,本章以外的处理都是改变灰度值的处理。几何变换中有放大缩小(zooming)、平移(translation)、旋转(rotation)等几种处理,下面以简单的例子开始顺序地进行说明。

首先,对本章中使用的坐标系进行一下说明。通常图像处理使用第 2 章所述的以左上角为原点、向右及向下为正方向的坐标系,但是用这样的坐标系以原点为中心放大图像的话,如图 10-2(a)所示,图像的范围只能在右下方向外移出。而以图像的正中间为中心放大图像,使其上下左右均等地向外移出,感觉上更自然。因此,如图 10-2(b)所示的以图像的中心为原点的坐标系更方便,这就是本章所采用的坐标系。

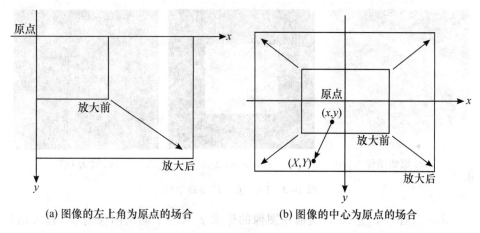

(a) 图像的左上角为原点的场合　　　(b) 图像的中心为原点的场合

图 10-2　坐标系的选择

10. 2　放大缩小

首先考虑改变一下图像的大小。如图 10-2(b)所示,某一点(x,y)经过放大或缩小后其位置变为(X, Y),则两者之间有如下关系:

$$\left.\begin{array}{l} X=ax \\ Y=by \end{array}\right\} \tag{10.1}$$

a、b 分别是 x 方向、y 方向的放大率。a、b 比 1 大时放大,比 1 小时缩小。对于所有的像素点(x,y)进行计算,把输入图像上的点(x,y)的灰度值代入输出图像上的点(X,Y)处,就可以把图像放大或缩小了。

那么让我们实际操作一下吧。进行这个处理的程序见 List 10.1。在此,图像数据指针 image_in 及 image_out 的大小是宽 xsize 像素,高 ysize 像素,x 方向和 y 方向的范围分别是 $-\mathrm{xsize}/2 \leqslant x < \mathrm{xsize}/2$ 和 $-\mathrm{ysize}/2 \leqslant y < \mathrm{ysize}/2$。$x$ 和 y 是以图像中心为坐标原点的坐标系坐标,在以图像的左上角为坐标原点的坐标系上需要加一个参数(xsize/2,ysize/2),使坐标变为(x+xsize/2,y+ysize/2)。另外,为了防止由式(10.1)计算的结果 x 和 y 超出图像范围,产生程序错误,在此进行了范围的检查。

使用这个程序把图像缩小 $1/2(a=b=1/2$ 时)和放大 1 倍($a=b=2$ 时)的结果分别见图 10-3(b)和(c)。缩小 $1/2$ 的图像似乎没有什么问题,但是放大 1 倍的图像有点怪异,怎么回事呢?

  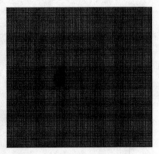

　　(a) 原始图像　　　　　　　(b) 缩小 1/2　　　　　　　(c) 放大 1 倍

图 10-3　List 10.1 的处理示例

让我们看一下图 10-4,当输入图像的像素 p 对应于输出图像的 p',输入图像上 p 点的邻点 q 以及再下一个邻点 r 分别对应于输出图像上的 q' 和 r' 时,q' 和 r' 按照放大率或者接近 p' 点或者远离 p' 点。缩小 $1/2$ 时,如图 10-4(a)所示,q 点所对应 q' 点的位置不在像素位置,这样在输出图像上将自动被取消,从而 p' 和 r' 点成为邻点。另一方面,放大 1 倍时,如图 10-4(b)所示,q' 和 r' 是相隔一个像素排列的,即输出图像上 p' 点的邻点以及 q' 点的邻点什么也没有写入。这就是图 10-3(c)中像素呈现断断续续状态的原因。

以上的做法是以输入图像为基准来查找输出图像上的对应点,在放大时出现了输出图像上的一些位置没有对应像素值的情况。如果以输出图像为基准,对于输出图像上的每个像素查找其在输入图像上的对应像素,就可以避免上述现象。为此,可以考虑式(10.1)的逆运算,即

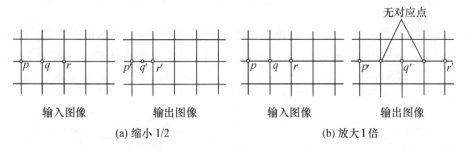

输入图像   输出图像   输入图像   输出图像

(a) 缩小 1/2   (b) 放大 1 倍

图 10-4 放大、缩小处理示意图

$$
\left.\begin{array}{l}
x = X/a \\
y = Y/b
\end{array}\right\} \tag{10.2}
$$

如果对于输出图像上的所有像素点 (X, Y)，用式 (10.2) 进行计算，求出对应的输入图像上的像素点 (x, y)，写入这个像素的灰度值的话，图 10-3(c) 所示的现象就不会产生了。以这种方式进行放大、缩小的程序为 List 10.2，缩小 1/2 和放大 1 倍的结果见图 10-5。这次总算成功了。在 List 10.2 中，对所计算的地址加上 0.5，以便对式 (10.2) 的计算结果进行四舍五入处理。

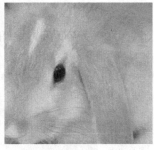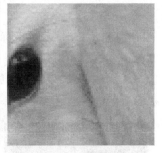

(a) 缩小1/2   (b) 放大1倍   (c) 图像中心部分放大

图 10-5 放大、缩小处理示例(最近邻点法)

式 (10.2) 进行的是实数运算，x 和 y 包括小数位。然而，输入图像的像素地址必须是整数，所以对于地址计算，有必要采取某种形式进行整数化。在此，经常用的整数化方式就是四舍五入取整方法。在图像上考虑的话，如图 10-6 所示，就是选择最靠近坐标点 (x, y) 的方格上的点，从而被称为最近邻点法(nearest neighbor approach)，也被称为零阶内插(zero-order interpolation)。对于这种方法，从图 10-5(c) 的放大图可以看出图像呈现马赛克状(mosaic)，放大率越大这种现象将越明显。

为了提高精度,可以采用被称为双线性内插(bilinear interpolation approach)的方法。这种方法是当所求的地址不在方格上时,求出到相邻的 4 个方格上点的距离之比,用这个比率和 4 邻点(four nearest neighbors)像素的灰度值进行灰度内插,见图 10-7。

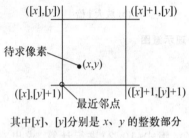

其中[x]、[y]分别是 x、y 的整数部分

图 10-6　最近邻点法

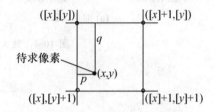

其中[x]、[y]分别是 x、y 的整数部分

图 10-7　双线性内插法

这个灰度值的计算式如下:

$$d(x,y) = (1-q)\{(1-p) \cdot d([x],[y]) + p \cdot d([x]+1,[y])\}$$
$$+ q\{(1-p) \cdot d([x],[y]+1) + p \cdot d([x]+1,[y]+1)\}$$

$$(10.3)$$

在此,$d(x,y)$ 表示坐标(x, y)处的灰度值,$[x]$和$[y]$分别是 x 和 y 的整数部分。实现这个方法的程序见 List 10.3。用双线性内插法处理的结果如图 10-8所示。图 10-8(c)的放大图也没有呈现马赛克状,而是呈现很平滑的状态。

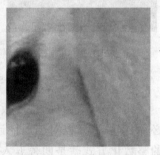

　(a)缩小 1/2　　　　　　　(b) 放大 1 倍　　　　　(c) 图像中心部分放大

图 10-8　放大、缩小处理示例(双线性内插法)

这种双线性内插法不仅可采用上述的 4 邻点，也可采用 8 邻点、16 邻点、24 邻点进行高次内插，在此不作具体说明，感兴趣的读者可参阅其他文献。此外，为了精确地进行缩小，还需要进行一些前置滤波处理，在这里不作更详细的解释。

10.3　平移

下面让我们分析一下图像位置的移动。如图 10-9 所示，为了使图像分别沿 x 坐标和 y 坐标向右、下平移 x_0 和 y_0，需要采用如下平移变换公式：

$$\left.\begin{array}{l} X = x + x_0 \\ Y = y + y_0 \end{array}\right\} \tag{10.4}$$

逆变换公式为

$$\left.\begin{array}{l} x = X - x_0 \\ y = Y - y_0 \end{array}\right\} \tag{10.5}$$

实现这个平移变换的程序见 List 10.4，处理示例见图 10-10。List 10.4 中采用的是双线性内插法，所以能够以 1 像素以下的精度实现图像平移。

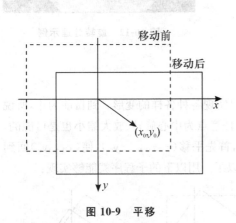

图 10-9　平移

图 10-10　平移处理示例

10.4　旋转

下面考虑旋转图像。如图 10-11 所示，使图像逆时针旋转 θ 角需要如下的变换公式：

$$\left.\begin{array}{l} X = x \cos \theta + y \sin \theta \\ Y = - x \sin \theta + y \cos \theta \end{array}\right\} \qquad (10.6)$$

逆变换公式为

$$\left.\begin{array}{l} x = X \cos \theta - Y \sin \theta \\ y = X \sin \theta + Y \cos \theta \end{array}\right\} \qquad (10.7)$$

实现这个旋转变换(rotation transform)的程序见 List 10.5,处理示例见图 10-12。

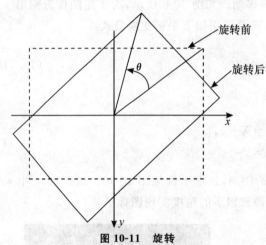

图 10-11　旋转

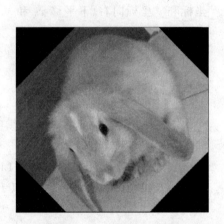

图 10-12　旋转处理示例

10.5　复杂变形

组合上述的放大缩小、平移、旋转,就可以实现各种各样的变形。到目前为止,所说明的方法都是以原点为中心进行的变形,而以任意点为中心旋转、放大缩小也是可能的。例如以(x_0, y_0)为中心旋转,如图 10-13 所示,首先平移$(-x_0, -y_0)$,使(x_0, y_0)回到原点后,旋转 θ 角,最后再平移(x_0, y_0)就可以了。用以下的子程序就能够实现:

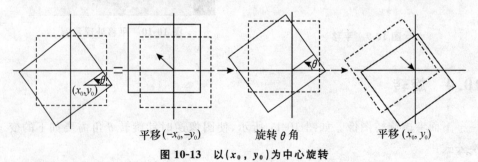

平移$(-x_0, -y_0)$　　　　旋转 θ 角　　　　平移 (x_0, y_0)

图 10-13　以(x_0, y_0)为中心旋转

Shift(image_in, image_out, xsize, ysize, $-x_0$, $-y_0$);
Rotation(image_out, image_in, xsize, ysize, θ);
Shift(image_in, image_out, xsize, ysize, x_0, y_0);

用这种方法,在处理过程中为了计算像素的灰度值,需要不断地计算地址和存取像素,所以要耗费许多时间。为了节省时间,可以用下式先集中计算地址:

$$\left. \begin{array}{l} X = (x - x_0)\cos\theta + (y - y_0)\sin\theta + x_0 \\ Y = -(x - x_0)\sin\theta + (y - y_0)\cos\theta + y_0 \end{array} \right\} \tag{10.8}$$

逆变换公式为

$$\left. \begin{array}{l} x = (X - x_0)\cos\theta - (Y - y_0)\sin\theta + x_0 \\ y = (X - x_0)\sin\theta + (Y - y_0)\cos\theta + y_0 \end{array} \right\} \tag{10.9}$$

集中计算完地址后,读取一次像素,即可计算出变换结果的灰度值。一次完成放大缩小、平移、旋转等复杂变换的程序见 List 10.6。

这种几何变换被称为二维仿射变换(two dimensional affine transformation)。二维仿射变换的一般公式为

$$\left. \begin{array}{l} X = ax + by + c \\ Y = dx + ey + f \end{array} \right\} \tag{10.10}$$

逆变换公式为

$$\left. \begin{array}{l} x = AX + BY + C \\ y = DX + EY + F \end{array} \right\} \tag{10.11}$$

虽然参数不同但形式相同。前面所说明的放大缩小公式(10.2)、平移公式(10.4)和(10.5)、旋转公式(10.6)和(10.7)都包含在公式(10.10)和(10.11)中。

式(10.10)和式(10.11)是一次多项式,如果使之成为高次多项式,会产生更加复杂的几何变换。

图 10-1 所示的图像是被称为透视变换的一个处理示例。绘画时对远处的东西会描绘得小一些,透视变换也可以生成类似的效果。如图 10-14 所示,从一点(视点)观察一个物体时,物体在成像平面上的投影图像就是透视变换图像。这种透视变换用以下两式来表达:

$$\left. \begin{array}{l} X = (ax + by + c)/(px + qy + r) \\ Y = (dx + ey + f)/(px + qy + r) \end{array} \right\} \tag{10.12}$$

逆变换公式为

$$x=(AX+BY+C)/(PX+QY+R) \atop y=(DX+EY+F)/(PX+QY+R)} \tag{10.13}$$

正、逆变换的形式相同。在此，a、b、c 与 A、B、C 等是变换系数，决定于视点的位置成像平面的位置以及物体的大小。这些系数用齐次坐标(homogeneous coordinate)的矩阵形式运算可以简单地求出。实现透视变换的程序见 List 10.7，处理示例见图 10-15。

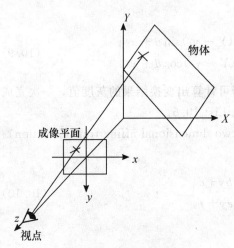

图 10-14　透视变换原理

图 10-15　透视变换处理示例

10.6　齐次坐标表示

几何变换采用矩阵处理更方便。用二维向量$[x,y]$和 2×2 矩阵能够表示二维平面(x,y)的几何变换，但是却不能表示平移。因此，为了能够同样地处理平移，增加一个虚拟的维 1，即通常使用三维向量$[x,y,1]^\mathrm{T}$ 和 3×3 的矩阵。这个三维空间的坐标$(x,y,1)$被称为(x,y)的齐次坐标。

基于这个齐次坐标，仿射变换可表示为

$$\begin{bmatrix} X \\ Y \\ 1 \end{bmatrix} = \begin{bmatrix} a & b & c \\ d & e & f \\ 0 & 0 & 1 \end{bmatrix} \begin{bmatrix} x \\ y \\ 1 \end{bmatrix} \tag{10.14}$$

式(10.14)与式(10.10)是一致的。放大缩小表示为

$$
\begin{bmatrix} X \\ Y \\ 1 \end{bmatrix} = \begin{bmatrix} a & 0 & 0 \\ 0 & b & 0 \\ 0 & 0 & 1 \end{bmatrix} \begin{bmatrix} x \\ y \\ 1 \end{bmatrix}
\tag{10.15}
$$

平移的齐次坐标表示为

$$
\begin{bmatrix} X \\ Y \\ 1 \end{bmatrix} = \begin{bmatrix} 1 & 0 & x_0 \\ 0 & 1 & y_0 \\ 0 & 0 & 1 \end{bmatrix} \begin{bmatrix} x \\ y \\ 1 \end{bmatrix}
\tag{10.16}
$$

旋转的齐次坐标表示为

$$
\begin{bmatrix} X \\ Y \\ 1 \end{bmatrix} \begin{bmatrix} \cos\theta & \sin\theta & 0 \\ -\sin\theta & \cos\theta & 0 \\ 0 & 0 & 1 \end{bmatrix} \begin{bmatrix} x \\ y \\ 1 \end{bmatrix}
\tag{10.17}
$$

　　式(10.15)、式(10.16)、式(10.17)分别与前述的式(10.1)、式(10.4)、式(10.6)一致。组合这些矩阵能够表示各种各样的仿射变换。例如,以(x_0,y_0)为中心旋转,可以表示为平移和放大缩小矩阵乘积的形式:

$$
\begin{bmatrix} X \\ Y \\ 1 \end{bmatrix} = \begin{bmatrix} 1 & 0 & x_0 \\ 0 & 1 & y_0 \\ 0 & 0 & 1 \end{bmatrix} \begin{bmatrix} \cos\theta & \sin\theta & 0 \\ -\sin\theta & \cos\theta & 0 \\ 0 & 0 & 1 \end{bmatrix} \begin{bmatrix} 1 & 0 & -x_0 \\ 0 & 1 & -y_0 \\ 0 & 0 & 1 \end{bmatrix} \begin{bmatrix} x \\ y \\ 1 \end{bmatrix}
\tag{10.18}
$$

式(10.18)展开后与式(10.8)是一致的。

　　透视变换等是三维空间的变换,用四维向量和 4×4 的矩阵来表现。如空间中一点在两个坐标系的坐标分别为(X,Y,Z)和(x,y,z),则其坐标变换公式用旋转矩阵 R 和平移向量 t 可描述为

$$
\begin{bmatrix} X \\ Y \\ Z \\ 1 \end{bmatrix} = \begin{bmatrix} R & t \\ 0^T & 1 \end{bmatrix} \begin{bmatrix} x \\ y \\ z \\ 1 \end{bmatrix}
\tag{10.19}
$$

其中 R 为 3×3 的旋转矩阵(rotation matrix);t 为三维平移向量(translation vector);$0^T=(0,0,0)$。这种透视变换经常应用在计算机图形学(computer graphics)

等领域。

10.7 应用研究实例

几何变换在机器视觉、遥感图像测量、地图投影、艺术效果图像等领域有着广泛的应用。

10.7.1 移动障碍物位置的检测

文献[1]报告了一个从运行的车上通过机器视觉快速检测行人、自行车、车辆等移动障碍物的研究实例。

首先通过在想象为立体图像的路面上投影,做成前方移动可能空间掩模,然后从由光流推断运动消失点位置(FOE)时获得的像差提取图像中的移动障碍物区域,将提取的移动障碍物区域在移动可能空间掩模上进行投影,求得移动障碍物和移动车辆之间的位置关系。该方法由于不需要帧间的追踪和立体图像间的对应探索,所以即使对于在图像中视角、尺寸大小变化较大的对象以及形状经常变形的非刚体,也能够有效地求出其位置。另外,由于利用了高度信息来求障碍物区域,不会错误地将路面上出现的移动物体的阴影提取出来,因此对于公路上通常出现的行人、自行车、车辆等移动障碍物的位置能够有效地进行检测。图 10-16 是一个以行人作为公路上移动障碍物的检测结果。

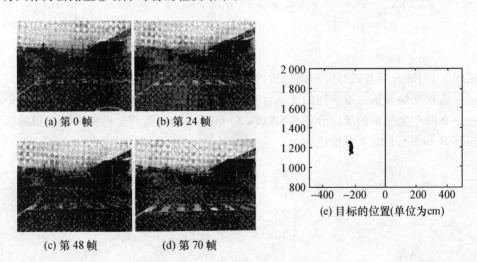

(a) 第 0 帧 (b) 第 24 帧

(c) 第 48 帧 (d) 第 70 帧

(e) 目标的位置(单位为cm)

图 10-16 公路上行人的检测结果

10.7.2　玉米生长过程监测

陈兵旗等[2]利用三维机器视觉技术对玉米的生长过程进行了连续、实时的自动监测,监测内容包括玉米的叶面积、株高、生物量等,并且利用测量的参数进行了玉米生长过程的三维模拟。图 10-17 是监测现场图,在 1 m² 监测区域的 4 个角设置了 4 根区域标定杆,在摄像机对面区域边界的中间位置设置了 1 根高度标定杆,5 个杆的高度均为 2.5 m。采用 2 个相同型号的彩色模拟摄像机,在玉米生长期间,每天上午 10 时两个摄像机同时各采集一幅图像,保存成 JPEG 格式,通过无线方式传送到实验室计算机。

图 10-17　玉米生长过程三维监测现场

安装调试好设备后,在左、右视觉图像上分别用鼠标点击图 10-17 中 4 根区域标定杆的上、下 8 个顶点,获得其左、右视觉的图像坐标;以左上角标定杆下端作为世界坐标的原点,获得 4 根标定杆上、下 8 个顶点的世界坐标。利用上述 8 个顶点的图像坐标和世界坐标,推导出摄像机的标定参数。

由于玉米植株颜色呈绿色,因此将 G 分量图像作为处理图像,采用大津法对 G 分量图像进行自动二值化处理,得到二值图像,其中白像素(255)代表植株,黑像素(0)代表背景。图 10-18 是对测量区域中的作物提取的 G 分量图像。

对上述左、右视觉二值图像中的白像素在原图像对应位置像素的 3 个颜色分量分别求平均值,作为作物的平均颜色值。通过对左、右视觉图像进行 64×64 像素的网格化匹配处理,判断作物区域,根据作物区域的网格个数来获得作物的覆盖

(a) 左视觉图像   (b) 右视觉图像

图 10-18   作物图像 G 分量提取结果

面积。图 10-19 是对图 10-18 中测量区域网格形心进行三维重建的结果,白色点云的形状与测量区域内作物的形状基本吻合,验证了采用网格形心进行三维重建的合理性。求取重建后各个网格形心的高度坐标平均值,作为平均株高。

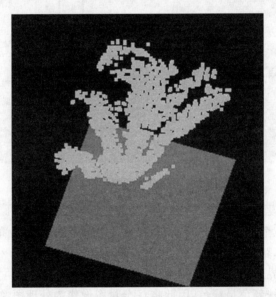

图 10-19   测量区域作物三维合成结果

同时,通过测量作物对中间高度标定杆的遮挡位置,获得了标定杆测量的株高。图 10-20 为株高测量结果分布图。横坐标为测量时间,纵坐标为高度。结果显示,基于高度标定杆测量的作物高度总是低于三维测量高度 20 cm 左右,两者之间具有很大的相关性。由于摄像机向下斜视高度标定杆,导致看到的作物遮挡部位向下偏移，引起了上述测量误差。这也佐证了三维测量高度的正确性。

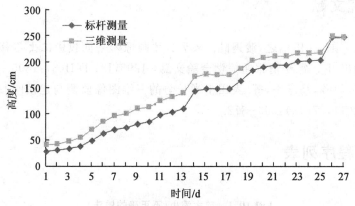

图 10-20　玉米株高测量结果

　　然后利用 OpenGL 对玉米植株进行了三维建模。上述测量的株高、覆盖面积、平均颜色可以作为该模型的输入参数，而其他输入参数，如茎粗、叶片数、叶片参数等，可使用人工测量的参数或者根据生长规律自动生成参数。该研究仅对玉米植株主要器官的玉米叶片和主茎进行了三维建模。图 10-21(a)、(b)、(c) 分别表示了 3 个不同生长时期的玉米三维建模结果。三维测量的株高设定为模型主茎的高度，叶片数、叶片参数、主茎直径等参数根据其生长规律自动生成。受光照与摄像机成像质量的影响，图像中的玉米植株颜色偏白，与实际颜色有较大的偏差，导致最终测得的平均颜色失真。因此，该研究将植株颜色设为绿色，利用 OpenGL 中光照和材质渲染函数对大田间的光照环境进行了模拟。

(a) 2009年7月23日　　　(b) 2009年8月1日　　　(c) 2009年8月4日

图 10-21　不同时期玉米植株建模结果

应用研究文献

［1］ 小野口一則,武田信之,渡邊睦. ステレオ画像の平面投影による移動障害物位置検出［J］. 電子情報通信学会論文誌,1998,J81-D-II(8):1895-1903.
［2］ 陈兵旗,何醇,马彦平,等. 大田玉米长势的三维图像监测与建模［J］. 农业工程学报,2011,27(13):366-372.

附录:源程序列表

List 10.1　放大缩小(不正确的做法)

```
# include "StdAfx. h"
# include "BaseList. h"

/ * --- Scale_NG --- 错误的放大缩小法----------------------
        image_in:       输入图像数据指针
        image_out:      输出图像数据指针
        xsize:          图像宽度
        ysize:          图像高度
        zx:             横向放大率
        zy:             纵向放大率
------------------------------------------------------------ * /
void Scale_NG(BYTE * image_in, BYTE * image_out, int xsize, int ysize, float zx,
float zy)
{
    int i, j, m, n;
    int xs = xsize/2;
    int ys = ysize/2;

    for (j =-ys; j < ys; j++) {
        for (i =-xs; i < xs; i++) {
            m = (int)(zy * j);
            n = (int)(zx * i);
            if ( (m >=-ys) && (m < ys) && (n >=-xs) && (n < xs))
```

```
        * (image_out + (m+ys) * xsize + n+xs) =
        * (image_in + (j+ys) * xsize + i+xs);
    }
  }
}
```

List 10.2　放大缩小(最近邻点法)

```
#include "StdAfx. h"
#include "BaseList. h"


/ * --- Scale_near --- 放大缩小(最近邻点法)-------------------------------------
        image_in：  输入图像数据指针
        image_out：输出图像数据指针
      xsize：      图像宽度
      ysize：      图像高度
      zx：         横向放大率
      zy：         纵向放大率
----------------------------------------------------------------------- * /
void Scale_near(BYTE * image_in, BYTE * image_out, int xsize, int ysize, float
zx, float zy)
{
    int i, j, m, n;
    int xs = xsize/2;
    int ys = ysize/2;


    for(j = 0; j < ysize; j++) {
       for (i = 0; i < xsize; i++){
           * (image_out + j * xsize + i) = 0;
       }
    }


for (j = −ys; j < ys; j++) {
    for (i = −xs; i < xs; i++) {
        if (j > 0) m = (int)(j/zy + 0.5);
```

```
        else m = (int)(j/zy−0.5);
        if (i > 0) n = (int)(i/zx + 0.5);
        else n = (int)(i/zx−0.5);
        if ( (m >=−ys) && (m < ys) && (n >=−xs) && (n < xs))
            * (image_out + (j+ys) * xsize + i+xs) =
            * (image_in + (m+ys) * xsize + n+xs);
        else
            * (image_out + (j+ys) * xsize + i+xs) = 0;
    }
}
}
```

List 10.3　放大缩小(双线性内插法)

```
#include "StdAfx. h"
#include "BaseList. h"


/ * --- Scale --- 放大缩小(双线性内插法)-----------------------------------
    image_in：输入图像数据指针
    image_out:输出图像数据指针
    xsize：    图像宽度
    ysize：    图像高度
    zx：       横向放大率
    zy：       纵向放大率
-------------------------------------------------------------------------- * /
void Scale(BYTE * image_in, BYTE * image_out, int xsize, int ysize, float zx,
float zy)
{
    int i, j, m, n;
    float x, y, p, q;
    int xs = xsize/2;
    int ys = ysize/2;
    int d;


    for (j = 0; j < ysize; j++) {
```

```
        for (i = 0; i < xsize; i++){
            *(image_out + j * xsize + i) = 0;
        }
    }
    for (j = -ys; j < ys; j++) {
        for (i = -xs; i < xs; i++) {
            y = j/zy;
            x = i/zx;
            if (y > 0) m = (int)y;
            else m = (int)(y-1);
            if (x > 0) n = (int)x;
            else n = (int)(x-1);
            q = y-m;
            p = x-n;
            if (q == 1) {q = 0; m = m + 1;}
            if (p == 1) {p = 0; n = n + 1;}
            if ( (m >= -ys) && (m < ys) && (n >= -xs) && (n < xs) )
                d=(int)((1.0-q) * ((1.0-p) * (*(image_in+(m+ys) * xsize+n+xs))
                                    + p * (*(image_in + (m +ys) *
                                    xsize + n + 1 +xs)))
                        + q * ((1.0-p) * (*(image_in + (m+1+ys) *
                        xsize + n +xs))
                                    + p * (*(image_in + (m+1+
                                    ys) * xsize + n + 1 +xs))));
            else
                d = 0;
            if (d < 0) d = 0;
            if (d > 255) d = 255;
            *(image_out + (j+ys) * xsize + i + xs) = d;
        }
    }
}
```

List 10.4　平移(双线性内插法)

```
# include "StdAfx. h"
# include "BaseList. h"
```

```
/ * --- Shift --- 平移(双线性内插法)-------------------------------------------
        image_in：输入图像数据指针
        image_out:输出图像数据指针
        xsize：     图像宽度
        ysize：     图像高度
        px：        横向移动量
        py：        纵向移动量
------------------------------------------------------------------------ * /
void Shift(BYTE * image_in, BYTE * image_out, int xsize, int ysize, float px,
float py)
{
    int i, j, m, n;
    float x, y, p, q;
    int xs = xsize/2;
    int ys = ysize/2;
    int d;

    for (j =−ys; j < ys; j++) {
        for (i =−xs; i < xs; i++) {
            y = j−py;
            x = i−px;
            if (y > 0) m = (int)y;
            else m = (int)(y−1);
            if (x > 0) n = (int)x;
            else n = (int)(x−1);
            q = y−m;
            p = x−n;
    if ( (m >=−ys) && (m < ys) && (n >=−xs) && (n < xs) )
        d = (int)((1.0−q) * ((1.0−p) * ( * (image_in + (m +ys) * xsize + n +xs))
                    +p * ( * (image_in+(m +ys) * xsize + n+1+xs)))
                + q * ((1.0-p) * ( * (image_in + (m+1+ys) * xsize + n +xs))
                    + p * ( * (image_in + (m+1+ys) * xsize +
                        n+1+xs)))));
        else
            d = 0;
```

```
    if (d < 0) d = 0;
    if (d > 255) d = 255;
    * (image_out + (j+ys) * xsize + i+xs) = d;
    }
  }
}
```

List 10.5　旋转(双线性内插法)

```
# include "StdAfx. h"
# include "BaseList. h"
# include<math. h>
```

```
/ * ---Rotation ---旋转(双线性内插法)----------------------------------------
      image_in：输入图像数据指针
      image_out:输出图像数据指针
      xsize：    图像宽度
      ysize：    图像高度
      deg：      回转角
----------------------------------------------------------------------- * /
void Rotation(BYTE * image_in, BYTE * image_out, int xsize, int ysize, float deg)
{
    int i, j, m, n;
    float x, y, p, q;
    double r;
    float c,s;
    int xs = xsize/2;
    int ys = ysize/2;
    int d;

    r=deg * PI/180. 0;
    c=(float)cos(r);
    s=(float)sin(r);
    for(j =−ys; j < ys; j++) {
        for (i =−xs; i < xs; i++) {
            y = i * s + j * c;
            x = i * c−j * s;
```

```
            if (y > 0) m = (int)y;
            else m = (int)(y−1);
            if (x > 0) n = (int)x;
            else n = (int)(x−1);
            q = y−m;
            p = x−n;
            if ( (m >=−ys) && (m < ys) && (n >=−xs) && (n < xs) )
                d = (int)((1.0−q)*((1.0−p)*(*(image_in + (m +ys)*xsize + n +xs))
                        + p*(*(image_in + (m +ys)*xsize+ n+1+xs)))
                    + q*((1.0-p)*(*(image_in + (m+1+ys)*xsize + n +xs))
                        +p*(*(image_in+(m+1+ys)*xsize+n+1+xs))));
            else
                d = 0;
            if (d < 0) d = 0;
            if (d > 255) d = 255;
            *(image_out + (j+ys)*xsize + i+xs) = d;
        }
    }
}
```

List 10.6   放大缩小、旋转、平移(双线性内插法)

```
# include "StdAfx. h"
# include "BaseList. h"
# include<math. h>


/ * --- Affine --- 仿射变换(移动、旋转、放大缩小)-----------------------------
        image_in：      输入图像数据指针
        image_out：     输出图像数据指针
        deg：           旋转角
        zx：            横向比例
        zy：            纵向比例
        px：            横向移动量
        py：            纵向移动量
-------------------------------------------------------------- * /

void Affine(BYTE * image_in, BYTE * image_out, int xsize, int ysize, float deg,
        float zx, float zy, float px, float py)
```

```
{
    int i, j, m, n;
    float x, y, u, v, p, q;
    double r;
    float c, s;
    int xs = xsize/2;
    int ys = ysize/2;
    int d;

    r=deg * PI/180.0;
    c=(float)cos(r);
    s=(float)sin(r);
    for(j=-ys;j<ys;j++) {
        for (i=-xs; i < xs; i++) {
            v = j-py;
            u = i-px;
            y = (u * s + v * c) / zy;
            x = (u * c-v * s) / zx;
            if (y > 0) m = (int)y;
            else m = (int)(y-1);
            if (x > 0) n = (int)x;
            else n = (int)(x-1);
            q = y-m;
            p = x-n;
            if ( (m >=-ys) && (m < ys) && (n >=-xs) && (n < xs) )
                d = (int)((1.0-q) * ((1.0-p) * ( * (image_in + (m+ys) *
                    xsize + n+xs))
                    + p * ( * (image_in + (m+ys) * xsize + n+1+xs)))
                        + q * ((1.0-p) * ( * (image_in + (m+1+ys) * xsize + n+xs))
                            +p * ( * (image_in+(m+1+ys) * xsize+n+1+xs))));
            else
                d = 0;
            if (d <0) d =0;
            if (d > 255) d = 255;
            * (image_out + (j+ys) * xsize + i+xs) = d;
        }
```

```
    }
}
```

List 10. 7　透视变换(双线性内插法)

```
# include "StdAfx. h"
# include "BaseList. h"
# include<math. h>


void param_pers(int xsize, int ysize, float k[9], float a, float b, float x0,
    float y0, float z0, float z, float x, float y, float t, float s);
void matrix(double l[4][4], double m[4][4], double n[4][4]);
```

```
/ * --- Perspective --- 透视变换(双线性内插法)----------------------------
        image_in：        输入图像数据指针
        image_out：       输出图像数据指针
        xsize：           图像宽度
        ysize：           图像高度
        ax：              放大率(横向)
        ay：              放大率(纵向)
        px：              移动量(x)
        py：              移动量(y)
        pz：              移动量(z)
        rz：              回转角(z轴)
        rx：              回转角(x轴)
        ry：              回转角(y轴)
        v：               视点位置(z)
        s：               屏幕位置(z)
    ----------------------------------------------------------------------- * /
void Perspective(BYTE * image_in, BYTE * image_out, int xsize, int ysize, float
ax, float ay,
    float px, float py, float pz, float rz,
    float rx, float ry, float v, float s)
{
    int i, j, m, n;
    float x, y, w, p, q;
    float k[9];
```

```
int xs = xsize/2;
int ys = ysize/2;
int d;

param_pers(xsize, ysize, k, ax, ay, px, py, pz, rz, rx, ry, v, s);  //计算变换参数
for (i = −ys; i < ys; i++) {
    for (j = −xs; j < xs; j++) {
        w = k[0] * j + k[1] * i + k[2];
        x = k[3] * j + k[4] * i + k[5];
        y = k[6] * j + k[7] * i + k[8];
        x = x/w;
        y = y/w;
        if (y > 0) m = (int)y;
        else m = (int)(y−1);
        if (x > 0) n = (int)x;
        else n = (int)(x−1);
        q = y−m;
        p = x−n;
        if ( (m >=−ys) && (m < ys) && (n >=−xs) && (n < xs) )
            d = (int)((1.0−q) * ((1.0−p) * ( * (image_in + (m +ys) * xsize +
                n + xs))
                + p * ( * (image_in + (m +ys) * xsize + n+1+xs)))
                + q * ((1.0-p) * ( * (image_in + (m+1+ys) * xsize + n +xs))
                + p * ( * (image_in + (m+1+ys) * xsize + n+1+xs)))));
        else
            d = 0;
        if (d < 0) d = 0;
        if (d > 255) d = 255;
        * (image_out + (i+ys) * xsize + j+xs) = d;
    }
  }
}


/ * --- param_pers --- 计算透视变换的参数 ------------------------------
    xsize：      图像宽度
    ysize：      图像高度
```

k：　　　　　变换参数

a：　　　　　放大率（x 方向）

b：　　　　　放大率（y 方向）

x0：　　　　移动量（x 方向）

y0：　　　　移动量（y 方向）

z0：　　　　移动量（z 方向）

z：　　　　　回转角（z 方向 度）

x：　　　　　回转角（x 方向 度）

y：　　　　　回转角（y 方向 度）

v：　　　　　视点位置（z）

s：　　　　　屏幕位置（z）

```
----------------------------------------------------------------- * /
void param_pers(int xsize, int ysize, float k[9], float a, float b, float x0,
    float y0, float z0, float z, float x, float y, float t, float s)
{
    double l[4][4],m[4][4],n[4][4];
    float k1,k2,k3,k4,k5,k6,k7,k8,k9;
    double u,v,w;
    int xs = xsize/2;
    int ys = ysize/2;

    u＝x * PI/180.0;      v＝y * PI/180.0;      w＝z * PI/180.0;
    l[0][0]= 1.0/xs;     l[0][1]= 0;          l[0][2]= 0;          l[0][3]= 0;
    l[1][0]= 0;          l[1][1]= −1.0/xs;    l[1][2]= 0;          l[1][3]= 0;
    l[2][0]= 0;          l[2][1]= 0;          l[2][2]= 1;          l[2][3]= 0;
    l[3][0]= 0;          l[3][1]= 0;          l[3][2]= 0;          l[3][3]= 1;
    m[0][0]= a;          m[0][1]= 0;          m[0][2]= 0;          m[0][3]= 0;
    m[1][0]= 0;          m[1][1]= b;          m[1][2]= 0;          m[1][3]= 0;
    m[2][0]= 0;          m[2][1]= 0;          m[2][2]= 1;          m[2][3]= 0;
    m[3][0]= 0;          m[3][1]= 0;          m[3][2]= 0;          m[3][3]= 1;
    matrix(l,m,n);   //正则化矩阵 乘 放大缩小矩阵
    l[0][0]= 1;          l[0][1]= 0;          l[0][2]= 0;          l[0][3]= 0;
    l[1][0]= 0;          l[1][1]= 1;          l[1][2]= 0;          l[1][3]= 0;
    l[2][0]= 0;          l[2][1]= 0;          l[2][2]= 1;          l[2][3]= 0;
    l[3][0]= x0;         l[3][1]= y0;         l[3][2]= z0;         l[3][3]= 1;
```

matrix(n,l,m); //乘 移动矩阵

n[0][0]= cos(w);   n[0][1]= sin(w);   n[0][2]= 0;   n[0][3]= 0;

n[1][0]= −sin(w); n[1][1]= cos(w);   n[1][2]= 0;   n[1][3]= 0;

n[2][0]=0;   n[2][1]= 0;   n[2][2]= 1;   n[2][3]= 0;

n[3][0]= 0;   n[3][1]= 0;   n[3][2]= 0;   n[3][3]= 1;

matrix(m,n,l); // 乘 z 轴旋转矩阵

m[0][0]= 1;   m[0][1]= 0;   m[0][2]= 0;   m[0][3]= 0;

m[1][0]= 0;   m[1][1]= cos(u);   m[1][2]= sin(u); m[1][3]= 0;

m[2][0]= 0;   m[2][1]= −sin(u); m[2][2]= cos(u); m[2][3]= 0;

m[3][0]= 0;   m[3][1]= 0;   m[3][2]= 0;   m[3][3]= 1;

matrix(l,m,n); // 乘 x 轴旋转矩阵

l[0][0]= cos(v);   l[0][1]= 0;   l[0][2]= sin(v); l[0][3]= 0;

l[1][0]= 0;   l[1][1]= 1;   l[1][2]= 0;   l[1][3]= 0;

l[2][0]= −sin(v); l[2][1]= 0;   l[2][2]= cos(v); l[2][3]= 0;

l[3][0]= 0;   l[3][1]= 0;   l[3][2]= 0;   l[3][3]= 1;

matrix(n,l,m); //乘 y 轴旋转矩阵

n[0][0]= 1;   n[0][1]= 0;   n[0][2]= 0;   n[0][3]= 0;

n[1][0]= 0;   n[1][1]= 1;   n[1][2]= 0;   n[1][3]= 0;

n[2][0]= 0;   n[2][1]= 0;   n[2][2]= −1;   n[2][3]= 0;

n[3][0]= 0;   n[3][1]= 0;   n[3][2]= t;   n[3][3]= 1;

matrix(m,n,l); // 乘 视点坐标变换矩阵

m[0][0]= 1   m[0][1]= 0;   m[0][2]= 0;   m[0][3]= 0;

m[1][0]= 0;   m[1][1]= 1;   m[1][2]= 0;   m[1][3]= 0;

m[2][0]= 0;   m[2][1]= 0;   m[2][2]= 1/s;   m[2][3]= 1/s;

m[3][0]= 0;   m[3][1]= 0;   m[3][2]= −1;   m[3][3]= 0;

matrix(l,m,n); // 乘 透视变换矩阵

l[0][0]= xs;   l[0][1]= 0;   l[0][2]= 0;   l[0][3]= 0;

l[1][0]= 0;   l[1][1]= −xs;   l[1][2]= 0;   l[1][3]= 0;

l[2][0]= 0;   l[2][1]= 0;   l[2][2]= 1;   l[2][3]= 0;

l[3][0]= 0;   l[3][1]= 0;   l[3][2]= 0;   l[3][3]= 1;

matrix(n,l,m); // 乘 正则化逆矩阵

k1=(float)(m[0][3]);   k2=(float)(m[1][3]);   k3=(float)(m[3][3]);

k4=(float)(m[0][0]);   k5=(float)(m[1][0]);   k6=(float)(m[3][0]);

k7=(float)(m[0][1]);   k8=(float)(m[1][1]);   k9=(float)(m[3][1]);

k[0]=k7 * k2−k8 * k1; k[1]=k5 * k1−k4 * k2; k[2]=k4 * k8−k7 * k5;

k[3]=k8 * k3−k9 * k2; k[6]=k9 * k1−k7 * k3; k[4]=k6 * k2−k5 * k3;

k[7]＝k4 * k3－k6 * k1；k[5]＝k5 * k9－k8 * k6；k[8]＝k7 * k6－k4 * k9；

}

```
/ * --- matrix --- 矩阵计算 -------------------------------------------
    l:      输入矩阵 1
    m:      输入矩阵 2
    n:      输出矩阵
------------------------------------------------------------------ * /
void matrix(double l[4][4], double m[4][4], double n[4][4])
{
    int i,    j, k;
    double p;

    for (i = 0; i < 4; i++) {
        for (j = 0; j < 4; j++) {
            p = 0;
            for (k = 0; k < 4; k++) p = p + l[i][k] * m[k][j];
            n[i][j] = p;
        }
    }
}
```

第 11 章　哈夫变换

哈夫变换(Hough transformation)是实现边缘检测的一种有效方法,其基本思想是将图像空间的一点变换为参数空间的一条曲线或一个曲面,而具有同一参数特征的点变换后在参数空间中相交,通过判断交点处的积累程度来完成特征曲线的检测。基于参数性质的不同,哈夫变换可以检测直线、圆、椭圆、双曲线等。本章将主要介绍利用哈夫变换检测直线的方法以及哈夫变换在实际工程中的应用实例。

11.1　一般哈夫变换的直线检测

1962 年,保罗·哈夫提出了哈夫变换法,并申请了专利。该方法将图像空间中的检测问题转换到参数空间,通过在参数空间里进行简单的累加统计完成检测任务,并用大多数边界点满足的某种参数形式来描述图像的区域边界曲线。这种方法对于被噪声干扰或间断区域边界的图像具有良好的容错性。哈夫变换最初主要应用于检测图像空间中的直线,最早的直线变换是在两个笛卡儿坐标系之间进行的,这给检测斜率无穷大的直线带来了困难。1972 年,杜达(Duda)将变换形式进行了转化,将数据空间中的点变换为 ρ-θ 参数空间中的曲线,改善了其检测直线的性能。该方法被不断地研究和发展,在图像分析、计算机视觉、模式识别等领域得到了非常广泛的应用,已经成为模式识别的一种重要工具。

直线的方程可以用式(11.1)来表示:

$$y = kx + b \tag{11.1}$$

其中 k 和 b 分别为直线的斜率和截距。过 x-y 平面上的某一点 (x_0, y_0) 的所有直线的参数都满足方程 $y_0 = kx_0 + b$,即过 x-y 平面上点 (x_0, y_0) 的一族直线在参数 k-b 平面上对应于一条直线。

由于式(11.1)形式的直线方程无法表示 $x = c$(c 为常数)形式的直线(这时候直线的斜率为无穷大),所以在实际应用中,一般采用式(11.2)的极坐标参数方程的形式:

$$\rho = x \cos \theta + y \sin \theta \tag{11.2}$$

式中:ρ 为原点到直线的垂直距离,θ 为 ρ 与 x 轴的夹角,如图 11-1 所示。

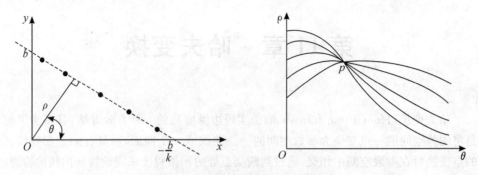

图 11-1　哈夫变换对偶关系示意图

根据式(11.2),直线上不同的点在参数空间中被变换为一族相交于 p 点的正弦曲线,因此可以通过检测参数空间中的局部最大值点 p,来实现 x-y 坐标系中直线的检测。

一般哈夫变换的步骤如下:

(1)将参数空间化成 $m \times n$(m 为 θ 的等分数,n 为 ρ 的等分数)个单元,并设置累加器矩阵 $Q[m \times n]$;

(2)给参数空间中的每个单元分配一个累加器 $Q(\theta_i, \rho_j)$($0 < i < m-1, 0 < j < n-1$),并把累加器的初始值置为零;

(3)将直角坐标系中的各点 (x_k, y_k)($k = 1, 2, \cdots, s, s$ 为直角坐标系中的点数)代入式(11.2),然后将 θ_0 至 θ_{m-1} 也都代入其中,分别计算出相应的值 ρ_j;

(4)在参数空间中,找到每一个 (θ_i, ρ_j) 所对应的单元,并将该单元的累加器加 1,即 $Q(\theta_i, \rho_j) = Q(\theta_i, \rho_j) + 1$,对该单元进行一次投票;

(5)待 x-y 坐标系中的所有点都进行运算之后,检查参数空间的累加器,必有一个出现最大值,这个累加器对应单元的参数值作为所求直线的参数输出。

由以上步骤可看出,哈夫变换的具体实现是利用表决方法,即曲线上的每一点可以表决若干参数组合,赢得多数表决的参数就是胜者。累加器阵列的峰值就是表征一条直线的参数。哈夫变换的这种基本策略还可以推广到平面曲线的检测。

图 11-2 表示了一个二值图像经过一般哈夫变换的直线检测结果。图像大小为 512 像素×480 像素,运算时间为 652 ms(CPU 速度为 1 GHz)。程序见 List 11.1。

哈夫变换是一种全局性的检测方法,具有极佳的抗干扰能力,可以很好地抑制数据点集中存在的干扰,同时还可以将数据点集拟合成多条直线。但是,哈夫变换的精度不容易控制,因此,不适合用于对拟合直线的精度要求较高的实际问题。同时,它所要求的巨大计算量使它的处理速度很慢,从而限制了它在实时性要求很高的领域的应用。

图 11-2　二值图像经过一般哈夫变换处理的结果

11.2　过已知点哈夫变换的直线检测

以上介绍的哈夫变换直线检测方法是一种穷尽式搜索,计算量和空间复杂度都很高,很难在实时性要求较高的领域内应用。为了解决这一问题,多年来许多学者致力于哈夫变换算法的高速化研究。例如将随机过程、模糊理论等与哈夫变换相结合,或者将分层迭代、级联的思想引入到哈夫变换过程中,大大提高了哈夫变换的效率。陈兵旗等在进行水田苗列检测时提出了过已知点的改进哈夫变换[1]。本节以过已知点的改进哈夫变换为例,介绍一种直线的快速检测方法。

过已知点的改进哈夫变换方法,是在哈夫变换基本原理的基础上,将逐点向整个参数空间的投票转化为仅向一个"已知点"参数空间投票的快速直线检测方法。其基本思想是:首先找到属于直线上的一个点 p_0,将这个已知点的坐标定义为 (x_0, y_0),将通过 p_0 的直线斜率定义为 m,则坐标和斜率的关系可表示为

$$(y - y_0) = m(x - x_0) \tag{11.3}$$

定义区域内目标像素 p_i 的坐标为 (x_i, y_i)($0 \leqslant i \leqslant n, n$ 为区域内目标像素总数),则点 p_i 与点 p_0 之间连线的斜率 m_i 可表示为

$$m_i = (y_i - y_0)/(x_i - x_0) \tag{11.4}$$

将斜率值映射到一组累加器上,每求得一个斜率,将使其对应的累加器的值加 1,

因为同一条直线上的点求得的斜率一致，所以当目标区域中有直线成分时，其对应的累加器出现局部最大值，将该值所对应的斜率作为所求直线的斜率。

当 $x_i = x_0$ 时，m_i 为无穷大，这时式(11.4)不成立。为了避免这一现象，当 $x_i = x_0$ 时，令 $m_i = 2$，当 $m_i > 1$ 或 $m_i < -1$ 时，采用式(11.5)的计算值替代 m_i，这样无限域的 m_i 被限定在了 $(-1,3)$ 的有限范围内。在实际操作时设定斜率区间为 $[-2,4]$。

$$m'_i = 1/m_i + 2 \tag{11.5}$$

过已知点哈夫变换的具体步骤如下：

(1)将设定的斜率区间等分为 10 个子区间，即每个子区间的宽度为设定斜率区间宽度的 1/10；

(2)为每个子区间设置一个累加器 $n_j (1 \leqslant j \leqslant 10)$；

(3)初始化每个累加器的值为 0，即 $n_j = 0$；

(4)从上到下、从左到右逐点扫描图像，遇到目标像素时，由式(11.4)及式(11.5)计算其与已知点 p_0 之间的斜率 m，m 值属于哪个子区间就将哪个子区间累加器的值加 1；

(5)当扫描完全部处理区域之后，将累加器的值为最大的子区间及其相邻的两个子区间(共 3 个子区间)作为下一次投标的斜率区间，重复上述(1)至(4)步，直到斜率区间的宽度小于设定斜率检测精度为止，例如 $m = 0.05$，这时将累加器的值最大的子区间的中间值经过式(11.5)设定条件的逆变换后作为所求直线的斜率值。

过已知点哈夫变换的直线检测过程如图 11-3 所示。

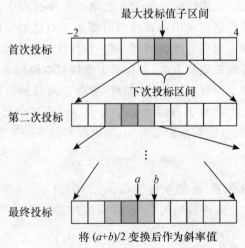

图 11-3　过已知点进行哈夫变换直线检测的过程

　　图 11-4 为过已知点哈夫变换的直线检测结果,图中检出直线上的"＋"表示已知点的位置,处理时间为 35 ms。也就是说对于该图,在同等条件下,过已知点哈夫变换的处理速度比一般哈夫变换快将近 20 倍。程序见 List 11.2。

图 11-4　过已知点哈夫变换的直线检测结果

　　利用过已知点哈夫变换直线检测方法的关键问题是如何正确地选择已知点。在实际操作中,一般选择容易获取的特征点为已知点,例如某个区域内的像素分布中心等。

　　在实际应用中,往往通过对检测对象特征的分析,获取少量的目标像素点,通过减少处理对象来提高哈夫变换的处理速度。检测对象的特征一般采用亮度或者颜色特征。例如,在检测公路车道线时,可以通过分析车道线的亮度或者某个颜色分量,首先找出车道线在每条横向扫描线上的分布中心点,然后仅对这些中心点进行哈夫变换,可以极大地提高处理速度。进行特征点的提取时,某些特征点可能会出现误差,但是由于哈夫变换的统计学特性,部分误差不会影响最终的检测结果。

11.3　哈夫变换的曲线检测

　　哈夫变换不仅能检测直线,还能够检测曲线,如弧线、椭圆线、抛物线等。但是,随着曲线复杂程度的增加,描述曲线的参数也增多,即哈夫变换时参数空间的维数也增加。由于哈夫变换的实质是将图像空间的具有一定关系的像素进行聚类,寻找能把这些像素用某一解析式联系起来的参数空间的积累对应点,在参数空间不超过二维时,这种变换有着理想的效果,然而,当超过二维时,这种变换在时间上的消耗和所需存储空间的急剧增大,使得其仅仅在理论上是可行的,而在实际应用中几乎不可能实现。这时往往要求从具体的应用情况中寻找特点,如利用一些被检测图像的先验知识来设法降低参数空间的维数,以压缩变换过程的时间。

11.4 应用研究实例

在前面各章的应用实例里,分别介绍了插秧机器人导航路线图像检测的目标提取(二值化处理)和去噪处理(目标像素提取),这些都是导航路线检测的前处理,在这些前处理的基础上,利用本章的过已知点哈夫变换,就可以检测出导航路线。过已知点哈夫变换的关键是需要目标对象在处理区域中为最长线和已知点的确定。

对于苗列线的检测,在图像中心 1/3 区域设定处理窗口后,保证了目标苗列为图像中最长的苗列,如图 5-13 所示。另一个关键问题就是已知点的选定。如图 11-5 所示,在处理窗口内设定一条基准线,然后检测基准线周围白色像素区域的中心。首先,以每个白像素区域的中心分别为已知点,进行一次哈夫变换;然后,找到其中投票数最多的区域及其已知点;最后,再以该已知点和区域为对象进行反复投票,直到斜率精度达到 0.05 为止。图 11-6 是利用上述方法对图 5-13 的二值图像检测出的目标苗列线,为了方便观测,将检测出的目标线表示在了原图像上。

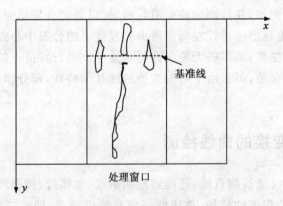

图 11-5　已知点的确定

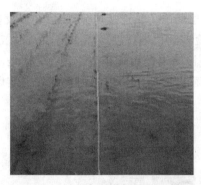

图 11-6 目标苗列线的检测结果

对于目标像素提取后的土质目标田埂（图 5-15）和侧面田埂（图 5-16），采用与苗列线检测相同的方法获得已知点，然后对目标像素进行过已知点哈夫变换，即可检出田埂线。图 11-7 是图 5-15 的检测结果（表示在图 4-15 的原始图像上），图 11-8 是图 5-16 的检测结果。

图 11-7 土质目标田埂线的检测结果

图 11-8 土质侧面田埂线的检测结果

对于水泥目标田埂和侧面田埂,由于检测出了长连接成分,将已知点设在最大连接成分的中心点即可。目标线的上端检测到田端田埂。图 11-9 是对图 7-15 水泥目标田埂线的检测结果,田端的横线是检测出的田端位置。图 11-10 是对图 7-16 的侧面水泥田埂线的检测结果。可以看出田埂上检出的白色细线与实际田埂线非常吻合。

图 11-9   水泥目标田埂线的检测结果

图 11-10   水泥侧面田埂线的检测结果

对于田端田埂,对图 7-17 的阴影像素和图 7-18 的田端像素,分别实施过已知点哈夫变换,将阴影线和田端线同时检测出来。对于土质田埂,已知点设置在白像素的分布中心位置;对于检测出长连接成分的水泥田埂和阴影,已知点设置在最大连接成分的中心位置。图 11-11 是利用上述方法对图 7-17 和图 7-18 实施过已知点哈夫变换的检测结果,可以看出检测出的田埂线和阴影线都与实际位置非常吻合。

(a) 土质，晴天　　　　　　(b) 土质，阴天

(c) 水泥，晴天　　　　　　(d) 水泥，阴天

图 11-11　田端田埂线及阴影线的检测结果

应用研究文献

[1] 陳兵旗,渡辺兼五,東城清秀.田植ロボットの視覚部に関する研究(第 2 報)[J].日本農業機械学会誌,1997,59(3):23-28.

附录:源程序列表

List 11.1　一般哈夫变换的直线检测

```
# include "StdAfx. h"
# include "BaseList. h"
```

```
#include <math.h>
/* --------Hough_general----一般 Hough 变换--------
    image_in：输入图像指针
    image_out:输出图像指针
    xsize：    图像宽度
    ysize：    图像高度
---------------------------------------------- */
void Hough_general(BYTE * image_in, BYTE * image_out, int xsize, int ysize)
{
    int i,j;
    int r, r_max, angle;
    double angle2;
    int * num;
    double cosa, sina,re_angle;
    int re_maxnow, re_r;

    //复制图像
    for (j = 0; j < ysize; j++) {
        for (i = 0; i < xsize; i++){
            * (image_out + j * xsize + i) = * (image_in + j * xsize + i);
        }
    }

    //设定最大半径
    r_max = xsize + ysize;

    // 建立数组
    int maxNum = r_max * ANGLE_MAX;
    num = new int[maxNum];

    for(r = 0; r < maxNum; r++ )
        num[r] = 0;

    // 计算斜率并投票
    for( j = 0; j < ysize; j++)
    {
```

```
        for( i = 0; i < xsize; i++)
        {
            if( * (image_in + j * xsize + i) == HIGH)
            {
                for(angle = 0; angle < ANGLE_MAX ;angle++)
                {
                    angle2 = (double)angle * PI/180.0;
                    r=(int)fabs((double)i * cos(angle2)+(double)j * sin(angle2));

                    * (num+angle * r_max+r)= * (num+angle * r_max+r)+1;
                }
            }
        }
}


re_maxnow = 0;
re_angle = 0.0;
re_r = 0;


//获取最大值
for(r=0; r < r_max;r ++)
{
    for(angle=0; angle < ANGLE_MAX ; angle++)
    {
        if( * (num + angle * r_max + r) > re_maxnow )
        {
            re_maxnow = * (num + angle * r_max + r);
            re_angle = (double)angle;
            re_r = r;
        }
    }
}


// 计算并描画直线点
cosa = cos(re_angle * PI/180.0);
sina = sin(re_angle * PI/180.0);
```

```
        for( j = 0; j < ysize; j++)
        {
            for(i = 0; i < xsize; i++)
            {
                r = (int)fabs((double)i * cosa + (double)j * sina);
                if(r == re_r )
                {
                    * (image_out + j * xsize + i) = 128;


                }
            }
        }
        delete [] num;
}
```

List 11. 2   过已知点哈夫变换的直线检测

```
# include "StdAfx. h"
# include "BaseList. h"
# include <math. h>


/ * ----Hough_based_point---过已知点 Hough 变换---------
        image_in：      输入图像指针
        image_out：     输出图像指针
        xsize：         输入图像宽度
        ysize：         输入图像高度
        px：            输入已知点 x 坐标
        py：            输入已知点 y 坐标
---------------------------------------------- * /
__ inline static float point_to_point( int x, int y, int xx, int yy);
__ inline static float make_slope(int posi_x,int posi_y,int s_i,int s_j);


void Hough_based_point(BYTE * image_in, BYTE * image_out, int xsize, int ysize, int px, int py)
{
        int        i,j;
        int        n,k,m,e;
```

```
int        table_buf[TABLE_NUM] ;
int        table_num;
int        peak_section_buf;
int        peak_section;
float      table_left;
float      section_left[TABLE_NUM+1] ;
float      table_width;
float      sec_num_n;
float      * slope_buf;
float      slope;
int        bufsize;


//复制图像
for (j = 0; j < ysize; j++) {
    for (i = 0; i < xsize; i++){
        * (image_out + j * xsize + i) = * (image_in + j * xsize + i);
    }
}


bufsize = xsize * ysize;
slope_buf = new float[bufsize];//整个区域内的点数总和


table_num = TABLE_NUM;
table_left = (float)TABLE_LEFT;
table_width = (float)TABLE_WIDTH;
peak_section_buf = 0;
peak_section = 1;


//计算斜率
m=0;
for(j = 0; j < ysize; j++)
{
    for(i = 0; i < xsize; i++)
    {
        if( * (image_in + j * xsize + i) == HIGH)
        {
```

```
                            slope_buf[m] = make_slope(px, py, i, j);
                            m++;
                        }
                }
        }

int sec1, sec2;
for(n = 0; n < MAXTIME; n++)
{
    sec_num_n = (float)1;
    peak_section_buf = 0;

    //给 10 个累加器各缓存器赋初值 0
    for(k = 0; k < table_num;k++) table_buf[k] = 0;
    for(i = 0; i < n;i++)sec_num_n = sec_num_n * ((float)3/(float)table_num);

    table_left = (float)(table_left+(table_width/(float)table_num) * (peak_
        section-1));
    table_width = (float)TABLE_WIDTH * sec_num_n;

    //求各个区域的左端点值
    for(k = 0; k < table_num+1; k++)
    {
        section_left[k] = table_left
            +(table_width/(float)table_num) * k;
    }

    //判断基于已知点所求的斜率 slope_buf[i]所在的范围,进行映射
    for(i = 0; i < m; i++)
    {
        for(k = 0; k < table_num; k++)
        {
            if(k == table_num-1)
            {
                if(section_left[k] <= slope_buf[i] && slope_buf[i] <= section_
                    left[k+1])
```

```
                {
                    table_buf[k]++;
                        break;
                }
            }
            else if(section_left[k] <= slope_buf[i] &&
                slope_buf[i] < section_left[k+1])
            {
                table_buf[k]++;
                break;
            }
        }
    }
}

//找出 10 个累加器中最大值,标记出映射后最大值所在区域
for(k = 0;k < table_num;k++)
{
    if(table_buf[k] > peak_section_buf)
    {
        peak_section_buf = table_buf[k];
        peak_section = k;
    }
}

//幅值小于设定精度时退出
if((table_width/(float)table_num) <= THRESHOLD_HT)
    break;

if(peak_section == 0)        peak_section = peak_section+1;
if(peak_section == table_num-1)              peak_section = peak_section-1;

e=0;
sec1 = peak_section-1;
if(sec1 < 0) sec1 = 0;
sec2 = peak_section+2;
if(sec2 >= TABLE_NUM) sec2 = TABLE_NUM;
```

```
//将累加器最大值左右三个子区域作为下次映射区域
for(i = 0;i < m;i++)
{
        if(section_left[sec1] <= slope_buf[i] && slope_buf[i] <= section_left[sec2])
        {
                slope_buf[e] = slope_buf[i];
                e++;
        }
    }
    m = e;
}


//确定直线斜率
slope = (float)(table_left + (table_width/(float)table_num) * peak_section);

if(slope > (float)1)
{
  if(slope-(float)2 == (float)0) slope = (float)9999;
  else                                    slope = (float)1/(slope-(float)2);
}

//画直线
  int x;
  for(j = ysize-1; j >= 0; j--)
  {
    for(i = 0; i < xsize; i++)
    {
        x = (int)((float)(j - py)/slope+(float)px);

        if(i==x)
            *(image_out + j * xsize + i) = 128;
    }
  }

  delete [] slope_buf;
}
```

```
__ inline static float make_slope(int posi_x,int posi_y,int s_i,int s_j)
{
    float          slope;

    slope=point_to_point(s_i,s_j,posi_x,posi_y);
    if(slope==(float)9999) slope=(float)2;
    else if(slope<(float)-1 || (float)1<slope){
        slope=((float)1/slope+(float)2);
    }
    return(slope);
}


__ inline static float point_to_point( int x, int y, int xx, int yy)
{
    float r_slope;

    if(xx! =x)
        r_slope=(float)(yy-y)/(float)(xx-x);
    else
    r_slope=(float)9999;
    return(r_slope);
}
```

第 12 章　频率变换

12.1　频率的世界

　　本章的主题与到目前为止所介绍的图像处理方法和视点完全不同。前面介绍了许多图像处理方法，无论哪一种都是在视觉上容易理解的方法，因为这些方法利用了图像的视觉性质。然而，所谓的频率（frequency），听起来似乎想要使用与图像无关的概念来处理图像。

　　说起频率会联想到普通的声音的世界，因此，让我们把图像的频率用声音来类推说明。通过图 12-1 可清楚地看出图像的低频（low frequency）代表大致部分，即总体灰度的平滑区域；图像的高频（high frequency）代表细微部分，即边缘和噪声。那么，用频率来处理是为了达到什么目标呢？让我们还是用声音作比较来说明吧。声音的频率处理应该是我们平常经历过的，例如通过立体声音响设备所附带的音调控制器，把 TREBLE（高音）调低的话将发出很闷的声音，相反把 BASS（低音）调低的话将发出尖锐的声音。图像也是同样的，可以进行频率处理。图 12-2 为处理示例，去掉高频成分的话，细微部分就消失了，从而图像变得模糊不清。相反，如果去掉低频成分，大致部分就不见了，仅留下边缘。

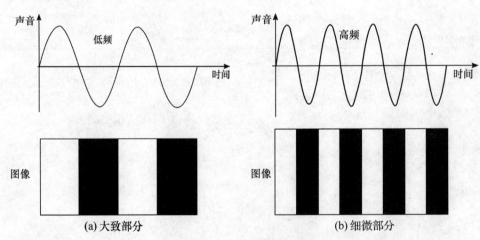

图 12-1　声音与图像的频率

(a) 原始图像

(b) 去掉高频

(c) 去掉低频

图 12-2　基于频率的处理示例

用频率来处理图像,首先需要把图像变换到频率的世界,即频率域(frequency domain)。这种变换是使用所谓的傅里叶变换(Fourier transform)的方法进行的,而傅里叶变换在数学上可是具有一册书左右内容的一门课,而且仅频率处理本身就可成为一个研究领域。本书的宗旨是浅显易懂地进行解说,尽量以简单的方式对这些复杂的内容进行说明。首先介绍把一维信号变换到频率域,接着说明像图像那样的二维信号的频率变换。

12.2　频率变换

频率变换的基础是任意波形能够表现为单纯的正弦波的和。例如,图 12-3 (a)所示的波形能够分解成图 12-3(b)～ (e)所示的 4 个具有不同频率的正弦波。

请看图 12-4,如果用虚线表示幅值为 1、通过原点的基本正弦波的话,实线波能够由幅值(magnitude 或 amplitude) A 与相位(phase)ϕ 确定,从而图 12-3 (b)～(e)的 4 个波形,可画成水平轴为

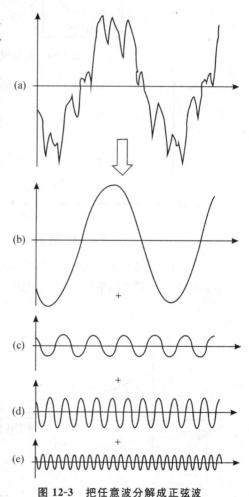

图 12-3　把任意波分解成正弦波

频率 f、垂直轴为幅值 A 的图形,以及水平轴为频率 f、垂直轴为相位 ϕ 的图形,如图 12-5 所示。这种反映频率与幅值、相位之间关系的图形称为傅里叶频谱(Fourier spectrum)。这样,便把图 12-3(a)的波形变换到图 12-5 的频率域中了。

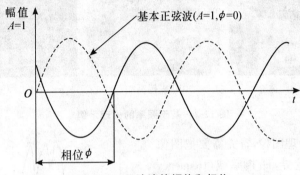

图 12-4 正弦波的幅值和相位

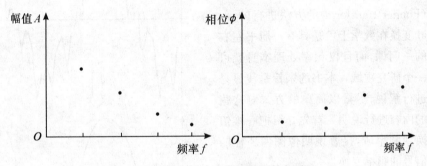

图 12-5 图 12-3(a)中所示波形的频谱图

在此,我们应该清楚,无论在空间域(spatial domain)中多么复杂的波形,都可以变换到频率域中,一般在频率域中也是连续的形式,如图 12-6 所示。

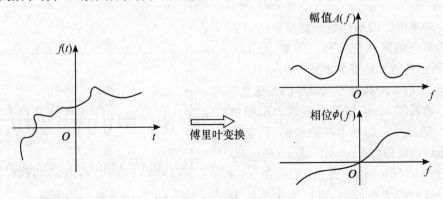

图 12-6 傅里叶变换

用公式表示为

$$f(t) \xrightleftharpoons[\text{傅里叶逆变换}]{\text{傅里叶变换}} A(f), \phi(f) \tag{12.1}$$

这种变换被称为傅里叶变换,它属于正交变换(orthogonal transformation)的一种。

一般在傅里叶变换中为了同时表示幅值 A 和相位 ϕ,可采用复数(complex number)形式。复数是由实部 a 和虚部 b 两部分的组合表示的数,即用如下公式表示:

$$a + jb \qquad \text{其中}(j = \sqrt{-1}) \tag{12.2}$$

采用这个公式就能够把幅值和相位这两个量用一个复数来处理了。从而,式(12.1)的傅里叶变换可以使用复函数 $F(f)$ 或者 $F(\omega)$ 表示为

$$f(t) \xrightleftharpoons[\text{傅里叶逆变换}]{\text{傅里叶变换}} F(f) \text{ 或者 } F(\omega) \tag{12.3}$$

从 $f(t)$ 导出 $F(f)$ 或者 $F(\omega)$ 的过程比较复杂,在此不作介绍,其结果如下:

$$\left. \begin{aligned} F(f) &= \int_{-\infty}^{\infty} f(t) e^{-j2\pi ft} \, dt & \text{傅里叶变换} \\ f(t) &= \int_{-\infty}^{\infty} F(f) e^{j2\pi fx} \, dx & \text{傅里叶逆变换} \\ F(\omega) &= \int_{-\infty}^{\infty} f(t) e^{-j\omega t} \, dt & \text{傅里叶变换} \\ f(t) &= \int_{-\infty}^{\infty} F(\omega) e^{j\omega t} \, dt & \text{傅里叶逆变换} \end{aligned} \right\} \tag{12.4}$$

或者

其中角频率 $\omega = 2\pi f$。这就是所有频率处理都要用到的非常重要的基础公式。但是在此我们并不深入探讨这个看上去难解的公式,本书的目的是用计算机来处理数字图像。计算机领域与数学领域的不同在于如下两点:一点是到目前为止所涉及的信号 $f(t)$ 为如图 12-7(a)所示的连续信号(模拟信号),而计算机领域所处理的信号是如图 12-7(b)所示的经采样后的数字信号;另一点是数学上考虑无穷大是通用的,可是计算机必须进行有限次的运算。考虑了上述限制的傅里叶变换被称为离散傅里叶变换(discrete Fourier transform,DFT)。

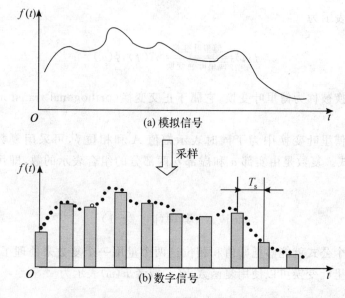

图 12-7 模拟信号与数字信号

12.3 离散傅里叶变换

离散傅里叶变换(DFT)可以通过把式(12.4)的傅里叶变换变为离散值来导出。现假定输入信号为 $x(0)$、$x(1)$、$x(2)$、$\cdots$、$x(N-1)$ 等共 N 个离散值,那么变换到频率域的结果(复数)如图 12-8 所示也是 N 个离散值 $X(0)$、$X(1)$、$X(2)$、$\cdots$、$X(N-1)$。其关系式为

$$
\left.
\begin{aligned}
\text{DFT} \qquad X(k) &= \frac{1}{\sqrt{N}} \sum_{n=0}^{N-1} x(n) W^{kn} \\
\text{IDFT} \qquad x(n) &= \frac{1}{\sqrt{N}} \sum_{k=0}^{N-1} X(k) W^{-kn}
\end{aligned}
\right\}
\qquad (12.5)
$$

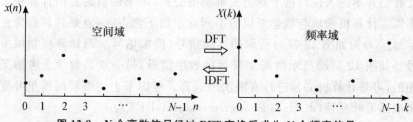

图 12-8 N 个离散信号经过 DFT 变换后成为 N 个频率信号

其中:$k=0, 1, 2, \cdots, N-1; n=0, 1, 2, \cdots, N-1; W=\mathrm{e}^{-\mathrm{j}\frac{2\pi}{N}}$;IDFT 为离散傅里叶逆变换(inverse discrete Fourier transform)。这就是 DFT 的基本运算公式。积分运算被求和运算所代替,W 为旋转算子。

在复数领域有欧拉公式,如图 12-9 和式(12.6)所示。

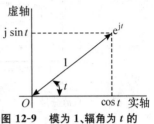

$$\mathrm{e}^{\mathrm{j}t} = \cos t + \mathrm{j} \sin t \qquad (12.6)$$

图 12-9　模为 1、辐角为 t 的复数坐标

旋转算子可以用欧拉公式置换如下:

$$W^{kn} = \mathrm{e}^{-\mathrm{j}\frac{2\pi}{N}kn} = \cos\left(\frac{2\pi}{N}kn\right) - \mathrm{j} \sin\left(\frac{2\pi}{N}kn\right) \qquad (12.7)$$

把式(12.7)代入式(12.5),就只有三角函数和求和运算,从而能够用计算机进行计算,但是其计算量相当大。因此人们提出了快速傅里叶变换(fast Fourier transform,FFT)的算法,当数据的个数是 2 的正整数次方时,可以节省相当大的计算量。

在此不对算法进行详细说明,只在 List 12.1 中列出进行 FFT 运算的程序。有了这个程序就能够往返于空间域和频率域了。在函数 FFT1 中将信号向频率域变换时在 a_rl[]中输入信号值,而在 a_im[]中都输入 0。信号归根结底都是实数,虚部是不存在的。由于结果是复数,实部 a_rl[]和虚部 a_im[]将分别被计算出来。如果想要了解幅值特性 A(amplitude characteristic)和相位特性 ϕ(phase characteristic)的话,可进行如下变换:

$$\left.\begin{array}{l} A = \sqrt{\mathrm{a\_rl}^2 + \mathrm{a\_im}^2} \\[2mm] \phi = \arctan\left(\dfrac{\mathrm{a\_im}}{\mathrm{a\_rl}}\right) \end{array}\right\} \qquad (12.8)$$

这样所得到的频率域的 N 个数列都是什么频率分量呢? 参见图 12-10,实际上,最左边为直流分量,最右边为采样频率分量。另外还有一个突出的特点就是以采样频率的 1/2 处的点为中心,幅值特性左右对称,相位特性中心对称。这说明了什么呢?

首先让我们了解一下采样频率(sampling frequency)和采样定理(sampling theorem)的概念。参见图 12-7,由某时间间隔 $T(\mathrm{s})$ 对模拟图像进行采样后得到数字图像,这时称 $1/T(\mathrm{Hz})$ 为采样频率。根据采样定理,数字信号最多只能表示采样频率的 1/2 频率的模拟信号。例如,CD 采用 44.1 kHz 采样频率,理论上只能表示 $0 \sim 22.05$ kHz 的声音信号。因此,当采样频率为 f_s 时,模拟信号用数字信号置换的含义实质上就是只具有 $0 \sim f_s/2$ 之间的值。

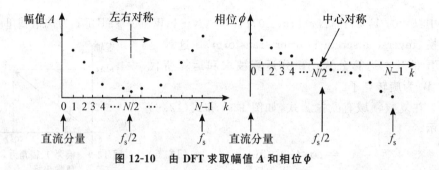

图 12-10　由 DFT 求取幅值 A 和相位 ϕ

12.4　图像的二维傅里叶变换

从这节开始才进入正题。到目前为止所介绍的所有信号都是一维信号,而由于图像是平面的,所以它是二维信号,具有水平和垂直两个方向上的频率。另外在图像的频谱中常常把频率平面的中心作为直流分量。在 List 12.1 中令 OPT=1 即为这种形式。

图 12-11 是当水平频率为 u、垂直频率为 v 时与实际图像对应的情形。另外,同样二维频谱的幅值特性是以 A 轴为中心的轴对称、相位特性是以原点为中心的点对称。

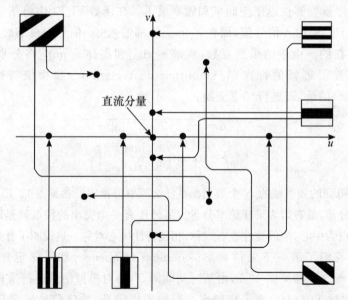

图 12-11　二维频率与图像的关系

那么,二维频率如何进行计算呢?比较简单的方法是分别进行水平方向的一维 FFT 和垂直方向的一维 FFT 即可实现。二维 FFT 的程序见 List 12.2。在

List 12.2 中按照图 12-12 所示的处理框图来实现二维 FFT。

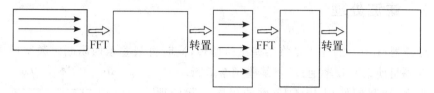

图 12-12　二维 FFT 的处理框图

那么，让我们使用 List 12.3 的程序对实际图像进行二维 FFT。在此把幅值特性作为灰度值来图像化，结果如图 12-13 所示。图 12-13(a)与图 12-13(b)比较可见，细节少的图像上低频较多，而细节多的图像上高频较多。

(a) 细节少的图像

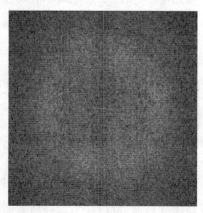

(b)细节多的图像

图 12-13　图像的 FFT 示例

12. 5　滤波处理

滤波器(filter)的作用是将某些东西通过,同时将某些东西阻断。频率域中的滤波器则是使某些频率通过,将某些频率阻断。

那么,让我们使用 List 12. 4 的程序实际处理一下。这个程序通过设定参数 a 和 b 的值,使 a 以上、b 以下的频率(斜线表示的频率)通过而其他的频率阻断来进行滤波处理,如图 12-14 所示。请看图 12-15,它是把图像经 DFT 处理得到频率成分的高频分量设置为 0,再进行 IDFT 处理变换回图像,程序列在 List 12.5 中。从处理结果可见,图像的高频分量(细节部分)确实消失了,从而变模糊了。而把低频分量设置为

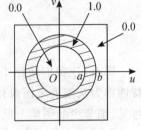

图 12-14　用于 List 12. 4 中的滤波器形状

0 的处理结果如图 12-16 所示,结果边缘被提取出来了,这是由于许多高频分量包含在边缘中。

原图像　　　　二维频谱　　　　高频置 0　　　　低频图像

图 12-15　去除图像的高频分量的处理

原图像　　　　二维频谱　　　　低频置 0　　　　高频图像

图 12-16　去除图像的低频分量的处理

这种滤波处理,可以认为是滤波器的频率和图像的频率相乘的处理,实际上变更这个滤波器的频率特性可以得到各种各样的处理。假定输入图像为 $f(i, j)$,则

图像的频率 $F(u, v)$ 变为

$$F(u,v)=D[f(i,j)] \tag{12.9}$$

其中 $D[\ ]$ 表示 DFT。

如果滤波器的频率特性表示为 $S(u, v)$,则处理图像 $g(i, j)$ 表示为

$$g(i,j)=D^{-1}[F(u,v) \cdot S(u,v)] \tag{12.10}$$

其中 $D^{-1}[\ ]$ 表示 IDFT。

在此,假定 $S(u,v)$ 经 IDFT 得到 $s(i, j)$,那么式(12.10)将变形为

$$
\begin{aligned}
g(i,j)&=D^{-1}[F(u,v) \cdot S(u,v)] \\
&=D^{-1}[F(u,v)] \otimes D^{-1}[S(u,v)] \\
&=f(i,j) \otimes s(i,j)
\end{aligned} \tag{12.11}
$$

符号 $\otimes$ 表示卷积运算(convolution),实际上到目前为止的图像处理中曾经出现过多次了。现在是否记得第 4 章的轮廓提取部分中出现的算子? 那些利用微分算子进行的微分运算就是卷积运算,例如拉普拉斯算子。从式(12.11)可以得到下面非常重要的性质:在图像上(空间域)的卷积运算与频率域的乘积运算是完全相同的操作。从这个结果可见,拉普拉斯算子实际上是让图像的高频分量通过的滤波处理,从而增强了高频成分。同样在第 5 章中所述的平滑化(移动平均法)是让低频分量通过的滤波处理。

12.6　应用研究实例

12.6.1　傅里叶变换在数字水印方案中的应用

数字技术的发展和数字信息的普及带来的一个重要的问题,就是数字产品的版权保护问题。通过网络传输,个人或组织有可能在没有得到作品所有者许可的情况下拷贝和传播有版权的内容。数字水印是一种新的信息隐藏技术,它的基本思想是在数字图像、音频和视频等产品中嵌入秘密的信息以保护数字产品的版权。图像数字水印技术大体上可分为空域数字水印和变换域数字水印技术两大类。空域数字水印技术中,原始图像和水印信息不经过任何变换,直接嵌入图像像素数据中。变换域数字水印技术是将图像和水印变换到变换域上实现水印的嵌入。

分数阶傅里叶变换(FRFT)是傅里叶变换的广义形式[1],等效于信号的旋转,信号的 FRFT 同时包含了信号在时域和频域的特征。当阶数接近于 1 时,FRFT 将主要反映信号的频域特征;当阶数接近于 0 时,则主要反映信号的时域特征。显

然,在分数阶傅里叶域嵌入数字水印,将比单纯的频域/时(空)域的水印算法具有更大的灵活性。原图像和水印信息可以进行不同阶次的分数傅里叶变换,从而增强水印的安全性,实现图像的版权保护。

图像信号的大部分能量都集中在视觉的重要分量上,水印嵌入到这部分后抗干扰性比较强,压缩或低通滤波后都会保留图像信号的主要成分。但是嵌入到最重要分量上容易导致图像失真,因此可以选择将水印信号嵌入到原图像视觉上的次重要分量上,这样既不使图像产生较大失真,又可获得较好的鲁棒性。当阶数接近于 1 时,FRFT 将主要反映信号的频域特征,因此原图像的变换阶数要选择使其接近频域的值。

图 12-17 采用一幅 32×32 的灰度图像作为水印信号[2],对水印信号可以进行与原图像不同阶次的分数傅里叶变换,并将其变换频谱降为一维,即长度为 1 024 的序列。将原图像的 FRFT 离散化计算(DFRFT)系数的幅值从大到小排序,跳过原图像 DFRFT 域一部分重要幅值的系数,把水印信号嵌入到次重要幅值所对应的图像位置上。图 12-17(c)为经过处理的水印图像。

(a)原始图像 (b)水印信号 (c)水印图像

图 12-17　傅里叶变换在水印处理中的应用

12.6.2　傅里叶变换提取图像纹理特征

图像的纹理呈现出一定的周期性,或者说它在图像空间中具有一定的发生频率,因此可以对图像进行频谱分析来提取纹理特征。傅里叶变换是把图像从空间域变换到频率域的常用方法,傅里叶功率谱数值的大小反映不同频率成分的强度。

傅里叶变换提取图像纹理特征在许多领域均有应用。以农作物病虫害计算机图像检测为例,农作物在缺乏某种营养元素(以下简称缺素)时,病症主要表现在作物的叶片上,所以可以利用计算机视觉技术对缺素病进行识别诊断。如何提取缺素症状的特征是识别的关键。由于缺素种类与叶面上缺素斑点的发生频率有关系,因此可以对图像进行频谱分析来提取缺素症状的纹理特征。由图像傅里叶变换传统算法得到的频谱分布不能够真正反映其频率特性,而根据傅里叶变换的共轭对称性提出的更具有一般性的长方环傅里叶周向谱能量百分比的算法[3]可以均匀地把图像功率谱分成 20 个等间距同心长方环,每一个长方环称为一个环频段。计算每一个环频段内功率谱能量占总能量的比值作为图像频率分布特征。实验证明,该算法能更好地反映具有一般性的不同频率图像的纹理特征。在对作物缺乏营养元素诊断识别研究中,该算法提取的特征有效性远远高于传统算法,使识别的准确率达到 82% 以上。使用不同的环频段,即可将不同缺素的叶片(例如缺氮叶片或缺磷叶片)与正常叶片区分出来。将缺氮叶片、缺磷叶片和正常叶片各取 6 个样本,图 12-18 为分别使用功率谱能量区分性较好的第 2 环频段和第 7~13 环频段的区分效果。图中横坐标为叶片的序号,纵坐标为该环频段内功率谱能量占总能量的比值。图 12-18(a)特征项可以把缺氮(叶片序号 7~12)和缺钾叶片(叶片序号 13~18)从正常叶片(叶片序号 1~6)中区分出来,图 12-18(b)特征项基本上可以把三种叶片同时区分开。

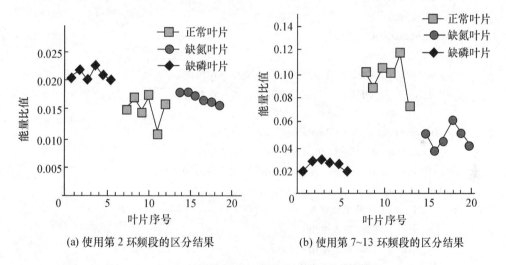

(a) 使用第 2 环频段的区分结果　　　　(b) 使用第 7~13 环频段的区分结果

图 12-18　使用不同特征值区分缺素叶片的效果

除上述内容外,频率域处理在图像复原(image restoration)(如何从劣化图像恢复原始图像)、图像传输(image transmission)(如何在有限的容量下可靠地传输大量的图像信息)等热门领域应用得也比较多。

应用研究文献

[1] Candan C,Kutay M A,Ozaktas H M. The discrete fractional Fourier trans-

form[J]. IEEE Trans on Signal Processing，2000，48(5)：1329—1337.

[2] 何泉，田瑞卿，王彦敏.分数傅里叶域图像数字水印方案[J].计算机工程与设计，2006，27(24)：4643—4641.

[3] 徐贵力，毛罕平.利用傅里叶变换提取图像纹理特征新方法[J].光电工程，2004，31(11)：55—58.

附录：源程序列表

List 12.1　一维 FFT

```
#include "StdAfx. h"
#include "BaseList. h"
#include<stdio. h>
#include<stdlib. h>
#include<math. h>

#define OPT1 // OPT = 1 光学 DFT(直流成分在中间)
             // OPT = 0 一般 DFT(直流成分在左端)

void fft1core(float a_rl[], float a_im[], int length,
    int ex, float sin_tbl[], float cos_tbl[], float buf[]);
void cstb(int length, int inv, float sin_tbl[], float cos_tbl[]);
void birv(float a[], int length, int ex, float b[]);
/ * --- FFT1 --- 1 次傅里叶变换 ------------------------------
    a_rl：    实部(输入输出)
    a_im：    虚部(输入输出)
    ex：      数据个数 = 2 的 ex 次方
    inv：     1：DFT  -1：逆 DFT
--------------------------------------------------------- * /
int FFT1(float a_rl[], float a_im[], int ex, int inv)
{
    int       i, length = 1;
    float     * sin_tbl;  //sin 数据配列
    float     * cos_tbl;  //cos 数据配列
    float   * buf;          //工作用数列
```

```
        for (i = 0; i < ex; i++) length *= 2;      //计算数据个数
        sin_tbl = (float *)malloc((size_t)length * sizeof(float));
        cos_tbl = (float *)malloc((size_t)length * sizeof(float));
        buf = (float *)malloc((size_t)length * sizeof(float));
        if ((sin_tbl == NULL) || (cos_tbl == NULL) || (buf == NULL)) {
            return -1;
        }
        cstb(length, inv, sin_tbl, cos_tbl);//计算 sin、cos 数据
        fft1core(a_rl, a_im, length, ex, sin_tbl, cos_tbl, buf);
        free(sin_tbl);
        free(cos_tbl);
        return 0;
}


/*--- fft1core --- 1 次傅里叶变换的主计算部分 --------------------------
        a_rl:        数据实数部分(输入输出)
        a_im:        数据虚数部分(输入输出)
        ex:          数据个数 = 2 的 ex 次方
        sin_tbl:     //sin 数据配列
        cos_tbl:     //cos 数据配列
------------------------------------------------------------------- */
void fft1core(float a_rl[], float a_im[], int length,
    int ex, float sin_tbl[], float cos_tbl[], float buf[])
{
    int      i, j, k, w, j1, j2;
    int      numb, lenb, timb;
    float    xr, xi, yr, yi, nrml;

    if (OPT == 1) {
        for (i = 1; i < length; i+=2) {
            a_rl[i] = -a_rl[i];
            a_im[i] = -a_im[i];
        }
    }
    numb = 1;
    lenb = length;
```

```
for (i = 0; i < ex; i++) {
    lenb /= 2;
    timb = 0;
    for (j = 0; j < numb; j++) {
        w = 0;
        for(k = 0; k < lenb; k++) {
            j1 = timb + k;
            j2 = j1 + lenb;
            xr = a_rl[j1];
            xi = a_im[j1];
            yr = a_rl[j2];
            yi = a_im[j2];
            a_rl[j1] = xr + yr;
            a_im[j1] = xi + yi;
            xr = xr - yr;
            xi = xi - yi;
            a_rl[j2] = xr * cos_tbl[w] - xi * sin_tbl[w];
            a_im[j2] = xr * sin_tbl[w] + xi * cos_tbl[w];
            w += numb;
        }
        timb += (2 * lenb);
    }
    numb *= 2;
}
birv(a_rl, length, ex, buf);        //实数数据的排列
birv(a_im, length, ex, buf);        //虚数数据的排列
if (OPT == 1) {
    for (i = 1; i < length; i+=2) {
        a_rl[i] = -a_rl[i];
        a_im[i] = -a_im[i];
    }
}
nrml = (float)(1.0 / sqrt((float)length));
for (i = 0; i < length; i++) {
    a_rl[i] *= nrml;
    a_im[i] *= nrml;
```

```
        }
}
/* --- cstb --- 计算 sin、cos 数据 ------------------------------------
        length：        数据个数
        inv：           1：DFT，-1：逆 DFT
        sin_tbl：       //sin 数据配列
        cos_tbl：       //cos 数据配列
------------------------------------------------------------------ */
void cstb(int length, int inv, float sin_tbl[], float cos_tbl[])
{
    int     i；
    float   xx, arg；

    xx = (float)(((-PI) * 2.0) / (float)length)；
    if (inv < 0) xx = -xx；
    for (i = 0; i < length; i++) {
        arg = (float)i * xx；
        sin_tbl[i] = (float)sin(arg)；
        cos_tbl[i] = (float)cos(arg)；
    }
}


/* --- birv --- 排列数据 ------------------------------------------
        a：      数据配列
        length： 数据个数
        ex：     数据个数 = 2 的 ex 次方
        b：      工作用配列
------------------------------------------------------------------ */
void birv(float a[], int length, int ex, float b[])
{
    int i, ii, k, bit；

    for (i = 0; i < length; i++) {
        for (k = 0, ii=i, bit=0;; bit<<=1, ii>>=1) {
            bit = (ii & 1) | bit；
            if (++k == ex) break；
```

```
        }
        b[i] = a[bit];
        }
        for (i = 0; i < length; i++)
            a[i] = b[i];
}
```

List 12.2　二维 FFT

```
# include "StdAfx. h"
# include "BaseList. h"
# include <stdio. h>
# include <stdlib. h>
# include <math. h>



void cstb(int length, int inv, float sin_tbl[], float cos_tbl[]);
void rvmtx1(float * a, float * b,int xsize, int ysize);
void rvmtx2(float * a, float * b,int xsize, int ysize);

/* --- FFT2 --- 2 次傅里叶变换 --------------------------------------
            (仅限于 xsize、ysize 是 2 的次方)
        a_rl:      数据的实数部分
        a_im:      数据的虚数部分
        inv:       1: DFT -1: 逆 DFT
        xsize:     数据宽度
        ysize:     数据长度
---------------------------------------------------------------- */
int FFT2 (float * a_rl, float * a_im, int inv, int xsize, int ysize)
{
        float * b_rl;      //数据转置作业用配列(实数部)
        float * b_im;      //数据转置作业用配列(虚数部)
        float * hsin_tbl;  //计算水平 sin 用配列
        float * hcos_tbl;  //计算水平 cos 用配列
        float * vsin_tbl;  //计算垂直 sin 用配列
        float * vcos_tbl;  //计算垂直 cos 用配列
        float * buf_x;     //水平方向作业用配列
```

```
float * buf_y;    //垂直方向作业用配列
int i;

b_rl = (float * )calloc((size_t)xsize * ysize, sizeof(float));
b_im = (float * )calloc((size_t)xsize * ysize, sizeof(float));
hsin_tbl = (float * )calloc((size_t)xsize, sizeof(float));
hcos_tbl = (float * )calloc((size_t)xsize, sizeof(float));
vsin_tbl = (float * )calloc((size_t)ysize, sizeof(float));
vcos_tbl = (float * )calloc((size_t)ysize, sizeof(float));
buf_x = (float * )malloc((size_t)xsize * sizeof(float));
buf_y = (float * )malloc((size_t)ysize * sizeof(float));
if ((b_rl == NULL) || (b_im == NULL)
    || (hsin_tbl == NULL) || (hcos_tbl == NULL)
    || (vsin_tbl == NULL) || (vcos_tbl == NULL)
    || (buf_x == NULL) || (buf_y == NULL)) {
    return -1;
}
cstb(xsize, inv, hsin_tbl, hcos_tbl);//计算水平用 sin,cos 配列
cstb(ysize, inv, vsin_tbl, vcos_tbl);//计算垂直用 sin,cos 配列

int x_exp = (int)(log((double)xsize)/log((double)2));
//水平方向的傅里叶变换
for (i = 0; i < ysize; i++) {
    fft1core(&( * (a_rl + (long)i * xsize)), &( * (a_im + (long)i * xsize)),
                xsize, x_exp, hsin_tbl, hcos_tbl, buf_x);
}
//2 维数据的倒置
rvmtx1(a_rl, b_rl, xsize, ysize);
rvmtx1(a_im, b_im, xsize, ysize);

//垂直方向的傅里叶变换
int y_exp = (int)(log((double)ysize)/log((double)2));
for (i = 0; i < xsize; i++) {
    fft1core(&( * (b_rl + ysize * i)), &( * (b_im + ysize * i)),
                ysize, y_exp, vsin_tbl, vcos_tbl, buf_y);
}
```

```
//2 维数据的倒置
rvmtx2(b_rl, a_rl, xsize, ysize);
rvmtx2(b_im, a_im, xsize, ysize);

free(b_rl);
free(b_im);
free(hsin_tbl);
free(hcos_tbl);
free(vsin_tbl);
free(vcos_tbl);
return 0;
}


/* --- rvmtx1 --- 2 维数据的倒置 ------------------------------------
    a:     2 维输入数据
    b:     2 维输出数据
    xsize：水平数据个数
    ysize：垂直数据个数
---------------------------------------------------------------- * /
void rvmtx1(float * a, float * b,
    int xsize, int ysize)
{
    int i, j;

    for (j = 0; j < ysize; j++) {
        for (i = 0; i < xsize; i++)
            *(b + i * ysize + j) = *(a + j * xsize + i);
    }
}


/* --- rvmtx2 --- 2 维数据的倒置 ------------------------------------
    a:     2 维输入数据
    b:     2 维输出数据
    xsize：水平数据个数
    ysize：垂直数据个数
---------------------------------------------------------------- * /
```

```
void rvmtx2(float * a, float * b,
    int xsize, int ysize)
{
    int i, j;

    for (j = 0; j < ysize; j++) {
        for (i = 0; i < xsize; i++)
            *(b + j * xsize + i) = *(a + i * ysize + j);
    }
}
```

List 12.3　二维 FFT 结果图像化

```
# include "StdAfx. h"
# include "BaseList. h"
# include<stdio. h>
# include<stdlib. h>
# include<math. h>

/ *--- FFTImage --- 将 2 次 FFT 的变换结果图像化 ----------------------------
            (仅限于 xsize、ysize 是 2 的次方)
    image_in：  输入图像指针
    image_out：输出图像指针(FFT)
    xsize：     图像宽度
    ysize：     图像高度
----------------------------------------------------------------------- * /
int FFTImage(BYTE * image_in, BYTE * image_out, int xsize, int ysize)
{
    float    * ar;            //数据实部(输入输出)
    float    * ai;            //数据虚部(输入输出)
    double   norm, max;
    float data;
    long i, j;

    ar = (float * )malloc((size_t)ysize * xsize * sizeof(float));
    ai = (float * )malloc((size_t)ysize * xsize * sizeof(float));
    if ((ar == NULL) || (ai == NULL)) return -1;
```

```
//读入原图像,变换 2 维 FFT 输入数据
for (j = 0; j < ysize; j++) {
    for (i = 0; i < xsize; i++) {
        ar[xsize * j + i] = (float)( * (image_in + j * xsize + i));
        ai[xsize * j + i] = 0.0;
    }
}
//2 维 FFT 变换
if (FFT2(ar, ai, 1, xsize, ysize) == -1)
    return -1;
```

//FFT 结果图像化

```
max = 0;
for (j = 0; j < ysize; j++) {
    for (i = 0; i < xsize; i++) {
        norm = ar[xsize * j + i] * ar[xsize * j + i]
            + ai[xsize * j + i] * ai[xsize * j + i]; //计算幅值成分
        if (norm ! = 0.0) norm = log(norm) / 2.0;
        else norm = 0.0;
        ar[xsize * j + i] = (float)norm;
        if (norm > max) max = norm;
    }
}
for (j = 0; j < ysize; j++) {
    for (i = 0; i < xsize; i++) {
        ar[xsize * j + i] = (float)(ar[xsize * j + i] * 255 / max);
    }
}
```

//FFT 结果变图像

```
for (j = 0; j < ysize; j++) {
    for (i = 0; i < xsize; i++) {
            data = ar[xsize * j + i];
            if (data > 255) data = 255;
            if (data < 0) data = 0;
            * (image_out + j * xsize + i) = (unsigned char)data;
    }
}
```

```
    free(ar);
    free(ai);
    return 0;
}
```

List 12.4　基于二维 FFT 的滤波处理

```
#include "StdAfx.h"
#include "BaseList.h"
#include <stdio.h>
#include <stdlib.h>
#include <math.h>
```

```
/*--- FFTFilter --- 2 次 FFT 的滤波处理、滤波后的频率域图像化 ----------------------
        (仅限于 xsize、ysize 是 2 的次方)
        image_in：  输入图像数据指针
        image_out：输出图像数据指针
        xsize：     图像宽度
        ysize：     图像高度
        a, b：      通过区域(a 以上 b 以下的区域通过)
                    a=0, b=xsize=ysize 时,全区域通过
----------------------------------------------------------------------- */
int FFTFilter(BYTE * image_in, BYTE * image_out, int xsize, int ysize, int a, int b)
{
    float * ar;      //数据实部(输入输出)
    float * ai;      //数据虚部(输入输出)
    float * ff;      //滤波子的空间频率特性
    double norm, max;
    float data;
    long i, j, circ;

    ar = (float *)malloc((size_t)ysize * xsize * sizeof(float));
    ai = (float *)malloc((size_t)ysize * xsize * sizeof(float));
    ff = (float *)malloc((size_t)ysize * xsize * sizeof(float));
    if ((ar == NULL) || (ai == NULL) || (ff == NULL)) {
            return -1;
```

```
        }
        //读入原图像,变换 2 维 FFT 输入数据
        for (j = 0; j < ysize; j++) {
            for (i = 0; i < xsize; i++) {
                ar[xsize * j + i] = (float)( * (image_in + j * xsize + i));
                ai[xsize * j + i] = 0.0;
            }
        }
        //2 维 FFT 变换
        if (FFT2(ar, ai, 1, xsize, ysize) == -1)
            return -1;


        //FFT 结果图像化
max = 0;
for (j = 0; j < ysize; j++) {
    for (i = 0; i < xsize; i++) {
        norm = ar[xsize * j + i] * ar[xsize * j + i]
            + ai[xsize * j + i] * ai[xsize * j + i]; //计算幅值成分
        if (norm ! = 0.0) norm = log(norm) / 2.0;
        else norm = 0.0;
        ar[xsize * j + i] = (float)norm;
        if (norm > max) max = norm;
    }
}
for (j = 0; j < ysize; j++) {
    for (i = 0; i < xsize; i++) {
        ar[xsize * j + i] = (float)(ar[xsize * j + i] * 255 / max);
    }
}


//做成只通过 a 以上 b 以下成分的滤波子
for (j = 0; j < ysize; j++) {
    for(i = 0; i < xsize; i++) {
        data = (float)((i-xsize/2) * (i-xsize/2)
            + (j-ysize/2) * (j-ysize/2));
        circ = (long)sqrt(data);
```

```
        if ((circ >= a) && (circ <= b))
            ff[xsize * j + i] = 1.0;
        else
            ff[xsize * j + i] = 0.0;
    }
}
```

```
//对原图像的频率成分实施滤波
for (j = 0; j < ysize; j++) {
    for (i = 0; i < xsize; i++) {
        ar[xsize * j + i] *= ff[xsize * j + i];
        ai[xsize * j + i] *= ff[xsize * j + i];
    }
}
```

```
//将结果变为图像数据
for (j = 0; j < ysize; j++) {
    for (i = 0; i < xsize; i++) {
        data = ar[xsize * j + i];
        if (data > 255) data = 255;
        if (data < 0) data = 0;
        *(image_out + j * xsize + i) = (BYTE)data;
    }
}
free(ar);
free(ai);
free(ff);
return 0;
}
```

List 12.5　基于二维 FFT 的滤波处理、傅里叶逆变换

```
#include "StdAfx.h"
#include "BaseList.h"
#include <stdio.h>
#include <stdlib.h>
#include <math.h>
```

```
/ * --- FFTFilterImage --- 图像的 2 次 FFT 变换、滤波处理、傅里叶逆变换-------------------
        (仅限于 xsize、ysize 是 2 的次方)
        image_in：      输入图像数据指针
        image_out：     输出图像数据指针
        xsize：         图像宽度
        ysize：         图像高度
        a, b：          通过区域(a 以上 b 以下的区域通过)
                       a＝0,b＝xsize＝ysize 时,全区域通过
--------------------------------------------------------------------------- * /
int FFTFilterImage(BYTE * image_in, BYTE * image_out, int xsize, int ysize, int
a, int b)
{
    float * ar;     //数据实部(输入输出)
    float * ai;     //数据虚部(输入输出)
    float * ff;      //滤波子的空间频率特性
float data;
long i, j, circ;

ar = (float * )malloc((size_t)ysize * xsize * sizeof(float));
ai = (float * )malloc((size_t)ysize * xsize * sizeof(float));
ff = (float * )malloc((size_t)ysize * xsize * sizeof(float));
if ((ar == NULL) || (ai == NULL) || (ff == NULL)) {
    return -1;
}
//读入原图像,变换 2 维 FFT 输入数据
for (j = 0; j < ysize; j++) {
    for (i = 0; i < xsize; i++) {
        ar[xsize * j + i] = (float)( * (image_in + j * xsize + i));
        ai[xsize * j + i] = 0.0;
    }
}
//2 维 FFT 变换
if (FFT2(ar, ai, 1, xsize, ysize) == -1)
    return -1;
//做成只通过 a 以上 b 以下成分的滤波子
```

```
for (j = 0; j < ysize; j++) {
    for(i = 0; i < xsize; i++) {
        data = (float)((i-xsize/2) * (i-xsize/2)
            + (j-ysize/2) * (j-ysize/2));
        circ = (long)sqrt(data);
        if ((circ >= a) && (circ <= b))
            ff[xsize * j + i] = 1.0;
        else
            ff[xsize * j + i] = 0.0;
    }
}
//对原图像的频率成分实施滤波
for (j = 0; j < ysize; j++) {
    for (i = 0; i < xsize; i++) {
        ar[xsize * j + i] *= ff[xsize * j + i];
        ai[xsize * j + i] *= ff[xsize * j + i];
    }
}
//实施逆 FFT 变换,将滤波后的频率成分变回为图像
if (FFT2(ar, ai, -1, xsize, ysize) == -1)
    return -1;
//将结果变为图像数据
for (j = 0; j < ysize; j++) {
    for (i = 0; i < xsize; i++) {
        data = ar[xsize * j + i];
        if (data > 255) data = 255;
        if (data < 0) data = 0;
        *(image_out + j * xsize + i) = (BYTE)data;
    }
}
free(ar);
free(ai);
free(ff);
return 0;
}
```

第 13 章 小波变换

13.1 小波变换概述

　　小波分析(wavelet analysis)是 20 世纪 80 年代后期发展起来的一种新的分析方法,是继傅里叶分析之后纯粹数学和应用数学殊途同归的又一光辉典范。小波变换(wavelet transform)的产生、发展和应用始终受惠于计算机科学、信号处理、图像处理、应用数学、地球科学等众多科学和工程技术应用领域的专家、学者和工程师们的共同努力。在理论上,构成小波变换比较系统框架的主要是数学家 Y. Meyer、地质物理学家 J. Morlet 和理论物理学家 A. Grossman,而 I. Daubechies 和 S. Mallat 在把这一理论引用到工程领域方面发挥了极其重要的作用。小波分析现在已成为科学研究和工程技术应用中涉及面极其广泛的一个热门话题。不同的领域对小波分析会有不同的看法:

　　(1)数学家说,小波是函数空间的一种优美的表示;

　　(2)信号处理专家认为,小波分析是非平稳信号时-频分析(time-frequency analysis)的新理论;

　　(3)图像处理专家认为,小波分析是数字图像处理的空间-尺度分析(space-scale analysis)和多分辨分析(multiresolution analysis)的有效工具;

　　(4)地球科学和故障诊断学者认为,小波分析是奇性识别的位置-尺度分析(position-scale analysis)的一种新技术;

　　(5)微局部分析家把小波分析看作细微-局部分析的时间-尺度分析(time-scale analysis)的新思路。

　　总之,小波变换具有多分辨率特性,也称作多尺度特性,可以由粗到精地逐步观察信号,也可看成是用一组带通滤波器对信号进行滤波。通过适当地选择尺度因子和平移因子,可得到一个伸缩窗,只要适当选择基本小波,就可以使小波变换在时域和频域都具有表征信号局部特征的能力,基于多分辨率分析与滤波器组相结合,丰富了小波分析的理论基础,拓宽了其应用范围。这一切都说明了这样一个简单事实,即小波分析已经深深地植根于科学研究和工程技术应用研究的许许多多我们感兴趣的领域，一个研究和使用小波变换理论、小波分析的时代已经到来。

13.2　小波与小波变换

到目前为止，一般信号分析与合成中经常使用第 12 章所介绍的傅里叶变换，然而，由于傅里叶基（basis）是采用无限连续且不具有局部性质的三角函数，所以在经过傅里叶变换后的频率域中时间信息完全丢失。与其相对，本章将要介绍的小波变换，由于能够得到局部性的频率信息，从而使得有效地进行时间频率分析成为可能。

那么，什么是小波与小波变换？乐谱可以看作是一个描述二维的时频空间，如图 13-1 所示。频率（音高）从层次的底部向上增加，而时间（节拍）则向右发展；乐章中每一个音符都对应于一个将出现在这首曲子的演出记录中的小波分量（音调猝发）；每一个小波持续宽度都由音符（1/4 音符、半音符等）的类型来编码，而不是由它们的水平延伸来编码。假定，要分析一次音乐演出的记录，并写出相应的乐谱，这个过程就可以说是小波变换；同样，音乐家的一首曲子的演出录音就可以看作是一种小波逆变换，因为它是用时频表示来重构信号的。

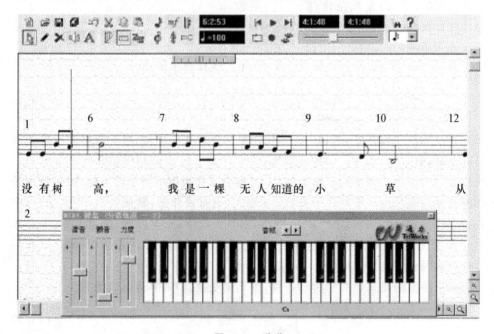

图 13-1　乐谱

小波（wavelet）意思是"小的波"或者"细的波"，是平均值为 0 的有效有限持续区间的波。具体地说，小波就是空间平方可积函数（square integrable function）L^2（**R**）（**R** 表示实数集）中满足下述条件的函数或者信号 $\Psi(t)$：

$$\int_{\mathbf{R}} |\Psi(t)|^2 \mathrm{d}t < \infty \tag{13.1}$$

$$\int_{\mathbf{R}^*} \frac{|\Psi(\omega)|^2}{|\omega|} \mathrm{d}\omega < \infty \tag{13.2}$$

这时，$\Psi(t)$ 也称为基小波（basic wavelet）或者母小波（mother wavelet），式（13.2）称为容许性条件。函数

$$\Psi_{a,b}(t) = \frac{1}{\sqrt{a}} \Psi\left(\frac{t-b}{a}\right) \tag{13.3}$$

为由基小波生成的依赖于参数(a,b)的连续小波函数（continuous wavelet transform，CWT），简称为小波函数（wavelet function），如图 13-2 所示，是小波 $\Psi(t)$ 在水平方向增加到 a 倍、平移距离 b 得到的。$1/\sqrt{a}$ 是规范化（归一化）系数，a 为尺度参数（scale），b 为平移参数（shift）。由于 a 表示小波的时间幅值，所以$1/a$相当于频率。

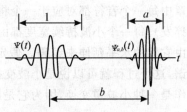

图 13-2　小波与小波函数

对于任意的函数或者信号 $f(t) \in L^2(\mathbf{R})$，其连续小波变换为

$$W(a,b) = \frac{1}{\sqrt{a}} \int_{\mathbf{R}} f(t) \Psi^*\left(\frac{t-b}{a}\right) \mathrm{d}t \tag{13.4}$$

小波函数一般是复数，其内积中使用复共轭。$W(a,b)$相当于傅里叶变换的傅里叶系数，$\Psi^*(\cdot)$ 为 $\Psi(\cdot)$ 的复共轭，$t=b$ 时表示信号 $f(t)$ 中包含有多少 $\Psi_{a,b}(t)$ 的成分。由于小波基不同于傅里叶基，因此小波变换也不同于傅里叶变换，特别是小波变换具有尺度和平移两个参数。a 增大，则时窗伸展，频窗收缩，带宽变窄，中心频率降低，而频率分辨率增高；a 减小，则时窗收缩，频窗伸展，带宽变宽，中心频率升高，而频率分辨率降低。这恰恰符合实际问题中高频信号持续时间短、低频信号持续时间长的自然规律。

如果小波满足式（13.5）所示条件，则其逆变换存在，其表达式为式（13.6）。

$$C_\Psi = \int_{-\infty}^{\infty} \frac{|\Psi(\omega)|^2}{|\omega|} \mathrm{d}\omega < \infty \tag{13.5}$$

$$f(t) = \frac{2}{C_\Psi} \int_0^\infty \left[\int_{-\infty}^\infty W(a,b) \Psi_{a,b}(t) \mathrm{d}b \right] \frac{\mathrm{d}a}{a^2} \qquad (13.6)$$

可见,通过小波基 $\Psi_{a,b}(t)$ 就能够表现信号 $f(t)$。然而,这个表现在信号重构时需要基于 a、b 的无限积分,这是不切实际的。在进行基于数值计算的信号的小波变换以及逆变换时,需要使用离散小波变换。

13.3 离散小波变换

根据连续小波变换的定义可知,在连续变化的尺度 a 和平移 b 下,小波基具有很大的相关性,因此信号的连续小波变换系数的信息量是冗余的,有必要将小波基 $\Psi_{a,b}(t)$ 的 a、b 限定在一些离散点上取值。一般 a、b 按式(13.7)取二进分割(binary partition)即可对连续小波离散化。

$$\left. \begin{array}{l} a = 2^j \\ b = k2^j \end{array} \right\} \qquad (13.7)$$

如 $j = 0, \pm1, \pm2, \cdots$ 离散化时,相当于小波函数的宽度减少一半,进一步减少一半,或者增加一倍,进一步增加一倍等进行伸缩。另外,由 $k = 0, \pm1, \pm2, \cdots$ 能够覆盖所有的变量领域。

把式(13.7)代入式(13.3)得到的小波函数称为二进小波(dyadic wavelet),即

$$\Psi_{j,k}(t) = \frac{1}{\sqrt{2^j}} \Psi\left(\frac{t - k2^j}{2^j} \right) = 2^{-j/2} \Psi(2^{-j}t - k) \qquad (13.8)$$

采用这个公式的小波变换称为离散小波变换(discrete wavelet transform)。这个公式是 Daubechies 表现法,t 前面的 2^{-j} 相当于傅里叶变换的角频率,所以 j 值较小的时候为高频。另一方面,在 Meyer 表现法中,j 的前面没有负号,所以与 Daubechies 表现法相反,j 值越大则频率越高。这个 j 被称为级(level)或分辨率索引。

适当选取式(13.8)的 Ψ 就可以使 $\{\Psi_{j,k}\}$ 成为正交系。正交系包括平移正交和放大缩小正交。

13.4 小波族

13.4.1 哈尔小波(Haar wavelet)

哈尔小波是最早最简单的小波。哈尔小波满足放大缩小的规范正交条件,任

何小波的讨论都是从哈尔小波开始的。哈尔小波用公式表示为式(13.9),用图表示为图 13-3。

$$\Psi(t)=\begin{cases} 1 & 0 \leqslant t < 1/2 \\ -1 & 1/2 \leqslant t < 1 \\ 0 & \text{其他} \end{cases} \quad (13.9)$$

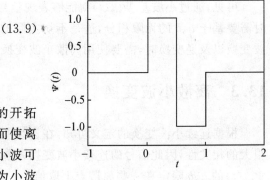

图 13-3　哈尔小波

13.4.2　Daubechies 小波

Ingrid Daubechies 是小波研究的开拓者之一,提出了紧支撑正交小波,从而使离散小波分析实用化。Daubechies 族小波可写成 dbN,在此 N 为阶(order),db 为小波名。其中 db1 小波就等同于上述的 Haar 小波。图 13-4 是 Daubechies 族的其他 9 个成员的小波函数。

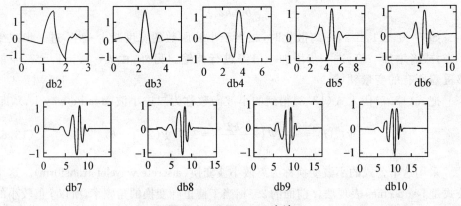

图 13-4　Daubechies 小波

另外还有双正交样条小波(Biorthogonal)、Coiflets 小波、Symlets 小波、Morlet 小波、Mexican Hat 小波、Meyer 小波等。

13.5　信号的分解与重构

下面使用小波系数(wavelet coefficient),说明信号的分解与重构(decomposition and reconstruction)方法。

首先,由被称为尺度函数的线性组合来近似表示信号。尺度函数的线性组合称为近似函数(approximated function)。另外,近似的精度被称为级(level)或分辨率索引,第 0 级是精度最高的近似,级数越大表示越粗略的近似。这一节将要显示任意第 j 级的近似函数与精度粗一级的第 $j+1$ 级的近似函数的差分就是小波的线性组合。信号最终可以由第 1 级开始到任意级的小波与尺度函数的线性组合来表示。

宽度 1 的矩形脉冲作为尺度函数 $\varphi(t)$,由这个函数的线性组合生成任意信号 $f(t)$ 的近似函数 $f_0(t)$:

$$f_0(t) = \sum_k s_k \varphi(t-k) \tag{13.10}$$

其中

$$\varphi(t) = \begin{cases} 1 & 0 \leqslant t < 1 \\ 0 & \text{其他} \end{cases} \tag{13.11}$$

系数 s_k 是区间 $[k, k+1]$ 内信号 $f(t)$ 的平均值,由下式给出:

$$s_k = \int_{-\infty}^{\infty} f(t) \varphi^*(t-k) \mathrm{d}t = \int_k^{k+1} f(t) \mathrm{d}t \tag{13.12}$$

信号 $f(t)$ 的例子以及其近似函数 f_0 如图 13-5 所示。图 13-6 所示为生成近似函数所用的宽度 1 的矩形脉冲 $\varphi(t)$,由于其功能是作为观测信号的尺度,所以被称为尺度函数(scaling function),在此被特别称为哈尔尺度函数(Haar's scaling function)。

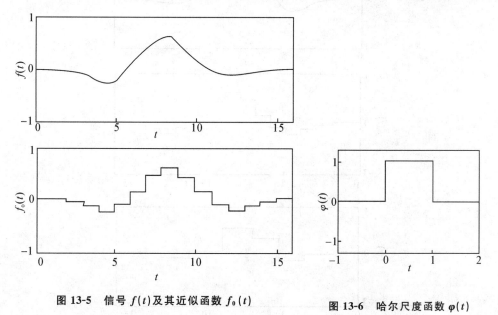

图 13-5 信号 $f(t)$ 及其近似函数 $f_0(t)$ 图 13-6 哈尔尺度函数 $\varphi(t)$

与小波相同,考虑尺度函数的整数平移及放大缩小,$\varphi_{j,k}$ 定义如下:

$$\varphi_{j,k}(t) = 2^{-j/2}\varphi(2^{-j}t - k) \tag{13.13}$$

用 $\varphi_{j,k}$ 定义第 j 级的近似函数 $f_j(t)$：

$$f_j(t) = \sum_k s_k^{(j)}\varphi_{j,k}(t) \tag{13.14}$$

其中

$$s_k^{(j)} = \int_{-\infty}^{\infty} f(t)\varphi_{j,k}^*(t)\,\mathrm{d}t \tag{13.15}$$

另外，由于 $\varphi_{j,k}(t)$ 对于平移是规范正交的，所以 $s_k^{(j)}$ 是由第 j 级的近似函数 f_j 和尺度函数 $\varphi_{j,k}$ 的内积求得：

$$s_k^{(j)} = \int_{-\infty}^{\infty} f_j(t)\varphi_{j,k}^*(t)\,\mathrm{d}t \tag{13.16}$$

这个 $s_k^{(j)}$ 被称为尺度系数(scaling coefficient)。图 13-7 表示了信号 $f(t)$ 及其近似函数 $f_0(t)$ 和 $f_1(t)$。

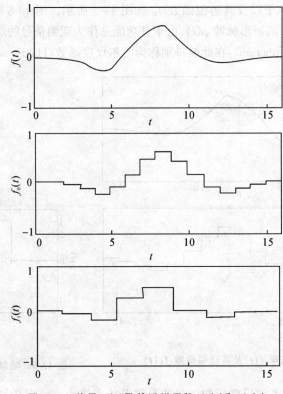

图 13-7 信号 $f(t)$ 及其近似函数 $f_0(t)$ 和 $f_1(t)$

比较 $f_0(t)$ 和 $f_1(t)$，很明显 $f_1(t)$ 的信号更加粗略近似。$f_1(t)$ 在式(13.13)中是 $j=1$ 的情况，t 前面的系数为 2^{-1}，该系数是 $j=0$ 时的一半。这个系数相当于傅里叶变换的角频率，所以尺度函数 $\varphi(t)$ 的宽度成为 $j=0$ 时的 2 倍。因此，$f_1(t)$ 的情况是想用更宽的矩形信号来近似表示信号 $f(t)$，这时由于无法表示细致的信息，造成了信号分辨率下降。

由于用 f_1 近似表示(或逼近)f_0 时有信息脱落，所以只有用被脱落的信息 $g_1(t)$ 来弥补 $f_1(t)$，才能够使 $f_0(t)$ 复原，即

$$f_0(t) = f_1(t) + g_1(t) \tag{13.17}$$

$g_1(t)$ 是从图 13-7 的 $f_0(t)$ 减去 $f_1(t)$ 所得的差值，如图 13-8 所示，它被称为第 1 级的小波成分(wavelet component)。

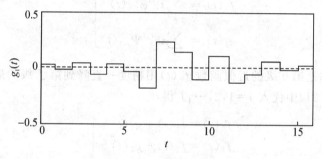

图 13-8 小波成分 $g_1(t)$

由图 13-8 可知，左右宽度 1 的区间是正负对称而上下振动的，因此 $g_1(t)$ 的构成要素一定是以下所示的函数：

$$\Psi\left(\frac{t}{2}\right) = \begin{cases} 1 & 0 \leqslant t < 1 \\ -1 & 1 \leqslant t < 2 \\ 0 & \text{其他} \end{cases} \tag{13.18}$$

可见，这个 $\Psi(t)$ 只能是式(13.9)所示哈尔小波。这个哈尔小波可按照上两节所述的那样通过式(13.8)的放大缩小和平移来生成函数族 $\Psi_{j,k}$。

在第 1 级 $(j=1)$ 时，由 $\Psi_{j,k}$ 的线性组合按下式表示 $g_1(t)$：

$$g_1(t) = \sum_k w_k^{(1)} \Psi_{1,k}(t) \tag{13.19}$$

其中 $w_k^{(1)}$ 是第 1 级 $(j=1)$ 的小波系数。

综上所述，第 0 级的近似函数可以分解为第 1 级的尺度函数的线性组合 $f_1(t)$

与第 1 级小波的线性组合 $g_1(t)$，如下式所示：

$$f_0(t) = f_1(t) + g_1(t)$$

$$= \sum_k s_k^{(1)} \varphi_{1,k}(t) + \sum_k w_k^{(1)} \Psi_{1,k}(t) \tag{13.20}$$

把这个关系扩展到第 j 级一般情况，即从第 j 级的近似函数 f_j 来生成精度高一级的第 $j-1$ 级的近似函数 f_{j-1} 时，只需求第 j 级的近似函数 $f_j(t)$ 与小波成分 $g_j(t)$ 的和即可：

$$f_{j-1}(t) = f_j(t) + g_j(t) \tag{13.21}$$

其中：

$$\left. \begin{array}{l} f_j(t) = \sum_k s_k^{(j)} \varphi_{j,k}(t) \\[2mm] g_j(t) = \sum_k w_k^{(j)} \Psi_{j,k}(t) \end{array} \right\} \tag{13.22}$$

下面考虑把第 0 级的近似函数 $f_0(t)$ 用精度一直降到第 J 级的近似函数来表示。在式(13.21)中代入 $j = 1, 2, \cdots, J$ 得

$$\left. \begin{array}{l} f_0(t) = f_1(t) + g_1(t) \\ f_1(t) = f_2(t) + g_2(t) \\ \vdots \\ f_{J-1}(t) = f_J(t) + g_J(t) \end{array} \right\} \tag{13.23}$$

在上式中把最下面的 $f_{J-1}(t)$ 代入它邻接的上面一个式子，再代入其邻接的再上面一个式子中，不断重复迭代，直到 $f_0(t)$ 为止，可见 $f_0(t)$ 可以用 $f_J(t)$ 和 $g_j(t)$ 集合的和表示，如下式所示：

$$f_0(t) = g_1(t) + g_2(t) + \cdots + g_J(t) + f_J(t)$$

$$= \sum_{j=1}^{J} g_j(t) + f_J(t) \tag{13.24}$$

这个公式的含义是，在把信号 $f_0(t)$ 用第 J 级的近似函数 $f_J(t)$ 来粗略近似地表示时，如果把粗略近似所失去的成分顺次附加上去的话，就可以恢复 $f_0(t)$。也就是，信号 $f_0(t)$ 能够表现为任意粗略级的近似函数 $f_J(t)$ 和第 0 级到第 J 级的小波成分的和。因此可以说，信号 $f_0(t)$ 能够用从第 1 级到第 J 级的 J 个分辨率即多分辨率的小波来表示。这种信号分析称为多分辨率分析(multiresolution analysis)。

　　图 13-9 表示了 $J=2$ 时的多分辨率分析的例子。在这个例子中 $f_0=g_1+g_2+f_2$ 的关系成立。这样，f_2 是呈矩形的形状，可是如果加大 J 的话，矩形的宽度还将拉伸得比 f_2 更宽。因此，信号中含有直流成分(平均值非 0)时，有必要把这个直流成分用 f_J 来表示，与直流重合的振动部分用小波来表示。因为平均值为 0 的小波的线性组合，其平均值还是 0，所以用有限个小波是无法表示直流成分的。

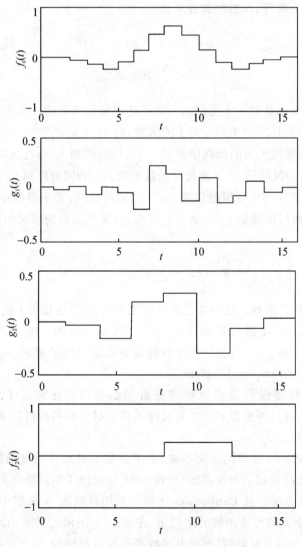

图 13-9　多分辨率分析例 $f_0=g_1+g_2+f_2$

到目前为止,通过哈尔小波的例子表明了只要确定了尺度函数,依公式
(13.17)就可以导出小波,即 $g_1(t) = f_0(t) - f_1(t)$。那么,让我们把这个关系扩展
到哈尔小波以外的小波。问题是,是不是无论什么函数都可得到尺度函数,再从这
个尺度函数导出小波来呢? 根据多分辨率分析的定义,答案是否定的。构成多分
辨率分析的必要条件是,第 j 级的尺度函数 $\varphi_{j,k}$ 能够用精度高一级的第 $j-1$ 级的
尺度函数 $\varphi_{j-1,k}$ 来展开,用数学式表示为

$$\varphi_{j,k}(t) = \sum_n p_n \varphi_{j-1,2k+n}(t)$$
$$= \sum_n p_{n-2k} \varphi_{j-1,n}(t) \tag{13.25}$$

其中序列 p_n 为展开系数。上面最后的式子是把前面式子的 n 置换成了 $n-2k$。

由式(13.25)可知,两边的 φ 是 j 的函数,但 p_n 不依赖于 j。也就是说,在展开
中利用了与 j 的级数无关的相同序列 p_n。可以说,序列 p_n 是连接第 j 级尺度函数
$\varphi_{j,k}(t)$ 与精度高一级的第 $j-1$ 级尺度函数 $\varphi_{j-1,k}(t)$ 的固有序列。

然而,根据多分辨率分析的定义,与尺度函数相同,第 j 级的小波 $\Psi_{j,k}$ 也必须
能够用第 $j-1$ 级尺度函数 $\varphi_{j-1,k}$ 展开。从而,与尺度函数的情况相同,下面的数学
表达式成立:

$$\Psi_{j,k}(t) = \sum_n q_{n-2k} \varphi_{j-1,n}(t) \tag{13.26}$$

其中序列 q_n 是展开系数。这种情况也可以说序列 q_n 是连接第 j 级小波 $\Psi_{j,k}(t)$ 与
精度高一级的第 $j-1$ 级尺度函数 $\varphi_{j-1,k}(t)$ 的固有序列。由于式(13.25)和式
(13.26)表示了 j 和 $j-1$ 两级尺度函数的关系以及尺度函数和小波的关系,所以
被称为双尺度关系(two-scale relation)。

由此可见,尺度函数是多分辨率分析所必需的。在满足了双尺度关系式
(13.25)的条件以后,再根据另一个双尺度关系式(13.26),就可以求得对应于这个
尺度函数的小波。

对于 Daubechies 这样的正交小波,由于函数本身及其尺度函数的形状复杂,
用已知的函数难以表现。为此,Mallat 在 1989 年提出了用离散序列表示正交小波
及其尺度函数的方法。在 Daubechies 小波中采用自然数 N 来赋予小波特征。表
示 Daubechies 小波的尺度函数的序列 p_k 在表 13-1 给出。表示小波的序列 q_k,是
将 p_k 在时间轴方向上反转后,再将其系数符号反转得到的,即

$$q_k = (-1)^k p_{-k} \tag{13.27}$$

表 13-1　　Daubechies 序列 p_k

$N=2$	$N=3$	$N=4$
0. 482 962 913 144 53	0. 332 670 552 950 08	0. 230 377 813 308 89
0. 836 516 303 737 80	0. 806 891 509 311 09	0. 714 846 570 552 91
0. 224 143 868 042 01	0. 459 877 502 118 49	0. 630 880 767 929 86
−0. 129 409 522 551 26	−0. 135 011 020 010 25	−0. 027 983 769 416 86
	−0. 085 441 273 882 03	−0. 187 034 811 719 09
	0. 035 226 291 885 71	0. 030 841 381 835 56
		0. 032 883 011 666 89
		−0. 010 597 401 785 07

$N=6$	$N=8$	$N=10$
0. 111 540 743 350 11	0. 054 415 842 243 11	0. 026 670 057 900 55
0. 494 623 890 398 45	0. 312 871 590 914 32	0. 188 176 800 077 63
0. 751 133 908 021 10	0. 675 630 736 297 32	0. 527 201 188 931 58
0. 315 250 351 709 20	0. 585 354 683 654 22	0. 688 459 039 453 44
−0. 226 264 693 965 44	−0. 015 829 105 256 38	0. 281 172 343 660 57
−0. 129 766 867 567 27	−0. 284 015 542 961 58	−0. 249 846 424 327 16
0. 097 501 605 587 32	0. 000 472 484 573 91	−0. 195 946 274 377 29
0. 027 522 865 530 31	0. 128 747 426 620 49	0. 127 369 340 335 75
−0. 031 582 039 317 49	−0. 017 369 301 001 81	0. 093 057 364 603 55
0. 000 553 842 201 16	−0. 044 088 253 930 80	−0. 071 394 147 166 35
0. 004 777 257 510 95	0. 013 981 027 917 40	−0. 029 457 536 821 84
−0. 001 077 301 085 31	0. 008 746 094 047 41	0. 033 212 674 059 36
	−0. 004 870 352 993 45	0. 003 606 553 566 99
	−0. 000 391 740 373 38	−0. 010 733 175 483 30
	0. 000 675 449 406 45	0. 001 395 351 747 07
	−0. 000 117 476 784 12	0. 001 992 405 295 19
		−0. 000 685 856 694 96
		−0. 000 116 466 855 13
		0. 000 093 588 670 32
		−0. 000 013 264 202 89

　　图 13-10 表示了 $N=3$ 的 Daubechies 小波及其尺度函数。比较图 13-10 和表 13-1 中的 $N=3$ 项会发现,表中的 p_k 仅定义了 6 个数值,而图却表示了一个相当复杂的函数形状。虽然本书并不讨论为什么仅 $2N$ 个数值却能够表现如此复杂的函数这个问题,但是通过重复迭代计算,从 $2N$ 个数值开始是可以顺次求取精度高的函数的。在下节中将说明从 $2N$ 个离散序列直接求取展开系数的方法。

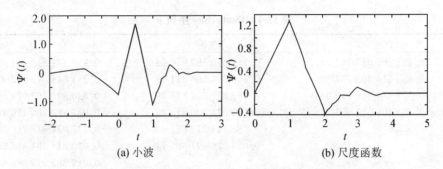

(a) 小波   (b) 尺度函数

图 13-10 $N=3$ 的 Daubechies 小波及其尺度函数

13.6 图像处理中的小波变换

13.6.1 二维离散小波变换

由上面的讨论可知，由 Daubechies 小波所代表的正交小波及其尺度函数可以用离散序列表示。在这一节中，介绍 Mallat 发现的利用这个离散序列来求取小波展开系数的方法。

如 13.3 节所述，连续信号 $f(t)$ 的第 0 级的近似函数 $f_0(t)$ 按照下式由第 0 级的尺度函数展开：

$$f(t) \approx f_0(t) = \sum_k s_k^{(0)} \varphi(t-k) \tag{13.28}$$

其中

$$s_k^{(0)} = \int_{-\infty}^{\infty} f(t) \varphi_{0,k}^*(t) \mathrm{d}t \tag{13.29}$$

然而，在 Daubechies 小波中，虽然 $2N$ 个离散序列被给出，但是由于尺度函数 $\varphi_{0,k}(t)$ 没有被给出，所以存在用式（13.29）不能计算 $s_k^{(0)}$ 的问题。

为了克服这个问题，由 Mallat 提出的方法是，把对信号采样得到的序列 $f(n)$ 看作 $s_k^{(0)}$。Mallat 发现由于 $\varphi_{0,k}$ 在矩形或三角形的窗口上改变 k、平移时间轴，所以对于某 k 值，$s_k^{(0)}$ 给出从窗口能够看到的范围的信号中间值。这个信号的中间值相当于 $f(k)$。这意味着 $\varphi_{0,k}$ 是像 $\delta_k(t)$ 那样的德尔塔函数（δ function）。Mallat 认为 $\varphi_{0,k}(t)$ 具有基于德尔塔函数 $\delta_k(t)$ 重构相同的作用。在图像处理的应用方面 $f(n)$ 看作 $s_k^{(0)}$ 被证明实用上是没有问题的。

作为一个例子，由数值计算所求得的 Daubechies 尺度系数 $s_n^{(0)}$（$N=2$）与 $f(n)$

进行比较，如图 13-14 所示，二者几乎没有什么区别。

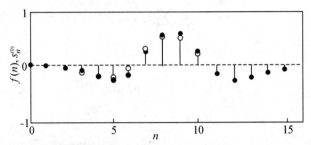

○　信号采样值 $f(n)$；
●　基于数值计算的Daubechies的第 0 级的尺度系数($N=2$)

图 13-11　信号采样值 $f(n)$ 与 Daubechies 尺度系数 $s_n^{(0)}$（$N=2$）的比较

得到了 $s_k^{(0)}$ 以后，就可以基于 $s_k^{(0)}$ 求第 0 级以外的尺度系数 $s_k^{(j)}$ 及小波系数 $w_k^{(j)}$。

通过式（13.30）能够从第 0 级的尺度系数 $s_k^{(0)}$，依次求取高级数（低分辨率）的尺度系数。

$$s_k^{(j)} = \sum_n p_{n-2k}^* s_n^{(j-1)} \tag{13.30}$$

用式（13.31）能够从第 0 级的尺度系数 $s_k^{(0)}$，依次求取高级数（低分辨率）的小波系数。

$$w_k^{(j)} = \sum_n q_{n-2k}^* s_n^{(j-1)} \tag{13.31}$$

下面对使用离散小波的二维图像数据的小波变换进行说明。图像数据作为二维的离散数据给出，用 $f(m,n)$ 表示。与二维离散傅里叶变换的情况相同，首先进行水平方向上的离散小波变换，对其系数再进行垂直方向上的小波变换。把图像数据 $f(m,n)$ 看作第 0 级的尺度系数 $s_{m,n}^{(0)}$。

首先，进行水平方向上的离散小波变换。

$$\left.\begin{array}{l} s_{m,n}^{(j+1,x)} = \sum_k p_{k-2m}^* s_{k,n}^{(j)} \\[2mm] w_{m,n}^{(j+1,x)} = \sum_k q_{k-2m}^* s_{k,n}^{(j)} \end{array}\right\} \tag{13.32}$$

式中 $s_{m,n}^{(j+1,x)}$ 及 $w_{m,n}^{(j+1,x)}$ 分别为水平方向的尺度系数及小波系数，$j=0$ 时如图13-12所示。

接着,分别对系数进行垂直方向的离散小波变换。

$$
\left.\begin{aligned}
s_{m,n}^{(j+1)} &= \sum_l p_{l-2n}^* s_{m,l}^{(j+1,x)} \\
w_{m,n}^{(j+1,h)} &= \sum_l q_{l-2n}^* s_{m,l}^{(j+1,x)} \\
w_{m,n}^{(j+1,v)} &= \sum_l p_{l-2n}^* w_{m,l}^{(j+1,x)} \\
w_{m,n}^{(j+1,d)} &= \sum_l q_{l-2n}^* w_{m,l}^{(j+1,x)}
\end{aligned}\right\}
\tag{13.33}
$$

式中:$w_{m,n}^{(j+1,h)}$ 为在水平方向上使尺度函数起作用、垂直方向上使小波起作用的系数,$w_{m,n}^{(j+1,v)}$ 为在水平方向上使小波起作用、垂直方向上使尺度函数起作用的系数,$w_{m,n}^{(j+1,d)}$ 为在水平和垂直方向上全都使小波起作用的系数。$j=0$ 时如图 13-13 所示。

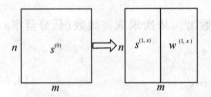

图 13-12 $s_{m,n}^{(0)}$ 的分解

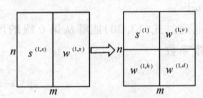

图 13-13 $s_{m,n}^{(1,x)}$ 及 $w_{m,n}^{(1,x)}$ 的分解

综合式(13.32)和式(13.33)得

$$
\left.\begin{aligned}
s_{m,n}^{(j+1)} &= \sum_l \sum_k p_{k-2m}^* p_{l-2n}^* s_{k,l}^{(j)} \\
w_{m,n}^{(j+1,h)} &= \sum_l \sum_k p_{k-2m}^* q_{l-2n}^* s_{k,l}^{(j)} \\
w_{m,n}^{(j+1,v)} &= \sum_l \sum_k q_{k-2m}^* p_{l-2n}^* s_{k,l}^{(j)} \\
w_{m,n}^{(j+1,d)} &= \sum_l \sum_k q_{k-2m}^* q_{l-2n}^* s_{k,l}^{(j)}
\end{aligned}\right\}
\tag{13.34}
$$

式(13.34)仅对 $s_{m,n}^{(j+1)}$ 再进一步分解成 4 个成分,通过不断重复迭代这一过程,进行多分辨率分解。

这个重构与一维的情况相同,按下式进行:

$$
\begin{aligned}
s_{m,n}^{(j)} = \sum_k \sum_l \big[& p_{m-2k} p_{n-2l} s_{k,l}^{(j+1)} + p_{m-2k} q_{n-2l} w_{k,l}^{(j+1,h)} \\
& + q_{m-2k} p_{n-2l} w_{k,l}^{(j+1,v)} + q_{m-2k} q_{n-2l} w_{k,l}^{(j+1,d)} \big]
\end{aligned}
\tag{13.35}
$$

13.6.2　图像的小波变换编程

List 13.1 和 List 13.2 分别为一维离散小波变换及其逆变换的程序，List 13.3和 List 13.4 分别为二维离散小波变换及其逆变换的程序。这些程序都是按照第 j 级的尺度系数 $s^{(j)}$ 来求第 $j+1$ 级的小波系数 $w^{(j+1)}$ 和尺度系数 $s^{(j+1)}$，接着由 $w^{(j+1)}$ 和 $s^{(j+1)}$ 重构 $s^{(j)}$。小波采用了 Daubechies 小波（$N=2$）。另外，表示小波的序列 q_k，是将 p_k 在时间轴方向上反转后，再将其系数符号反转得到的，如式（13.27）所示。

我们使用 List 13.5 的程序对图 13-14(a)所示的图像进行二维小波变换。List 13.5 使用 List 13.3 的 wavelet2d 函数对图像信号 $f(m,n)$ 进行分解，使用 List 13.4 的 iwavelet2d 函数进行重构。图 13-14(b)表示对原始图像信号分解（即第 1 级小波分解）后的 4 个成分（或称为 4 个子图像），由图可见，$w^{(1,v)}$ 表现垂直方向上的高频成分，$w^{(1,h)}$ 表现水平方向上的高频成分，$w^{(1,d)}$ 表现对角线方向上的高频成分。另外，$s^{(1)}$ 表现对 $s^{(0)}$ 平均化的低频成分。对 $s^{(1)}$ 再进一步分解成 4 个成分（即第 2 级小波分解）的结果如图 13-14(c)所示。

(a) 原始图像　　　　(b) 第 1 级小波分解　　　　(c) 第 2 级小波分解

图 13-14　图像的小波变换示例

可见，在图像分解过程中，总的数据量既没有增加也没有减少。但是，一个图像经过小波变换后，得到一系列不同分辨率的子图像，即表示低频成分的子图像及表现不同方向上高频成分的子图像。高频成分的子图像上大部分数值都接近于 0，越是高频这种现象越明显。所以，对于一幅图像来说，包含图像主要信息的是低频成分，而高频成分仅包含细节信息。因此，一个最简单的图像压缩方法是保存低频成分而去掉高频成分。

图 13-15 表示了小波分解和压缩的例子。图 13-15(b)表示对图 13-15(a)所示

的原始图像进行第 1 级小波分解后的结果,图 13-15(c)表示只利用第 1 级分解后的低频成分(左上角的子图像)进行图像恢复的结果,图 13-15(d)表示对图 13-15(b)中的低频成分的子图像再进行第 2 级小波分解后的结果,最后对第 2 级分解后的低频成分(左上角的子图像)进行恢复后的图像表示在图 13-15(e)中。

　　(a) 原始图像　　　　　　　(b) 第 1 级小波分解　　　　(c) 第 1 级低频恢复图像

　　　　(d) 第 2 级小波分解　　　　(e) 第 2 级低频恢复图像

图 13-15　小波压缩示例

　　可见,保留低频成分的压缩方法虽然简单,但是在图像压缩后丢失了细节信息,影响图像效果。在互联网上传输图像可以使用这种方法,首先传送低分辨率(高级数)的图像,然后再传送分辨率高一级的图像,直到最高分辨率的图像。这样能够产生渐进的效果,首先呈现图像的大体轮廓,然后再逐渐细致,如同图像越来越近,越来越清晰。

　　小波图像压缩的另一种方法是利用小波树,在此不作介绍,感兴趣的读者请参阅其他书籍。

13.7　应用研究实例

　　小波变换不仅在图像压缩方面,在图像处理的其他方面也有广泛的应用。小波变换在图像处理领域的应用可归纳为以下两个方面:

（1）展开系数的操作和重构——基于展开系数的操作的图像数据压缩、消除噪声[1]、特定图像模式的增强、退化图像的复原、不可视信息的嵌入（图像水印）[2]等；

（2）相似相关的检测——基于小波与相似图像模式的检测，如癌细胞等的特定模式的检测、缺陷检测、图像检索、纹理（表面模样）的分类、纹理的区域分割等。

下面介绍基于小波变换进行图像识别的一个实例[3]。

对于粮食作物而言，只有实现了作物籽粒的大规模、快速识别，才有可能在实际生产中得到广泛应用。在此，研究基于小波变换的位置和摆放方向各不相同的单个玉米籽粒的拾取、定位、正形。

图 13-16(a)为东农 250 玉米籽粒散放的彩色图像。首先将 RGB 图像转换成灰度图像，然后采用维纳滤波对图像进行去噪处理，再将灰度图像转换成二值图像，最后采用开启运算（半径为 3 的圆形模板），得到较为理想的二值图像，如图 13-16(b)所示。通过区域标记实现了对玉米籽粒的逐个识别，如图 13-17 所示。

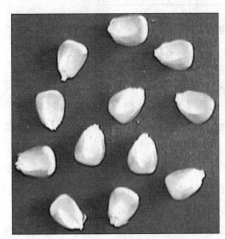
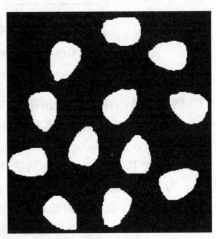

(a) 原图像   (b) 二值图像

图 13-16　玉米籽粒的彩色图像及其二值图像

图 13-17　二值图像区域标记的检测结果

通过单个玉米籽粒的二值图像，求取每个玉米籽粒的形心点，按顺时针方向依次算出形心点到各个边缘像素点的距离，并组成一组玉米籽粒的边缘曲线向量，并用 coif5 小波对此向量进行多重分解，从而可以识别该玉米籽粒的尖顶位置。

由已经获得单个玉米籽粒的边缘曲线向量（图 13-18）可知，这是一组非平稳信号，存在着许多噪声点，并且籽粒尖点（幅度最高的"平头"）处的特征并不十分突出，这为玉米籽粒尖点的识别带来了困难。

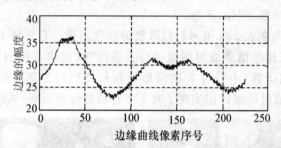

图 13-18　单个玉米籽粒边缘曲线向量

多尺度分析方法是将信号在不同尺度上分解为低频部分（趋势）和高频部分（细节）。研究表明：尖顶部对应的曲线段对于整体边缘曲线而言，仍属于趋势信息。在此利用 coif5 小波函数及其尺度函数对上述信号进行多重小波分解，并提取分解后的低频部分信号。

coif5 小波是具有一定对称性的正交小波，其支撑长度为 29，滤波器长度为 30，消失矩为 12。经过多组试验发现，此小波对于识别籽粒尖顶的效果较为理想。边缘展开曲线多重小波分解的低频部分曲线如图 13-19 所示。

从图 13-19 可知，A1、A2 层滤去了原始信号中的一些高频噪声，使曲线变得平滑，但籽粒尖顶处对应的曲线仍为"平头"，不易于准确定位籽粒尖顶；A3、A4 层中，"平头"逐渐消失，取而代之的是特征较为明显的凸起，利用此凸起易于定位籽粒尖顶；A5 层中的曲线同原始曲线相比已经严重失真。显然，利用 A3、A4 层的信号识别玉米籽粒尖端的效果较为理想。但经大量试验发现，对于某些形状怪异的籽粒，A4 层的识别效果要优于 A3 层。因此，选择 A4 层作为玉米籽粒尖顶的识别层。

通过上述分析不难看出，在 A4 层中幅度最高的那一点即为籽粒的尖顶。

这样就可以获得籽粒的形心坐标及尖顶坐标。此两点所决定的直线与垂直方向的夹角则为籽粒的倾斜角，最后通过此倾斜角便可将籽粒正形，如图 13-20 所示。

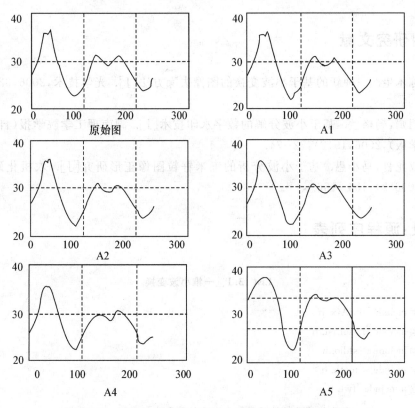

图 13-19　边缘展开曲线的多重小波分解的低频部分曲线

图 13-20　东农 250 玉米籽粒的正形效果图

对各品种的玉米籽粒分别取 200 粒进行试验,其准确率如表 13-2 所示。

表 13-2　各品种玉米籽粒正形准确率

玉米品种	东农 250	东农 428	本育	龙单	炸裂
准确率/%	98.4	96.7	99.2	98.3	93.2

应用研究文献

[1] 陈木生. 一种新的基于小波变换的图像去噪方法[J]. 光学技术,2006,32(5):796-798.

[2] 胡娟,杨格兰. 基于小波分解的数字水印技术[J]. 湖南理工学院学报(自然科学版),2006,19(2):72-74.

[3] 权龙哲,马小愚. 基于小波分析的玉米籽粒图像正形研究[J]. 农机化研究,2006(2):154-156.

附录:源程序列表

List 13.1　一维小波变换

```
#include "StdAfx. h"
#include "BaseList. h"
#include <stdio. h>
#include <math. h>
//#include "fwt. h"


/*--- Wavelet1d --- 1维小波变换-------------------------------------
    s0       输入信号
    s_len    输入信号长
    p        比例配列 pk
    q        小波配列 qk
    sup      配列长
    s1       分解信号 s1
    w1       分解信号 w1
---------------------------------------------------------------*/

void Wavelet1d (double * s0,int s_len,double * p, double * q, int sup,
                double * s1, double * w1)
{
    int n, k;
    int index;
```

```
for (k = 0; k < s_len/2; k++) {
  s1[k] = 0.0;
  w1[k] = 0.0;
  for (n = 0; n < sup; n++) {
    index = (n+2*k)%s_len ;
    s1[k] += p[n] * s0[index];
    w1[k] += q[n] * s0[index];
  }
 }
}
```

List 13.2 一维小波逆变换

```
# include "StdAfx.h"
# include "BaseList.h"
# include <stdio.h>
# include <math.h>


/ * ---Iwavelet1d --- 1 维小波逆变换------------------------------------------
     s1        分解信号 s1
     w1        分解信号 w1
     s_len     信号长
     p         小波数列 pk
     q         比例数列 qk
     sup       数列长
     s0        恢复信号
------------------------------------------------------------------------ * /
void Iwavelet1d (double * s1, double * w1, int s_len, double * p,
          double * q, int sup, double * s0)
{
 int n, k;
 int index,ofs;

 ofs=max(1024,s_len); //为了不使 index 为负数的补正值
 for (n = 0; n < s_len; n++) {
   s0[2*n+1] = 0.0;
```

```
s0[2 * n] = 0.0;
for (k = 0; k < sup/2; k++) {
  index = (n−k+ofs)%s_len;
  s0 [2 * n+1] += p[2 * k+1] * s1[index] + q[2 * k+1] * w1[index];
  s0 [2 * n] += p[2 * k] * s1[index] + q[2 * k] * w1[index];
  }
 }
}
```

List 13.3   二维小波变换

```
# include "StdAfx. h"
# include "BaseList. h"
include <stdio. h>
# include <math. h>


/ * --- Wavelete2d --- 2 维小波变换--------------------------------
      image_in：        输入图像数据指针
      xsize：           图像宽度
      ysize：           图像高度
      s1                j+1 级的 2 维比例系数
      w1v               j+1 级的 2 维小波系数（垂直方向成分）
      w1h               j+1 级的 2 维小波系数（水平方向成分）
      w1d               j+1 级的 2 维小波系数（对角方向成分）


----------------------------------------------------------------- * /


void Wavelet2d (BYTE * image_in, int xsize, int ysize,
            double * s1, double * w1v, double * w1h, double * w1d)
{

if(xsize ! = ysize) return;

int i,j;
double * s1x, * w1x;
double * s1xt, * w1xt;
double * s1t, * w1ht, * w1vt, * w1dt;
```

```
double * s0;   // j 级的 2 维比例系数
int s_len; //输入信号长
s_len = xsize;

s0 = new double[xsize * ysize];

s1x = new double[s_len * (s_len/2)];
w1x = new double[s_len * (s_len/2)];

s1xt = new double[(s_len/2) * s_len];
w1xt = new double[(s_len/2) * s_len];

s1t = new double[(s_len/2) * (s_len/2)];
w1ht = new double[(s_len/2) * (s_len/2)];
w1vt = new double[(s_len/2) * (s_len/2)];
w1dt = new double[(s_len/2) * (s_len/2)];


int sup = 4; //小波数列 p_k 的长度
double p[4] ={0.482962913145, 0.836516303738,
             0.224143868042, -0.129409522551};
             //分割数列 p_k (N=2)
double q[4]; //分割数列 q_k (N=2)

for(i=0;i<sup;i++) //由 p_k 生成 q_k
    q[i]=pow(-1,i) * p[sup-i-1];

for(j = 0; j < ysize; j++)
    for(i=0; i<xsize; i++)
        * (s0 + j * xsize + i) = (double)( * (image_in + j * xsize +i));

for (j = 0; j < s_len; j++) {
    Wavelet1d(&( * (s0 +j * s_len)),s_len,p,q,sup, &( * (s1x + j * (s_len/2))),
        &( * (w1x + j * (s_len/2))));
} //将 s0 分解为 s1x 和 w1x
```

```
for(j=0;j<s_len;j++){ //行列倒置
    for(i=0;i<s_len/2;i++){
        *(s1xt + i * s_len + j)= *(s1x + j * (s_len/2) + i);
        *(w1xt + i * s_len + j)= *(w1x + j * (s_len/2) + i);
    }
}


for (j = 0; j < s_len/2; j++) {
    Wavelet1d( &(*(s1xt + j * s_len)),s_len,p,q,sup, &(*(s1t + j * (s_len/2))),
        &(*(w1ht + j * (s_len/2))));
        //将 s1x 分解为 s1 和 w1h
    Wavelet1d( &(*(w1xt + j * s_len)),s_len,p,q,sup, &(*(w1vt + j * (s_len/2))),
        &(*(w1dt + j * (s_len/2))));
    //将 w1x 分解为 w1v 和 w1d
}


for(j=0;j<s_len/2;j++){ //行列倒置
    for(i=0;i<s_len/2;i++){
        *(s1 + i * (s_len/2) + j)= *(s1t + j * (s_len/2) + i);
        *(w1h + i * (s_len/2) + j)= *(w1ht + j * (s_len/2) + i);
        *(w1v + i * (s_len/2) + j)= *(w1vt + j * (s_len/2) + i);
        *(w1d + i * (s_len/2) + j)= *(w1dt + j * (s_len/2) + i);
    }
}

delete [] s1x;
delete [] w1x;

delete [] s1xt;
delete [] w1xt;

delete [] s1t;
delete [] w1ht;
delete [] w1vt;
delete [] w1dt;
delete [] s0;
```

```
}
```

List 13.4　二维小波逆变换

```
#include "StdAfx. h"
#include "BaseList. h"
#include <stdio. h>
#include <math. h>


/ * --- Iwavelete2d --- 2 维小波逆变换------------------------------------
      s1           j+1 级的 2 维比例系数
      w1v          j+1 级的 2 维小波系数(垂直方向成分)
      w1h          j+1 级的 2 维小波系数(水平方向成分)
      w1d          j+1 级的 2 维小波系数(对角方向成分)
      image_out：  输出图像数据指针
      xsize：      图像宽度
      ysize：      图像高度
------------------------------------------------------------------------ * /

void Iwavelet2d (double * s1, double * w1v, double * w1h, double * w1d,
                 BYTE * image_out, int xsize, int ysize)
{
 if(xsize ! = ysize) return；
 int i,j；
 double * s1x, * w1x；
 double * s1xt, * w1xt；
 double * s1t, * w1ht, * w1vt, * w1dt；
 double * s0；  // j 级的 2 维比例系数
 int s_len; //输入信号长
 s_len = xsize/2；

 s0 = new double[xsize * ysize]；

 s1x = new double[(2 * s_len) * s_len]；
 w1x = new double[(2 * s_len) * s_len]；

 s1xt = new double[s_len * (2 * s_len)]；
```

```
w1xt = new double[s_len * (2 * s_len)];

s1t = new double[s_len * s_len];
w1ht = new double[s_len * s_len];
w1vt = new double[s_len * s_len];
w1dt = new double[s_len * s_len];

int sup = 4; //小波数列 p_k 的长度
double p[4] = {0.482962913145, 0.836516303738,
               0.224143868042, -0.129409522551};
               //分割数列 p_k（N=2）
double q[4];    //分割数列 q_k（N=2）


for(i=0;i<sup;i++) //由 p_k 生成 q_k
     q[i]=pow(-1,i) * p[sup-i-1];


for(j=0;j<s_len;j++){ //行列倒置
    for(i=0;i<s_len;i++){
        *(s1t + j * s_len + i) = *(s1 + i * s_len + j);
        *(w1ht + j * s_len + i) = *(w1h + i * s_len + j);
        *(w1vt + j * s_len + i) = *(w1v + i * s_len + j);
        *(w1dt + j * s_len + i) = *(w1d + i * s_len + j);
    }
}


for (j = 0; j < s_len; j++) {
    Iwavelet1d(&(*(s1t + j * s_len)),&(*(w1ht + j * s_len)),s_len,p,q,sup,
        &(*(s1xt + j * 2 * s_len)));
    //由 s1 和 w1h 恢复 s1x
    Iwavelet1d(&(*(w1vt + j * s_len)),&(*(w1dt + j * s_len)),s_len,p,q,sup,
        &(*(w1xt + j * 2 * s_len)));
    //由 w1v 和 w1d 恢复 w1x
}
```

```cpp
for(j=0;j<s_len;j++){  //行列倒置
    for(i=0;i<s_len*2;i++){
        *(s1x + i*s_len + j) = *(s1xt + j*2*s_len + i);
        *(w1x + i*s_len + j) = *(w1xt + j*2*s_len + i);
    }
}


//由 s1x 和 w1x 恢复 s0
for (j = 0; j < s_len*2; j++) {
    Iwavelet1d(&(*(s1x + j*s_len)),&(*(w1x + j*s_len)),s_len,p,q,sup,&(*(s0 + j*
        2*s_len)));
}


double value;
for(j = 0; j < ysize; j++)
{
    for(i=0; i < xsize; i++)
    {
        value = *(s0 + j*xsize + i);
        *(image_out + j*xsize +i) = (BYTE)value;
        *(image_out + j*xsize +i) = (BYTE)(*(s0 + j*xsize + i));
    }
}
delete [] s1x;
delete [] w1x;

delete [] s1xt;
delete [] w1xt;

delete [] s1t;
delete [] w1ht;
delete [] w1vt;
delete [] w1dt;
delete [] s0;
}
```

List 13.5 二维小波信号图像化

```
#include "StdAfx.h"
#include "BaseList.h"
#include <stdio.h>
#include <math.h>


/* --- Wavelete2d_image --- 2 维小波信号图像化--------------------------------
        s1              j+1 级的 2 维比例系数
        w1v             j+1 级的 2 维小波系数(垂直方向成分)
        w1h             j+1 级的 2 维小波系数(水平方向成分)
        w1d             j+1 级的 2 维小波系数(对角方向成分)
        image_out：     输出图像数据指针
        xsize：         图像宽度
        ysize：         图像高度
------------------------------------------------------------------------ */
//2 维小波信号图像化
void Wavelet2d_image (double * s1, double * w1v, double * w1h, double * w1d,
                      BYTE * image_out, int xsize, int ysize)
{
    int i,j;
    double value;

    double maxs = (double)0;
    double mins = (double)500;

    double maxv = (double)0;
    double minv = (double)500;

    double maxh = (double)0;
    double minh = (double)500;

    double maxd = (double)0;
    double mind = (double)500;

    double sizes, sizev, sizeh, sized;
```

```
    for(j = 0; j < ysize/2; j++ )
    {
        for(i = 0; i < xsize/2; i++ )
        {
            value = * (s1 + j * xsize/2 + i);
            if(value > maxs ) maxs = value;
            if(value < mins ) mins = value;

            value = * (w1v + j * xsize/2 + i);
            if(value > maxv ) maxv = value;
            if(value < minv ) minv = value;

            value = * (w1h + j * xsize/2 + i);
            if(value > maxh ) maxh = value;
            if(value < minh ) minh = value;

            value = * (w1d + j * xsize/2 + i);
            if(value > maxd ) maxd = value;
            if(value < mind ) mind = value;

        }
    }


sizes = maxs - mins;
sizev = maxv - minv;
sizeh = maxh - minh;
sized = maxd - mind;
for(j = 0; j < ysize/2; j++ )
{
    for(i = 0; i < xsize/2; i++ )
    {
        value = * (s1 + j * xsize/2 + i);
        * (image_out + j * xsize + i) = (BYTE)( (value－mins) * (double)255 / sizes);

        value = * (w1v + j * xsize/2 + i);
        * (image_out + j * xsize + i+xsize/2) = (BYTE)( (value－minv) *
```

```
        (double)255 / sizev);

    value = * (w1h + j * xsize/2 + i);
    * (image_out + (j+ysize/2) * xsize + i) = (BYTE)( (value−minv) *
    (double)255 / sizeh);

    value = * (w1d + j * xsize/2 + i);
    * (image_out + (j+ysize/2) * xsize + i+xsize/2) = (BYTE)( (value−
    minv) * (double)255 / sized);

    }
  }
}
```

第 14 章　模式识别

14.1　模式识别与图像识别的概念

模式识别（pattern recognition）就是当能够把认识对象分类成几个概念时，将被观测的模式与这些概念中的一类进行对应的处理。模式分类可以认为是模式识别的前处理或者一部分。我们在生活中时时刻刻都在进行模式识别。环顾四周，我们能认出周围的物体是桌子还是椅子，能认出对面的人是张三还是李四；听到声音，我们能区分出是汽车驶过还是玻璃破碎，是猫叫还是人语，是谁在说话，说的是什么内容；闻到气味，我们能知道是炸带鱼还是臭豆腐。我们所具有的这些模式识别的能力看起来极为平常，谁也不会对此感到惊讶，但是在计算机出现之后，当人们企图用计算机来实现人所具备的模式识别能力时，它的难度才逐步为人们所认识。

什么是模式呢？广义地说，存在于时间和空间中可观测的事物，如果我们可以区别它们是否相同或是否相近，都可以称之为模式。

对模式的理解要注意以下几点：

(1)模式并不是指事物本身，而是指我们从事物获得的信息。模式往往表现为具有时间或空间分布的信息。

(2)当使用计算机进行模式识别时，在计算机中具有时空分布的信息表现为数组。

(3)数组中元素的序号可以对应时间与空间，也可以对应其他的标志。例如，在医生根据各项化验指标判断疾病种类的模式识别过程中，各种化验项目并不对应实际的时间和空间。因此，对于上面所说的时间与空间应作更广义、更抽象的理解。

人们为了掌握客观事物，把事物按相似的程度组成类别。模式识别的作用和目的就在于面对某一具体事物时将其正确地归入某一类别。例如，从不同角度看人脸，视网膜上的成像不同，但我们可以识别出这个人是谁，把所有不同角度的像都归入某个人这一类。如果给每个类命名，并且用特定的符号来表示这个名字，那么模式识别可以看成是从具有时间或空间分布的信息向该符号所作的映射。

通常,我们把通过对具体的个别事物进行观测所得到的具有时间或空间分布的信息称为样本,而把样本所属的类别或同一类别中样本的总体称为类。

图像识别是模式识别的一个分支,特指模式识别的对象是图像,具体地说,它可以是物体的照片、影像、手写字符、遥感图像、超声波信号、CT影像、MRI影像、射电照片等。

图像识别所研究的领域十分广泛,对机械工件进行识别、分类,从遥感图像中辨别森林、湖泊、城市和军事设施,根据气象卫星观测数据判断和预报天气,根据超声图像、CT图像或核磁共振图像检查人的身体状况,在工厂中自动分拣产品,在机场等地方根据人脸照片进行安全检查等,这些都是图像识别研究的课题,虽然种类繁多,但其关键问题主要是分类。

14.2 图像识别系统的组成

图像识别系统主要由4部分组成:图像信息获取、预处理、特征提取和选择、分类决策,如图14-1所示。

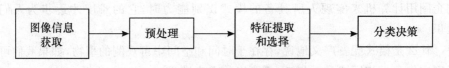

图 14-1 图像识别系统的基本组成

下面我们简单地对这几个部分作些说明。

(1)图像信息获取:通过测量、采样和量化,可以用矩阵表示二维图像。

(2)预处理:预处理的目的是去除噪声,加强有用的信息,并对测量仪器或其他因素所造成的退化现象进行复原。

(3)特征提取和选择:由图像所获得的数据量是相当大的。例如,一个文字图像可以有几千个数据,一个卫星遥感数据的数据量就更大了。为了有效地实现分类识别,就要对原始数据进行变换,得到最能反映分类本质的特征,这就是特征提取和选择的过程。一般我们把原始数据组成的空间叫测量空间,把分类识别赖以进行的空间叫特征空间,通过变换,可以把在维数较高的测量空间中表示的样本变为在维数较低的特征空间中表示的样本。在特征空间中的样本往往可以表示为一个向量,即特征空间中的一个点。

(4)分类决策:分类决策就是在特征空间中用统计方法把被识别对象归为某一

类别。主要有两种方法：一种是有监督分类（supervised classification），也就是把输入对象特性及其所属类别都加以说明，通过机器来学习，然后对于一个新的输入，分析它的特性，判别它属于哪一类。另一种是无监督分类（unsupervised classification），也称聚类（clustering），即只知道输入对象特性，而不知道其所属类别，计算机根据某种判据自动地将特性相同的归为一类。

分类决策与特征提取和选择之间没有精确的分界点。一个理想的特征提取器，可以使分类器的工作变得很简单，而一个全能的分类器，将无求于特征提取器。一般来说，特征提取比分类更依赖于被识别的对象。

14.3   图像识别与图像处理和图像理解的关系

从图 14-2 可以看出，图像识别的首要任务是获取图像，但无论使用哪种采集方式，都会在采集过程中引入各种干扰。因此，为了提高图像识别的效果，在特征提取之前，先要对采集到的图像进行预处理，用第 5 章的方法滤去干扰、噪声，用第 8 章的方法做色彩校正，用第 10 章的方法做几何校正等。当信息微弱、无法识别时，还要用第 6 章的方法对图像进行增强。有时，还需要对图像进行变换（如第 12 章的频率变换、第 13 章的小波变换等），以便于计算机分析。当然，为了在图像中找到我们想分析的目标，还需要用第 3 章的方法对图像进行分割，即目标定位和

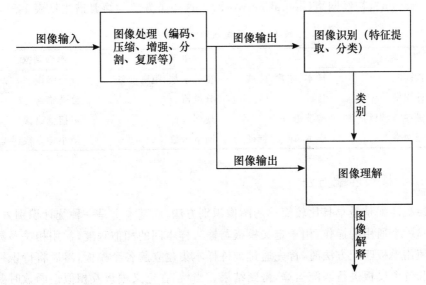

图 14-2   图像识别、图像处理和图像理解的示意图

分离。如果采集到的图像是已退化了的，还需要对退化了的图像进行复原处理，以便改进图像的保真度。在实际应用中，由于图像的信息量非常大，在传送和存储时，还要用第17章的方法对图像进行压缩。因此，图像处理部分包括图像编码、图像增强、图像压缩、图像复原、图像分割等内容。图像处理的目的有两个：一是判断图像中有无需要的信息，二是将需要的信息分割出来。

图像识别是对上述处理后的图像进行分类，确定类别名称。它包括特征提取和分类两个过程。关于特征提取的内容，请参见本书的第7章。这里需要注意的是，图像分割不一定完全在图像处理时进行，有时一面进行分割，一面进行识别。所以，图像处理和图像识别可以相互交叉进行。

图像处理及图像识别的最终目的，在于对图像作描述和解释，以便最终理解它是什么图像，即图像理解。所以，图像理解是在图像处理及图像识别的基础上，根据分类结果做结构、句法分析，描述和解释图像，因此它是图像处理、图像识别和结构分析的总称。

14.4　图像识别方法

图像识别方法很多，主要有以下4类方法：模板匹配（template matching）、统计识别（statistical classification）、句法/结构识别（syntactic or structural classification）、神经网络（neural network）。这4类方法的简要描述见表14-1。

表 14-1　图像识别的常用方法

方　法	表　征	识别方式	典型判据
模板匹配	样本、像素、曲线	相关系数、距离度量	分类错误
统计识别	特征	分类器	分类错误
句法/结构识别	构造语言	规则、语法	可接受错误
神经网络	样本、像素、特征	网络函数	最小均方根误差

14.4.1　模板匹配方法

模板匹配是最早且比较简单的图像识别方法，它基本上是一种统计识别方法。匹配是一个通用的操作，用于定义模板与输入样本间的相似程度，常用相关系数表示。使用模板匹配方法时，首先通过训练样本集建立起各个模板，然后将待识别的样本和各个模板进行匹配运算，得到结果。当然，在定义模板及相似性函数时要考虑到实体的姿态及比例问题。这种方法在很多场合效果不错，主要缺点是由于视角变化可能导致匹配错误。

14.4.2 统计模式识别方法

如果一幅图像经过特征提取,得到一个 m 维的特征向量,那么这个样本就可以看作是 m 维特征空间中的一个点。模式识别的目标就是选择合适的特征,使得不同类的样本占据 m 维特征空间中的不同区域,同类样本在 m 维特征空间中尽可能紧凑。在给定训练集以后,通过训练在特征空间中确定分割边界,将不同类样本分到不同的类别中。在统计决策理论中,分割边界是由每个类的概率密度分布函数来决定的,每个类的概率密度分布函数必须预先知道或者通过学习获得。学习分为参数化和非参数化,前者已知概率密度分布函数形式,需要估计其表征参数,而后者未知概率密度分布函数形式,要求我们直接推断概率密度分布函数。

统计识别方法分为几何分类法和概率统计分类法。

14.4.2.1 几何分类法

在统计识别方法中,样本被看作特征空间中的一个点。判断输入样本属于哪个类别,可以通过样本点落入特征空间哪个区域来判断。可分为距离法、线性可分和非线性可分。

1. 距离法

这是最简单和最直观的几何分类方法,下面以最近邻法为例介绍。假设有 c 个类别 $\omega_1, \omega_2, \omega_3, \cdots, \omega_c$ 的模式识别问题,每类有样本 N_i 个,$i = 1, 2, \cdots, c$。我们可以规定 ω_1 类的判别函数为

$$g_i(x) = \min_k \| x - x_i^k \| \qquad k = 1, 2, \cdots, N_i \qquad (14.1)$$

其中 x_i^k 的角标 i 表示 ω_i 类,k 表示 ω_i 类 N_i 样本中的第 k 个。按照式(14.1),决策规则可以表示为

$$若 g_j(x) = \min_i g_i(x), \ i = 1, 2, \cdots, c, 则决策 \ x \in \omega_j$$

其直观解释为:对未知样本 x,我们只要比较 x 与 $N = \sum_{i=1}^{c} N_i$ 个已知样本之间的欧氏距离,就可决策 x 与离它最近的样本同类。

K-近邻法是最近邻法的一个推广。K-近邻法就是取未知样本 x 的 k 个近邻,看这 k 个近邻中多数属于哪一类,就把 x 归为哪一类。具体说就是在 N 个已知样本中找出离 x 最近的 k 个样本,若 $k_1, k_2, \cdots, k_c$ 分别是 k 个近邻中属于 $\omega_1, \omega_2, \cdots,$ ω_c 类的样本,则我们可以定义判别函数为

$$g_i(x)=k_i,\ i=1,2,\cdots,c \tag{14.2}$$

决策规则为

$$若\ g_j(x)=\max_i k_i,则决策\ x\in\omega_j$$

K-近邻法的程序见 List 14.1。下面举例说明 K-近邻法的处理过程及处理结果。

图 14-3 是将第 7 章的图 7-1 进行 30 以上亮度值提取、3 次中值滤波后获得的二值图像。

图 14-3   图 7-1 的二值图像

对图 14-3 中的二值图像,利用第 7 章的方法进行特征测量,测得的特征数据包括圆形度、面积、周长和圆心坐标,测得的圆形度参数见 14-4(a),对这些特征数据利用 List 14.1 的 K-近邻法程序进行分类,结果如图 14-4(b)所示。根据数据分类结果,对不同类的图像分别用不同的灰度值表示如图 14-5 所示,其中圆形度较大的 0 类的橘子和梨用较明亮的灰度值表示,圆形度较小的 1 类的两个香蕉用较暗的灰度值表示。

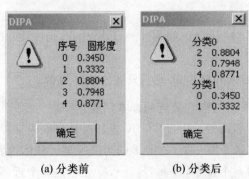

(a) 分类前   (b) 分类后

图 14-4   图 14-3 的圆形度特征参数

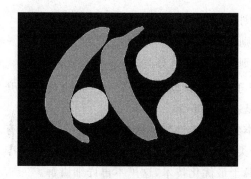

图 14-5 根据圆形度用 K-近邻
法分类后的图像

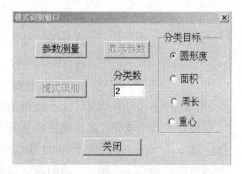

图 14-6 参数测量及 K-近邻法
分类的窗口界面

也可以用测得的周长、面积以及中心坐标进行分类。选择不同的参数,分类的结果不尽相同,对于不同的图像,有些参数可能不能获得很好的分类效果。图 14-6 是模式识别的 Visual C++窗口界面,为了方便使用,与第 7 章特征提取的参数测量和显示功能集合在一起,其中的"显示参数"和"模式识别"键,在执行过"参数测量"后才能使用。

2. 线性可分

线性可分实际上是寻找线性判别函数。下面以 2 类问题为例进行说明。假定判别函数 $g(x)$ 是 x 的线性函数:

$$g(x) = w^{\mathrm{T}}x + \omega_0 \tag{14.3}$$

式中:x 为 d 维特征向量,w 为权向量,分别表示为

$$x = \begin{bmatrix} x_1 \\ x_2 \\ \vdots \\ x_d \end{bmatrix} \quad w = \begin{bmatrix} w_1 \\ w_2 \\ \vdots \\ w_d \end{bmatrix} \tag{14.4}$$

ω_0 是一个常数,称为阈值。

决策规则为

$$g(x) = g_1(x) - g_2(x) \tag{14.5}$$

$$\begin{cases} \text{若 } g(x) > 0\text{,则决策 } x \in \omega_1 \\ \text{若 } g(x) < 0\text{,则决策 } x \in \omega_2 \\ \text{若 } g(x) = 0\text{,则可将 } x \text{ 任意分类} \end{cases}$$

$g(x)$定义了一个决策面,它把归类于 ω_1 类的点与归类于 ω_2 类的点分割开来,当 $g(x)$ 为线性函数时,这个决策面是一个超平面。

设计线性分类器,就是利用训练样本集建立线性判别函数式,式中未知的只有权向量 w 和阈值 ω_0。这样,设计线性分类器问题就转化为利用训练样本集寻找准则函数的极值点 w^* 和 ω_0^* 的问题。这属于最优化技术,这里不再详细讲解。

3. 非线性可分

在实际中,很多的模式识别问题并不是线性可分的,对于这类问题,最常用的方法就是通过某种映射,把非线性可分特征空间变换成线性可分特征空间,再用线性分类器来分类。下面以支持向量机为例说明。

支持向量机的基本思想可以概括为:首先通过非线性变换将特征空间变换到一个更高维数的空间,然后在这个新空间中求取最优线性分类面,而这种非线性变换是通过定义适当的核函数实现的,采用不同的核函数将导致不同的支持向量机算法。核函数主要有 3 类。

(1)多项式形式的核函数:

$$K(x, x_i) = [(x \cdot x_i) + 1]^q \tag{14.6}$$

这时得到的支持向量机是一个 q 阶多项式分类器。

(2)径向基型核函数:

$$K(x, x_i) = \exp\left(-\frac{|x - x_i|^2}{\sigma^2}\right) \tag{14.7}$$

得到的支持向量机是一种径向基函数分类器。

(3)S 型核函数:

$$K(x, x_i) = \tanh[v(x \cdot x_i) + c] \tag{14.8}$$

得到的支持向量机是一个 2 层的感知器神经网络。

14.4.2.2 概率统计分类法

前面提到的几何分类法是在模式几何可分的前提下进行的,但这样的条件并不经常能得到满足。模式分布常常不是几何可分的,即在同一个区域中可能出现不同的模式,这时分类需要使用概率统计分类法。概率统计分类法主要讨论 3 个方面的问题:争取最优的统计决策、密度分布形式已知时的参数估计、密度分布形式未知(或太复杂)时的参数估计。这里我们不再详细讲解。

14.4.3　仿生模式识别方法

模式识别的发展已有几十年的历史,并且提出了许多理论。这些理论和方法都是建立在统计理论的基础上来寻找能够将两类样本划分开来的决策规则。在这些理论中,模式识别实际上就是模式分类。

我们知道,人类在认识事物时侧重于"认识",只有在细小之处才重视"区别"。例如,人类在认识牛、羊、马、犬等动物时,实际上是对每种动物的所有个体所共有的特征的认识,而不是找寻不同种类的动物相互之间的差异性。因此,我们可以看出模式识别的重点不仅仅应该在"区别"上,而且也应该在"认识"上。传统模式识别只注意"区别",而没重视"认识"的概念。与传统模式识别不同,王守觉院士于2002 年提出了仿生模式识别(biomimetic pattern recognition,BPR)理论。它是从"认识"模式的角度出发进行模式识别,而不像传统模式识别那样从"划分"的角度出发进行模式识别。因为这种方式更接近于人类的认识,所以被称为"仿生模式识别"。

仿生模式识别与传统模式识别不同,它是从对一类样本的认识出发来寻找同类样本间的相似性。仿生模式识别引入了同类样本间某些普遍存在的规律,并从对同类样本在特征空间中分布的认识的角度出发,来寻找对同类样本在特征空间中分布区域的最优覆盖。这使得仿生模式识别完全不同于传统模式识别,表 14-2中列出了仿生模式识别与传统模式识别之间的一些主要区别。

表 14-2　仿生模式识别与传统模式识别之间的区别

传统模式识别	仿生模式识别
多类样本之间的最优划分过程	一类样本的认识过程
一类样本与有限类已知样本的区分	一类样本与无限多类未知样本的区分
基于不同类样本间的差异性	基于同类样本间的相似性
寻找不同类间的最优分界面	寻找同类样本的最优覆盖

在现实世界中,如果两个同类样本不完全相同,则这个差别一定是一个渐变过程,即我们一定可以找到一个渐变的序列,这个序列从这两个同源样本中的一个变到另外一个,并且这个序列中的所有样本都属于同一类。这个关于同源的样本间的连续性的规律,我们称之为同源连续性原理(Principle of Homology-Continuity,PHC)。数学描述如下:在特征空间 $\mathbf{R}^N$ 中,设 A 类所有样本点形成的集合为 A,任取两个样本 $\vec{x},\vec{y} \in A$ 且 $\vec{x} \neq \vec{y}$,若给定 $\varepsilon > 0$,则一定存在集合 B 满足

$$B = \{\vec{x}_1 = \vec{x}, \vec{x}_2, \cdots, \vec{x}_{n-1}, \vec{x}_n = \vec{y} |$$

$$d(\vec{x}_m, \vec{x}_{m+1}) < \varepsilon, \forall m \in [1, n-1,], m \in N\} \subset A \qquad (14.9)$$

其中 $d(\vec{x}_m, \vec{x}_{m+1})$ 为样本 $\vec{x}_m$ 与 $\vec{x}_{m+1}$ 间的距离。

　　同源连续性原理就是仿生模式识别中用来作为样本点分布的"先验知识"。因而,仿生模式识别把分析特征空间中训练样本点之间的关系作为基点,而同源连续性原理则为此提供了可能性。传统模式识别中假定"可用的信息都包含在训练集中",却恰恰忽略了同源样本间存在连续性这一重要规律。传统模式识别中把不同类样本在特征空间中的最佳划分作为目标,而仿生模式识别则以一类样本在特征空间分布的最佳覆盖作为目标。图 14-7 是在二维空间中的示意图。

　　由同源连续性原理可知,任何一类事物(如 A 类)在特征空间 $\mathbf{R}^N$ 中的映射(必须是连续映射)的"像"一定是一个连续的区域,记为 P。考虑到随机干扰的影响,所有位于集合 P 附近的样本也应该属于 A 类。我们记样本 $\vec{x}$ 与集合 P 之间的距离为

$$d(\vec{x}, P) = \min_{\vec{y} \in P} d(\vec{x}, \vec{y}) \tag{14.10}$$

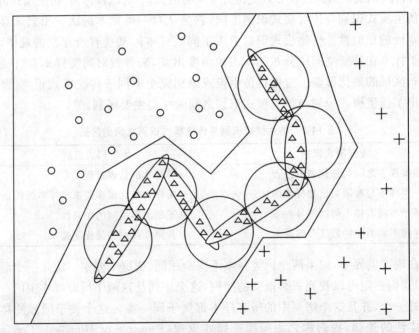

图 14-7　仿生模式识别、传统 BP 网络及传统径向基函数(RBF)网络模式识别示意图

三角形为要识别的样本,圆圈和十字形为与三角形不同类的两类样本,折线为

传统 BP 网络模式识别的划分方式,大圆为 RBF 网络的划分方式,

细长椭圆代表仿生模式识别的"认识"方式

这样,对 A 类样本在特征空间中分布的最佳覆盖 P_A 为

$$P_A = \{\vec{x} \mid d(\vec{x}, P) \leqslant k\} \tag{14.11}$$

其中 k 为选定的距离常数。在 $\mathbf{R}^N$ 空间中,这个最优覆盖是一个 N 维复杂形体,它将整个空间分为两部分,其中一部分属于 A 类,另一部分则不属于 A 类。但是在实际中不可能采集到 A 类的所有样本,所以这个最优覆盖 P_A 实际上是不能够构造出来的。我们可以采用许多较为简单的覆盖单元的组合来近似这个最优覆盖 P_A。在这种情况下,采用仿生模式识别来判断某一个样本是否属于这一类,实际上就是判断这个样本是否至少属于这些较为简单的覆盖单元中的一个。

14.5　应用研究实例 [1-4]

　　下面我们以人脸图像为例讲解如何进行模式识别。本例选用了英国剑桥大学的 ORL 人脸库(http://www.cam-orl.co.uk/facedatabase.html),库中共有 40 个人,每个人有 10 幅图像。所有的照片都是单色背景下的正面头像。每幅照片均为 92×112 像素的灰度图像。图 14-8 所示为库中部分图像。

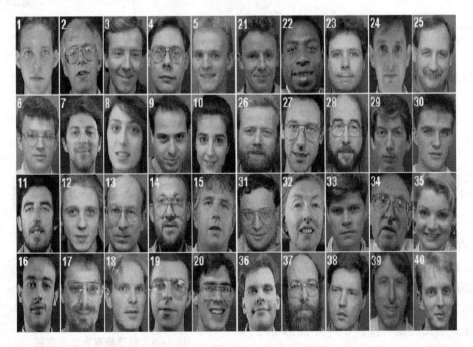

图 14-8　ORL 人脸库中的部分图像

14.5.1　预处理

(1)确定人脸所在位置。

(2)将倾斜人脸转正。

(3)定出眼睛的精确位置,以左眼作为 $A'(x'_a,y'_a)$ 点,右眼作为 $B'(x'_b,y'_b)$ 点。

(4)以 P 点为中心,对图像按 $|x'_a-y'_a|$: 30 的比例进行缩放,变成 255×255 的图像,进而按 3×3 对该图进行马赛克处理,得到 85×85 的人脸图,其中 P 点坐标由下式确定:

$$\left.\begin{array}{l} x_P = \dfrac{3}{2}(x'_a - x'_b) - 1 \\[2mm] y_P = 3y'_a + 2\,|\,x'_a - x'_b - 1\,| \end{array}\right\} \qquad (14.12)$$

(5)以缩放后得到的 85×85 人脸图中两只眼睛所在点 $A(x_a,y_a)$、$B(x_b,y_b)$ 为基点确定 C、D 和 E 点,其公式如下:

$$\left.\begin{array}{l} x_c = \dfrac{1}{2}(x_a + x_b);\ y_c = y_a + 25 \\[2mm] x_d = x_c;\ y_d = y_a + 40 \\[2mm] x_e = x_c;\ y_e = y_a \end{array}\right\} \qquad (14.13)$$

由此得到如图 14-9 所示的 A、B、C、D 和 E 五点。

(6)以图 14-9 中所示的 A、B、C、D 和 E 五点作为基点,进行特征提取,得到一个 512 维的特征向量代表该人脸。

(7)用差分处理减少环境光影响。

14.5.2　人脸识别模型

因为人脸从左向右(或从右向左)转过去的变化过程是一个连续变化的过程,那么其映射到特征空间中的特征点的变化也必然是连续的。我们假定人脸只在左右方向上有变动,所以自由变量只有一个,其特征点组成的集合应该呈一维流形分布,某类人脸在特征空间中的覆盖形状应是一个

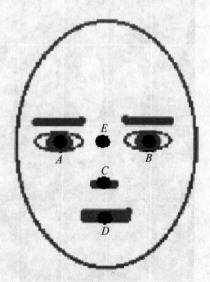

图 14-9　特征提取方法示意图

与曲线段同胚的一维流形与 512 维超球的拓扑乘积,由此构成了该类型样本的封闭子空间。假设该曲线段为 A,超球半径为 R,则该类型样本子空间 P_a 为

$$P_a = \{x \mid \min(\rho(x,y)) < R, y \in A, x \in \mathbf{R}^{512}\} \tag{14.14}$$

假设每个人脸采集的训练样本数为 K,训练样本集 S 表示如下:

$$S = \{x \mid x = s_1, s_2, s_3, \cdots, s_K\} \tag{14.15}$$

其中的样本 $s_1, s_2, s_3, \cdots, s_K$ 是顺序旋转不同的角度采集的。

为了用神经网络中有限的神经元实现对子空间 P_a 的覆盖,我们可以用若干直线段逼近曲线段 A,形成折线段 B,然后用 512 维半径为 R 的超球与 B 的拓扑乘积来近似地覆盖 P_a,得到 P_b,P_b 即为实际得到的该类型样本的子空间。由于训练样本共有 K 个,所以可以用 $K-1$ 个线段逼近 A,每个直线段用 $B_i(i=1,2,\cdots, K-1)$ 表示,则有

$$B_i = \{x \mid x = \alpha s_i + (1-\alpha)s_{i+1}, \alpha \in [0,1], s_i \in S, x \in \mathbf{R}^{512}\}$$
$$B = \bigcup_{i=1}^{K-1} B_i \tag{14.16}$$

则每个神经元覆盖的范围为

$$P_i = \{x \mid \min(\rho(x,y)) \leqslant R, y \in B_i, x \in \mathbf{R}^{512}\} \tag{14.17}$$

为了实现对 P_i 的覆盖,采用了下面所示的神经元结构:

$$y_i = f[\Phi(s_i, s_{i+1}, x)] \tag{14.18}$$

式中:s_i 和 s_{i+1} 为第 i 和第 $i+1$ 个训练样本特征向量;x 为输入向量,即待识别的样本特征向量;y_i 为第 i 个神经元的输出;Φ 为由多权重矢量神经元决定的计算函数(多个矢量输入,一个标量输出),其表达式为

$$\Phi(s_i, s_{i+1}, x) = \min(\rho(x,y))$$
$$y \in \{z \mid z = \alpha s_i + (1-\alpha)s_{i+1}, \alpha \in [0,1]\} \tag{14.19}$$

f 为非线性转移函数,采用下列阶跃函数:

$$f(x) = \begin{cases} 1 & \text{当 } x \leqslant R \\ 0 & \text{当 } x > R \end{cases} \tag{14.20}$$

全部 $K-1$ 个神经元覆盖形成的样本子空间为

$$P_b = \bigcup_{i=1}^{K-1} P_i \tag{14.21}$$

14.5.3　样本训练

因为仿生模式识别的特点是基于本类型样本自身的关系确定自身的样本子空间,所以其训练过程只需要本类型的样本即可,而增加新的样本类型时,也不需要对已训练好的各类型样本进行重新训练。对于某种(某特定人的人脸)类型样本,其训练过程如下:

(1)对每副人脸进行特征提取,得到 K 个特征向量;

(2)从第一个特征向量与第二个特征向量组成的曲线段开始,在512维空间训练覆盖该段范围的神经元,直到完成所有 $K-1$ 个线段对应的 $K-1$ 个神经元的训练。

(3)存储 $K-1$ 个神经元的参数,完成对该类型样本的训练。

14.5.4　样本识别

每种类型的人脸特征子空间由 $K-1$ 个神经元组成,该神经元结构如式(14.18)所示,则该类型判别函数为

$$F_m(x) = F\left(\sum_{i=1}^{K-1} y_i\right) \tag{14.22}$$

其中 m 为该类型的标志号,F 为阶跃函数,

$$F(x) = \begin{cases} 1 & \text{当 } x > 0 \\ 0 & \text{当 } x \leqslant 0 \end{cases} \tag{14.23}$$

所以,当 $F_m(x)$ 输出为 1 时样本 x 属于类型 m,否则就不属于类型 m。

应用研究文献

[1] 王守觉,李兆洲,陈向东,等. 通用神经网络硬件中神经元基本数学模型的讨论[J].电子学报,2001(5):120-124.

[2] 王守觉,王柏南. 人工神经网络的多维空间几何分析及其理论[J].电子学报,2002(1):1-7.

[3] 王守觉. 仿生模式识别(拓扑模式识别)——一种模式识别新模型的理论与应用[J].电子学报,2002(10):1-5.

[4] 王守觉,徐健,王宪保,等. 基于仿生模式识别的多镜头人脸身份确认系统研究[J].电子学报,2003(1):54-56.

附录:源程序列表

List 14.1 K-近邻法

```
# include "StdAfx. h"
# include "BaseList. h"
```

```
/ * ---- KMeans --- K-近邻法模式识别 ----------------------
    Pattern:     输入模式数据指针
    SizeVector:  输入模式数据维数
    NumClusters:输入分类个数
    Cluster:     输出分类结果
-------------------------------------------------------------- * /
// Step 3 of K-means
int    CalcNewClustCenters(double * Pattern, int NumPatterns, int SizeVector, int
NumClusters, aCluster * Cluster);
```

```
//ret indx of clust closest to pattern whose index is arg
int FindClosestCluster(int pat, double * Pattern, int NumPatterns, int SizeVector,
int NumClusters, aCluster * Cluster);
```

```
void KMeans(double * Pattern, int NumPatterns, int SizeVector, int NumClusters,
aCluster * Cluster)
{
    int i,j;
    int pat,Clustid,MemberIndex;
    //Initial cluster centers
    for (i=0; i<NumClusters; i++) {
        Cluster[i]. Member[0]=i;
        for (j=0; j<SizeVector; j++) {
            Cluster[i]. Center[j]=Pattern[j * NumClusters + i];
        }
    }

    int converged;
```

```
int pass;
int SV, NC, NP;
pass=1;
converged=FALSE;
while (converged==FALSE) {
    ////////////////////
    //Clear membership list for all current clusters
    for (i=0; i<NumClusters;i++){
        Cluster[i]. NumMembers=0;
    }
    for (pat=0; pat<NumPatterns; pat++) {
        //Find cluster center to which the pattern is closest
        NP = NumPatterns;
        SV = SizeVector;
        NC = NumClusters;
        Clustid= FindClosestCluster(pat, Pattern, NP, SV, NC, Cluster );
        if(Clustid < 0 ) return;
        //post this pattern to the cluster
        MemberIndex=Cluster[Clustid]. NumMembers;
        Cluster[Clustid]. Member[MemberIndex]=pat;
        Cluster[Clustid]. NumMembers++;
    }
    /////////////////////////
    NP = NumPatterns;
    SV = SizeVector;
    NC = NumClusters;
    converged=CalcNewClustCenters(Pattern, NP, SV, NC, Cluster);
    pass++;
}

}

int  FindClosestCluster(int pat, double * Pattern, int NumPatterns, int SizeVector,
int NumClusters, aCluster * Cluster)
{
    int i,ii,ClustID,p,c;
```

```
    double MinDist, d, dist;
    MinDist =9.9e+99;
    ClustID=-1;
    for (i=0; i<NumClusters; i++) {
//      d=EucNorm(pat,i, Pattern, SV, Cluster);
        /////////////////
        dist=0.0;
        c = i;
        p = pat;
        for (ii=0; ii<SizeVector ;ii++){
            dist+=(Cluster[c].Center[ii]-Pattern[ii * NumPatterns + p]) *
                (Cluster[c].Center[ii]-Pattern[ii * NumPatterns + p]);
        }
        d = dist;
        ///////////////////
//      printf("Distance from pattern %d to cluster %d is %f\n\n",pat,i,sqrt(d));
        if (d <MinDist) {
            MinDist=d;
            ClustID=i;
        }
    }


    return ClustID;
}


int CalcNewClustCenters(double * Pattern, int NumPatterns, int SizeVector, int
NumClusters, aCluster * Cluster)
{
    int ConvFlag,VectID,i,j,k;
    double tmp[MAXVECTDIM];

    ConvFlag=TRUE;

    for (i=0; i<NumClusters; i++) {          //for each cluster

        for (j=0; j<SizeVector; j++) {          // clear workspace
```

```
            tmp[j]=0.0;
        }
    for (j=0; j<Cluster[i]. NumMembers; j++) { //traverse member vectors
        VectID=Cluster[i]. Member[j];
        for (k=0; k<SizeVector; k++) {      //traverse elements of vector
            // add (member) pattern elmnt into temp
            tmp[k] += Pattern[k * NumPatterns + VectID];
        }
    }
    for (k=0; k<SizeVector; k++) {              //traverse elements of vector
        tmp[k]=tmp[k]/Cluster[i]. NumMembers;
        if (tmp[k] ! = Cluster[i]. Center[k])
            ConvFlag=FALSE;
        Cluster[i]. Center[k]=tmp[k];
    }
}
    return ConvFlag;

}
```

第 15 章　神经网络

15.1　人工神经网络

　　自古以来,关于人类智能本源的奥秘,一直吸引着无数哲学家和自然科学家的研究热情。生物学家、神经学家经过长期不懈的努力,通过对人脑的观察和认识,认为人脑的智能活动离不开脑的物质基础,包括它的实体结构和其中所发生的各种生物、化学、电学作用,并因此建立了神经网络理论和神经系统结构理论,而神经网络理论又是此后神经传导理论和大脑功能学说的基础。在这些理论基础之上,科学家们认为,可以从仿制人脑神经系统的结构和功能出发,研究人类智能活动和认识现象。另一方面,19 世纪之前,无论是以欧氏几何和微积分为代表的经典数学,还是以牛顿力学为代表的经典物理学,从总体上说都是线性科学。然而,客观世界是如此的纷繁复杂,非线性情况随处可见,人脑神经系统更是如此。复杂性和非线性是联系在一起的,因此,对非线性科学的研究也是我们认识复杂系统的关键。为了更好地认识客观世界,我们必须对非线性科学进行研究。人工神经网络(artificial neural network,ANN)作为一种非线性的、与大脑智能相似的网络模型,就这样应运而生了。所以,人工神经网络的创立不是偶然的,而是 20 世纪初科学技术充分发展的产物。

　　人工神经网络是一种模仿人类神经网络行为特征的分布式并行信息处理算法结构的动力学模型。它用接受多路输入刺激、按加权求和超过一定阈值时产生"兴奋"输出的部件,来模仿人类神经元的工作方式,并通过这些神经元部件相互连接的结构和反映关联强度的权系数,使其"集体行为"具有各种复杂的信息处理功能。特别是这种宏观上具有鲁棒性、容错性、抗干扰性、适应性、自学习等灵活而强有力功能的形成,不是由于元部件性能不断改进,而是通过复杂的互联关系得以实现,因而人工神经网络是一种连接机制模型,具有复杂系统的许多重要特征。

　　人工神经网络的实质反映了输入转化为输出的一种数学关系,这种数学关系是由网络的结构确定的,网络的结构必须根据具体问题进行设计和训练。而正因为神经网络的这些特点,使之在模式识别技术中得到了广泛的应用。所谓模式,从广义上说,就是事物的某种特性类属,如图像、文字、声呐信号、动植物种类形态等信息。模式识别就是将所研究客体的特性类属映射成"类别号",以实现对客体特定类别的识别。人工神经网络特别适宜解决这类问题,形成了新的模式信息处理技术。这方面的主要应用有图形符号、手写体及语音识别,雷达及声呐等目标的识别。

15.1.1 人工神经网络的生物学基础

人工神经网络是根据人们对生物神经网络的研究成果设计出来的,它由一系列的神经元及其相应的连接构成,具有良好的数学描述,不仅可以用适当的电子线路来实现,更可以方便地用计算机程序加以模拟。

人的大脑含有 10^{11} 个生物神经元,它们通过 10^{15} 个连接被连成一个系统。每个神经元具有独立的接收、处理和传递电化学(electrochemical)信号的能力。这种传递经由构成大脑通信系统的神经通路完成,如图 15-1 所示。

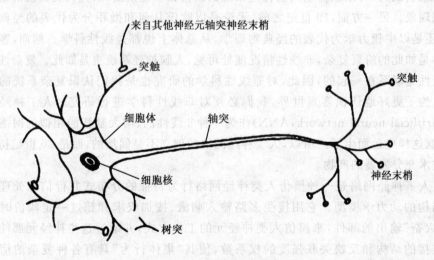

图 15-1 典型的神经元

在这个系统中,每一个神经元都通过突触与系统中很多其他的神经元相联系。研究认为,同一个神经元通过由其伸出的枝蔓发出的信号是相同的,而这个信号可能对接收它的不同神经元有不同的效果,这种效果主要由相应的突触决定。突触的"连接强度"越大,接收的信号就越强;反之,突触的"连接强度"越小,接收的信号就越弱。突触的"连接强度"可以随着系统受到的训练而改变。

总结起来,生物神经系统共有如下几个特点:

(1)神经元及其连接;

(2)神经元之间的连接强度是可以随训练而改变的;

(3)信号可以是起刺激作用的,也可以是起抑制作用的;

(4)一个神经元接收的信号的累计效果决定该神经元的状态;

(5)神经元之间的连接强度决定信号传递的强弱;

(6)每个神经元可以有一个"阈值"。

15.1.2　人工神经元

从上述可知,神经元是构成神经网络的最基本的单元。因此,要想构造一个人工神经网络模型,首要任务是构造人工神经元模型(图 15-2),而且我们希望,这个模型不仅是简单、容易实现的数学模型,而且它还应该具有前面所介绍的生物神经元的 6 个特征。

每个神经元都由一个细胞体、一个连接其他神经元的轴突和一些向外伸出的其他较短分支——树突组成。轴突的功能是将本神经元的输出信号(兴奋)传递给别的神经元。其末端的许多神经末梢使得兴奋可以同时传送给多个神经元。树突的功能是接收来自其他神经元的兴奋。神经元细胞体将接收到的所有信号进行简单地处理(如加权求和,即对所有的输入信号都加以考虑且对每个信号的重视程度——体现在权重上——有所不同)后由轴突输出。神经元的树突与其他神经元的神经末梢相连的部分称为突触。

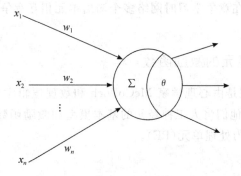

图 15-2　不带激励函数的神经元

图 15-2 中,$x_1, x_2, \cdots, x_n$ 是来自其他人工神经元的信息,把它们作为该人工神经元的输入,$w_1, w_2, \cdots, w_n$ 依次为它们对应的连接权重。

15.1.3 人工神经元的学习

通过向环境学习获取知识并改进自身性能是人工神经元的一个重要特点。按环境所提供信息的多少,网络的学习方式可分为 3 种:

(1)监督学习。这种学习方式需要外界存在一个"教师",它可对一组给定输入提供应有的输出结果(正确答案)。学习系统可以根据已知输出与实际输出之间的差值(误差信号)来调节系统参数。

(2)非监督学习。不存在外部"教师",学习系统完全按照环境所提供数据的某些统计规律来调节自身参数或结构。这是一种自组织过程。

(3)再励学习。这种学习介于上述两种情况之间,外部环境对系统输出结果只给出评价(奖或惩),而不是给出正确答案,学习系统通过强化那些受奖励的动作来改善自身的性能。

学习算法也可分为 3 种:

(1)误差纠正学习。它的最终目的是使某一基于误差信号的目标函数达到最小,以使网络中每一输出单元的实际输出在某种统计意义上最逼近应有输出。一旦选定了目标函数形式,误差纠正学习就成为一个典型的最优化问题。最常用的目标函数是均方误差判据。

(2)海伯(Hebb)学习。1949 年,加拿大心理学家 Hebb 提出了 Hebb 学习规则,可归结为"当某一突触两端的神经元激活同步时,该连接的强度应增强,反之则应减弱"。Hebb 学习规则成为连接学习的基础。

(3)竞争学习。在竞争学习时网络多个输出单元相互竞争,最后达到只有一个最强激活者。

15.1.4 人工神经元的激励函数

人工神经元模型是由心理学家 McCulloch 和数理逻辑学家 Pitts 合作提出的 M-P 模型(图 15-3),他们将人工神经元的基本模型和激励函数合在一起构成人工神经元,也可以称之为处理单元(PE)。

激励函数

$$y = f\left(\sum_{l=0}^{n-1} \omega_l \chi_l - \theta\right) \tag{15.1}$$

f 称为激励函数或作用函数,该输出为 1 或 0 取决于其输入之和大于还是小于内部阈值 θ。令

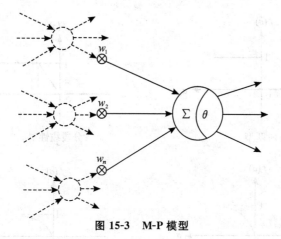

图 15-3　M-P 模型

$$\sigma = \sum_{l=0}^{n-1} \omega_l \, \chi_l - \theta \tag{15.2}$$

f 函数的定义如下：

$$y = f(\sigma) = \begin{cases} 1 & \sigma > 0 \\ 0 & \sigma < 0 \end{cases} \tag{15.3}$$

即 $\sigma > 0$ 时，该神经元被激活，进入兴奋状态，$f(\sigma) = 1$；当 $\sigma < 0$ 时，该神经元被抑制，$f(\sigma) = 0$。激励函数具有非线性特性。常用的非线性激励函数有阶跃型、Sigmoid型（简称 S 型）、双曲正切型和分段线性型等，如图 15-4 所示。

（1）阶跃函数：

$$f(\sigma) = \begin{cases} 1 & \sigma \geqslant 0 \\ 0 & \sigma < 0 \end{cases} \tag{15.4}$$

或

$$f(\sigma) = \begin{cases} 1 & \sigma \geqslant 0 \\ -1 & \sigma < 0 \end{cases} \tag{15.5}$$

（2）分段线性函数：

$$f(\sigma) = \begin{cases} 1 & \sigma \geqslant \sigma_0 \\ k\sigma & 0 \leqslant \sigma < \sigma_0 \\ 0 & \sigma < 0 \end{cases} \tag{15.6}$$

（3）Sigmoid（S 型）函数：

$$f(\sigma) = 1/(1 + e^{-\sigma}) \tag{15.7}$$

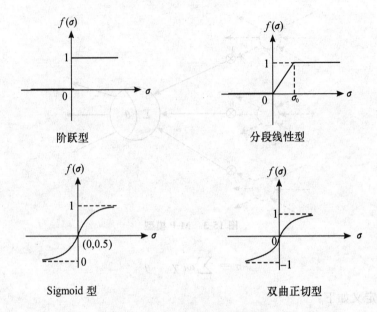

图 15-4 常用非线性激励函数曲线

（4）双曲正切函数：

$$f(\sigma) = \tanh(\sigma) = (e^{\sigma} - e^{-\sigma})/(e^{\sigma} + e^{-\sigma}) \tag{15.8}$$

其中阶跃函数多用于离散型的神经网络，S型函数常用于连续型的神经网络。

15.1.5 人工神经网络的特点

人工神经网络是由大量的神经元广泛互连而成的系统，它的这一结构特点决定着人工神经网络具有高速信息处理的能力。虽然每个神经元的运算功能十分简单，且信号传输速率也较低（大约100次/s），但由于各神经元之间的极度并行互联功能，最终使得一个普通人的大脑在约1 s内就能完成现行计算机至少需要数十亿次处理步骤才能完成的任务。

人工神经网络的知识存储容量很大。在神经网络中，知识与信息的存储表现为神经元之间分布式的物理联系。它分散地表示和存储于整个网络内的各神经元及其连线上。每个神经元及其连线只表示一部分信息，而不是一个完整具体的概念。只有通过各神经元的分布式综合效果才能表达出特定的概念和知识。

由于人工神经网络中神经元个数众多以及整个网络存储信息容量巨大，使得它具有很强的不确定性信息处理能力，即使输入信息不完全、不准确或模糊不清，神经网络仍然能够联想思维存在于记忆中的事物的完整图像。只要输入的模式接近于训练样本,系统就能给出正确的推理结论。正是因为人工神经网络的结构特点和其信息存储的分布式特点,使得它相对于其他的判断识别系统,如专家系统等,具有另一个显著的优点:健壮性。生物神经网络不会因为个别神经元的损失而失去对原有模式的记忆。最有力的证明是,当一个人的大脑因意外事故受轻微损伤之后,并不会失去原有事物的全部记忆。人工神经网络也有类似的情况。因某些原因,无论是网络的硬件实现还是软件实现中的某个或某些神经元失效,整个网络仍然能继续工作。

　　人工神经网络同现行的计算机不同,是一种非线性的处理单元。只有当神经元对所有的输入信号的综合处理结果超过某一阈值后才输出一个信号。因此,神经网络是一种具有高度非线性的超大规模连续时间动力学系统,它突破了传统的以线性处理为基础的数字电子计算机的局限,标志着人们智能信息处理能力和模拟人脑智能行为能力的一大飞跃。神经网络的上述功能和特点,使其应用前途一片光明。

15.2　BP 神经网络

15.2.1　BP 神经网络简介

　　BP 神经网络(back-propagation neural network)又称误差逆传播神经网络或多层前馈神经网络,它是单向传播的多层前向神经网络,第一层是输入节点(神经元),最后一层是输出节点,其间有一层或多层隐含层节点,隐含层中的神经元均采用Sigmoid 型激励函数,输出层的神经元采用纯线性激励函数。图 15-5 为三层前馈神经网络的拓扑结构。这种神经网络模型的特点是:各层神经元仅与相邻层神经元之间有连接,各层内神经元之间无任何连接,各层神经元之间无反馈连接。

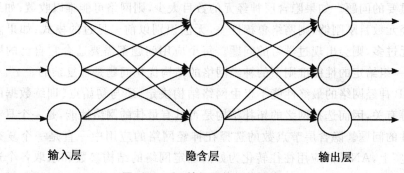

输入层　　　　　　　隐含层　　　　　　　输出层

图 15-5　BP 神经网络拓扑结构

BP 神经网络的输入与输出关系是一个高度非线性映射关系,如果输入层节点数为 n,输出层节点数为 m,则网络是从 n 维欧氏空间到 m 维欧氏空间的映射(1989年 Robert Hecht-Nielson 证明了对于闭区间内的任一连续函数都可以用一个含隐含层的 BP 神经网络来逼近,因而一个三层的 BP 神经网络可以完成任意的 n 维到 m 维的映射)。

关于 BP 网络已经证明了存在下面两个基本定理。

定理 1(Kolmogrov 定理) 给定任一连续函数 $f:[0,1]^n \to \mathbf{R}^m$,$f$ 可以用一个三层前馈神经网络实现,第一层即输入层有 n 个神经元,中间层有 $2n+1$ 个神经元,第三层即输出层有 m 个神经元。

定理 2 给定任意 $\varepsilon > 0$,对于任意的 L2 型连续函数 $f:[0,1]^n \to \mathbf{R}^m$,存在一个三层 BP 神经网络,它可以在任意 ε 平方误差精度内逼近 f。

通过这两个定理可知,BP 神经网络具有以任意精度逼近任意非线性连续函数的特性。在确定了 BP 神经网络的结构后,利用输入输出样本集对其进行训练,亦即对网络的权重和阈值进行学习和调整,以使网络实现给定的输入输出映射关系。

增加网络隐含层的层数可以降低误差、提高精度,但是增加网络隐含层层数的同时使网络结构变得复杂,网络权重的数目急剧增大,从而使网络的训练时间增加。精度的提高还可以通过调整隐含层中的节点数目来实现,这样训练结果也更容易观察调整,所以通常优先考虑采用较少隐含层的网络结构。

BP 神经网络经常采用一个隐含层的结构,网络训练能否收敛以及精度的提高,可以通过调整隐含层的神经元个数的方法实现,这种方法与采用多个隐含层的网络相比,学习时间和计算量都要减小许多。然而在具体问题中,采用多少个隐含层、多少个隐含层节点的问题,理论上并没有明确的规定和方法可供使用。近年来,已有很多针对 BP 神经网络结构优化问题的研究,这是网络的拓扑结构设计中非常重要的问题。如果隐含层神经元的数目太少,则网络可能难以收敛;如果隐含层神经元数目刚刚够,则网络鲁棒性差,无法识别以前未见过的模式;如果隐含层神经元过多,则会出现过学习的问题。每个应用问题都需要适合它自己的网络结构,在一组给定的性能准则下的神经网络的结构优化问题是很复杂的。

BP 神经网络的最终性能不仅由网络结构决定,还与初始点、训练数据的学习顺序等有关,因而选择网络的拓扑结构是否具有最佳的网络性能,是一个具有一定随机性的问题。隐含层节点数的选择在神经网络的应用中一直是一个复杂的问题,事实上,ANN 的应用往往转化为如何确定网络的结构参数和求取各个连接权重。隐含层节点数过少可能训练不出网络或者网络不够"健壮",不能识别以前没有看见过的样本,容错性差;但隐含层节点数过多又会使学习时间过长,误差也不一定最佳,因此存在一个如何确定合适的隐含层节点数的问题。在具体设计时,比较实际的做法是通过对不同节点数进行训练对比,然后适当地加上一点余量。经过训练的 BP 神经网络,对于不是样本集中的输入也能给出合适的输出,这种性质称为泛化(generalization)功能。从函数拟合的角度看,这说明 BP 神经网络具有插值功能。

15.2.2　BP 神经网络的训练学习

假设 BP 神经网络输入层有 n 个神经元,隐含层有 p 个神经元,输出层有 q 个神经元。

输入向量:$x=(x_1, x_2, \cdots, x_n)$

隐含层输入向量:$h_i=(h_{i1}, h_{i2}, \cdots, h_{ip})$

隐含层输出向量:$h_o=(h_{o1}, h_{o2}, \cdots, h_{op})$

输出层输入向量:$y_i=(y_{i1}, y_{i2}, \cdots, y_{iq})$

输出层输出向量:$y_o=(y_{o1}, y_{o2}, \cdots, y_{oq})$

期望输出向量:$d_o=(d_1, d_2, \cdots, d_q)$

输入层与隐含层的连接权值:w_{ih}

隐含层与输出层的连接权值:w_{ho}

隐含层各神经元的阈值:θ_h

输出层各神经元的阈值:θ_o

样本数据个数:$k=1, 2, \cdots, m$

激励函数通常选用 Sigmoid 函数或双曲正切函数,可以体现出生物神经元的非线性特性,而且满足 BP 算法所要求的激励函数可导条件,则输出为

$$o=f(net)=\frac{1}{1+\mathrm{e}^{-net}} \tag{15.9}$$

式中:net 为神经元的输入,o 为神经元的输出。

$$f'(net)=-\frac{1}{(1+\mathrm{e}^{-net})^2}(-\mathrm{e}^{-net})=o-o^2=o(1-o) \tag{15.10}$$

曲线如图 15-6 所示。

误差函数

$$e=\frac{1}{2}\sum_{o=1}^{q}\left[d_o(k)-y_{oo}(k)\right]^2 \tag{15.11}$$

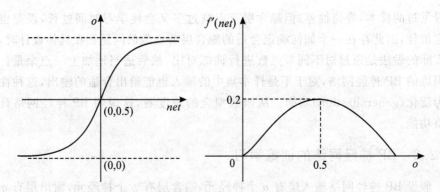

图 15-6　Sigmoid 函数

第一步，网络初始化。给各连接权重分别赋予区间(−1,1)内的一个随机数，设定误差函数 e，给定计算精度值和最大学习次数 M。

第二步，随机选取第 k 个输入样本及对应期望输出：

$$x(k) = (x_1(k), x_2(k), \cdots, x_n(k)) \tag{15.12}$$

$$d(k) = (d_1(k), d_2(k), \cdots, d_q(k)) \tag{15.13}$$

第三步，计算隐含层各神经元的输入和输出：

$$h_{ih}(k) = \sum_{i=1}^{n} w_{ih} x_i(k) - \theta_h \qquad h = 1, 2, \cdots, p \tag{15.14}$$

$$h_{oh}(k) = f(h_{ih}(k)) \qquad h = 1, 2, \cdots, p \tag{15.15}$$

$$y_{io}(k) = \sum_{h=1}^{p} w_{ho} h_{oh}(k) - \theta_o \qquad o = 1, 2, \cdots, q \tag{15.16}$$

$$y_{oo}(k) = f(y_{io}(k)) \qquad o = 1, 2, \cdots, q \tag{15.17}$$

第四步，利用网络期望输出和实际输出，计算误差函数 e 对输出层的各神经元 y_{io} 的偏导数 $\delta_o(k)$。

$$\frac{\partial e}{\partial w_{ho}} = \frac{\partial e}{\partial y_{io}} \frac{\partial y_{io}}{\partial w_{ho}} \tag{15.18}$$

$$\frac{\partial y_{io}(k)}{\partial w_{ho}} = \frac{\partial \left(\sum_{h=1}^{p} w_{ho} h_{oh}(k) - \theta_o \right)}{\partial w_{ho}} = h_{oh}(k) \tag{15.19}$$

$$\frac{\partial e}{\partial y_{io}} = \frac{\partial \left(\frac{1}{2} \sum_{o=1}^{q} \left[d_o(k) - y_{oo}(k) \right] \right)^2}{\partial y_{io}}$$

$$= -[d_o(k) - y_{oo}(k)] y_{oo}'(k)$$

$$= -[d_o(k) - y_{oo}(k)] f'(y_{io}(k)) - \delta_o(k) \qquad (15.20)$$

第五步,利用隐含层到输出层的连接权重 ∂w_{ho}、输出层的 $\delta_o(k)$ 和隐含层的输出 h_{oh} 计算误差函数对隐含层各神经元 h_{ih} 的偏导数 $\delta_h(k)$。

$$\frac{\partial e}{\partial w_{ho}} = \frac{\partial e}{\partial y_{io}} \frac{\partial y_{io}}{\partial w_{ho}} = -\delta_o(k) h_{oh}(k) \qquad (15.21)$$

$$\frac{\partial e}{\partial w_{ih}} = \frac{\partial e}{\partial h_{ih}(k)} \frac{\partial h_{ih}(k)}{\partial w_{ih}} \qquad (15.22)$$

$$\frac{\partial h_{ih}(k)}{\partial w_{ih}} = \frac{\partial \left(\sum_{i=1}^{n} w_{ih} x_i(k) - \theta_h \right)}{\partial w_{ih}} = x_i(k) \qquad (15.23)$$

$$\frac{\partial e}{\partial h_{ih}(k)} = \frac{\partial \left(\frac{1}{2} \sum_{o=1}^{q} [d_o(k) - y_{oo}(k)]^2 \right)}{\partial h_{oh}(k)} \frac{\partial h_{oh}(k)}{\partial h_{ih}(k)}$$

$$= \frac{\partial \left(\frac{1}{2} \sum_{o=1}^{q} [d_o(k) - f(y_{io}(k))]^2 \right)}{\partial h_{oh}(k)} \frac{\partial h_{oh}(k)}{\partial h_{ih}(k)}$$

$$= \frac{\partial \left(\frac{1}{2} \sum_{o=1}^{q} [d_o(k) - f(\sum_{h=1}^{p} w_{ho} h_{oh}(k) - \theta_o)^2] \right)}{\partial h_{oh}(k)} \frac{\partial h_{oh}(k)}{\partial h_{ih}(k)} \qquad (15.24)$$

$$= -\sum_{o=1}^{q} [d_o(k) - y_{oo}(k)] f'(y_{io}(k)) w_{ho} \frac{\partial h_{oh}(k)}{\partial h_{ih}(k)}$$

$$= \left[\sum_{o=1}^{q} \delta_o(k) w_{ho} \right] f'(h_{ih}(k)) - \delta_h(k)$$

第六步,利用输出层各神经元的 $\delta_o(k)$ 和隐含层各神经元的输出来修正连接权重 $w_{ho}(k)$。

$$\Delta w_{ho}(k) = -\eta \frac{\partial e}{\partial w_{ho}} = \eta \delta_o(k) h_{oh}(k) \qquad (15.25)$$

$$w_{ho}^{N+1} = w_{ho}^{N} + \eta \delta_o(k) h_{oh}(k) \qquad (15.26)$$

N 为迭代次数。

第七步,利用隐含层各神经元的 $\delta_h(k)$ 和输入层各神经元的输入修正输入层和隐含层连接权重 w_{ih}。

$$\Delta w_{ih}(k) = -\eta \frac{\partial e}{\partial w_{ih}} = -\eta \frac{\partial e}{\partial h_{ih}(k)} \frac{\partial h_{ih}(k)}{\partial w_{ih}} = \eta \delta_h(k) x_i(k) \tag{15.27}$$

$$w_{ih}^{N+1} = w_{ih}^N + \eta \delta_h(k) x_i(k) \tag{15.28}$$

第八步,计算全局误差。

$$E = \frac{1}{2m} \sum_{k=1}^{m} \sum_{o=1}^{q} \left[d_o(k) - y_{oo}(k) \right]^2 \tag{15.29}$$

第九步,判断网络误差是否满足要求。当误差达到预设精度或学习次数大于设定的最大次数,则结束算法。否则,选取下一个学习样本及对应的期望输出,返回到第三步,进入下一轮学习。

15.3　BP 神经网络在数字字符识别中的应用

数字字符识别在现代日常生活中的应用越来越广泛,如车辆牌照自动识别系统、联机手写识别系统、办公自动化等。若利用机器来识别银行票据上的签字,就能在相同的时间内做更多的工作,既节省了时间,又节约了人力、物力资源,提高工作效率,有效地降低成本。随着我国社会经济、公路运输的高速发展,以及汽车拥有量的急剧增加,采用先进、高效、准确的智能交通管理系统迫在眉睫。汽车牌照自动识别是智能交通管理系统中的关键技术之一,而汽车牌照的识别又主要是数字字符的识别,目前这个领域主要的应用技术有 IC 卡技术、条形码技术等,而采用计算机视觉技术和图像处理技术进行车牌识别是一个发展方向。因此,数字字符识别这项技术有巨大的发展前景。利用 BP 神经网络来实现数字字符识别,是现在最流行的识别方法之一。在神经网络的实际应用中,80%～ 90%的人工神经网络模型是采用 BP 网络或其变化形式。

15.3.1　BP 神经网络数字字符识别系统原理

一般神经网络数字字符识别系统由预处理、特征提取和神经网络分类器组成。预处理就是将原始数据中的无用信息删除,去除噪声等干扰因素,一般采用梯度锐化、平滑、二值化、字符分割和幅度归一化等方法对原始数据图像进行预处理,以提取有用信息。神经网络数字字符识别系统中的特征提取部分不一定存在,这样就分为两大类:①有特征提取部分:这一类系统实际上是传统方法与神经网络方法技术的结合,这种方法可以充分利用人的经验来获取模式特征以及神经网络分类能力来识别字符。特征提取必须能反映整个字符的特征。但它的抗干扰能力不如第2类。②无特征提取部分:省去特征提取,整个字符直接作为神经网络的输入(有人称此种方式是使用字符网格特征),在这种方式下,系统的神经网络结构的复杂度大大增加了,输入模式维数的增加导致了网络规模的庞大;此外,神经网络结构需要完全自己消除模式变形的影响。但是网络的抗干扰性能好,识别率高。

BP 神经网络模型的输入就是数字字符的特征向量,输出节点数是字符数。10个数字字符,输出层就有 10 个神经元,每个神经元代表一个数字。隐含层数要选好,每层神经元数要合适。然后要选择适当的学习算法,这样才会有很好的识别效果。

在学习阶段应该用大量的样本进行训练学习,通过样本的大量学习对神经网络各层的连接权重进行修正,使其对样本有正确的识别结果,这就像人记数字一样,网络中的神经元就像是人脑细胞,连接权重的改变就像是人脑细胞的相互作用的改变,网络学习阶段就像人由不认识数字到认识数字反复学习的过程。神经网络是由特征向量的整体来记忆数字的,只要大多数特征符合学习过的样本就可识别为同一字符,所以当样本存在较大噪声时神经网络模型仍可正确识别。在数字字符识别阶段,只要将预处理后的特征向量作为神经网络模型的输入,经过网络的计算,模型的输出就是识别结果。

15.3.2 网络模型的建立

首先,设计、训练一个神经网络能够识别 10 个数字,意味着每当给训练过的网络一个表示某一数字的输入时,网络能够正确地在输出端指出该数字,那么很显然,该网络记忆住了所有 10 个数字。神经网络的训练应当是有监督地训练出输入端的 10 个分别表示数字 0~9 的数组,能够对应出输出端 1~10 的具体的位置。因此必须先将每个数字的位图进行数字化处理,以便构造输入样本。经过灰度图像二值化、梯度锐化、倾斜调整、噪声滤波、图像分割、尺寸标准归一化等处理后,每个训练样本数字字符被转化成一个 8×16 矩阵的布尔值表示,例如数字 0 可以用 0、1 矩阵表示为:

$$
\text{Letter0} = \begin{bmatrix}
0 & 0 & 1 & 1 & 1 & 1 & 1 & 0 \\
0 & 0 & 1 & 0 & 0 & 0 & 1 & 0 \\
0 & 0 & 1 & 0 & 0 & 0 & 1 & 0 \\
0 & 0 & 1 & 0 & 0 & 0 & 1 & 0 \\
0 & 0 & 1 & 0 & 0 & 0 & 1 & 0 \\
0 & 0 & 1 & 0 & 0 & 0 & 1 & 0 \\
0 & 0 & 1 & 0 & 0 & 0 & 1 & 0 \\
0 & 0 & 1 & 0 & 0 & 0 & 1 & 0 \\
0 & 0 & 1 & 0 & 0 & 0 & 1 & 0 \\
0 & 0 & 1 & 0 & 0 & 0 & 1 & 0 \\
0 & 0 & 1 & 0 & 0 & 0 & 1 & 0 \\
0 & 0 & 1 & 0 & 0 & 0 & 1 & 0 \\
0 & 0 & 1 & 0 & 0 & 0 & 1 & 0 \\
0 & 0 & 1 & 0 & 0 & 0 & 1 & 0 \\
0 & 0 & 1 & 0 & 0 & 0 & 1 & 0 \\
0 & 0 & 1 & 1 & 1 & 1 & 0 & 0
\end{bmatrix}
$$

　　此外，网络还必须具有容错能力。因为在实际情况下，网络不可能接收到一个理想的布尔向量作为输入。对噪声进行数字化处理以后，当噪声均值为 0、标准差小于等于 0.2 时，系统能够做到正确识别输入向量，这就是网络的容错能力。

　　对于辨识数字的要求，神经网络被设计成两层 BP 网络，具有 $8 \times 16 = 128$ 个输入端，输出层有 10 个神经元。训练网络就是要使其输出向量正确代表数字向量。但是，由于噪声信号的存在，网络可能会产生不精确的输出，而通过竞争传递函数训练后，就能够保证正确识别带有噪声的数字向量。网络模型建立的步骤如下：

　　初始化：首先生成输入样本数据和输出向量，然后建立一个两层神经网络。

　　网络训练：为了使建立的网络对输入向量有一定的容错能力，最好的办法就是既使用理想信号，又使用带有噪声的信号对网络进行训练。训练的目的是获得一个好的权重数据，使得它能够辨认足够多的从来没有学习过的样本。即采用一部分样本输入到 BP 网络中，经过多次调整形成一个权重文件。

　　训练的基本流程如下。

　　(1)给输入层和隐含层之间的连接权重 w_{ih}，隐含层与输出层的连接权重 w_{ho}，阈值 θ_h 赋予 $[0,1]$ 之间的随机值，并指定学习速度 η 以及神经元的激励函数。

(2)将含有 $n \times n$ 个像素数据的图像作为神经网络的输入模式 $x(k) = (x_1(k), x_2(k), \cdots, x_n(k))$ 提供给网络,随机产生输出模式对 $y(k) = (y_1(k), y_2(k), \cdots, y_m(k))$。

(3)计算隐含层各神经元的输出 h_o:

$$\begin{cases} h_i = \sum_{i=1}^{n} w_{ih} x_i - \theta_h \\ h_o = f(h_i) \end{cases} \tag{15.30}$$

(4)计算输出层神经元的响应 y_o:

$$\begin{cases} y_j = \sum_{j=1}^{p} w_{j1} h_o - \theta_o \\ y_o = f(y_j) \end{cases} \tag{15.31}$$

(5)利用给定的输出数据计算输出层神经元的一般化误差 e:

$$e = \frac{1}{2} \sum_{o=1}^{q} [d_o(k) - y_o(k)]^2 \tag{15.32}$$

(6)利用输出层神经元的一般化误差 e、隐含层各神经元输出 h_o,修正隐含层与输出层的连接权重 w_{ho}:

$$w_{ho}^{N+1} = w_{ho}^{N} + \eta \delta_o(k) h_{oh}(k) \tag{15.33}$$

(7)利用隐含层各神经元的 $\delta_h(k)$ 和输入层各神经元的输入修正输入层和隐含层连接权重 w_{ih}。

$$\Delta w_{ih}(k) = -\eta \frac{\partial e}{\partial w_{ih}} = -\eta \frac{\partial e}{\partial h_{ih}(k)} \frac{\partial h_{ih}(k)}{\partial w_{ih}} = \delta_h(k) x_i(k) \tag{15.34}$$

(9)随机选取另一个输入-输出数据组,返回(3)进行学习;重复利用全部数据组进行学习。这时网络利用样本集完成一次学习过程。

(10)重复下一次学习过程,直至网络全局误差小于设定值或学习次数达到设定次数为止。

(11)对经过训练的网络进行性能测试,检查其是否符合要求。

上述步骤中的(3)、(4)是正向传播过程,(5)~(8)是误差逆向传播过程,在反复的训练和修正中,神经网络最后收敛到能正确反映客观过程的权重值。应用理想的输入信号对网络进行训练,直到其均方差达到精度为止。

15.3.3 BP 神经网络数字字符识别的程序说明

List 15.1 为 BP 神经网络数字字符识别的主要程序，包括倾斜调整函数 Slope_adjust、文字分割函数 Char_segment、文字宽度调整函数 Std_char_rect、文字规整排列函数 Auto_align、提取特征向量函数 Code、BP 网络训练函数 BpTrain、读取各层节点数目函数 r_num、文字识别函数 CodeRecognize 等。当然对于一幅要识别的图像，还需要进行彩色转灰度、二值分割、去噪等前期处理，这些功能都是前面章节介绍的内容，可以利用前面章节的功能界面来完成。

实际应用过程中，我们采用图 15-7 所示的数字图像进行训练，来验证 BP 神经网络在图像文字识别中的可用性。

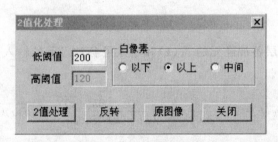

图 15-7　数字训练样本

15.3.3.1　网络训练

第一步：首先将图 15-7 读入系统。

第二步：打开"二值化处理"窗口（图 15-8），阈值设定为 200，选择"以上"，进行二值化处理。

图 15-8　二值化处理窗口

第三步：关闭"二值化处理"窗口，执行"去噪声—中值法"菜单命令 3 次，对图像进行去噪处理。

第四步：点击菜单"BP 神经网络"，打开"基于 BP 的文字识别"窗口，如图 15-9 所示。

第五步：执行"倾斜调整"，调整文字的倾斜度。执行后，"字符分割"键有效。

第七步：执行"尺寸标准化"，生成标准尺寸的字符。执行后，"紧缩排列"键有效。本系统将标准化尺寸固定为高 8 像素、宽 16 像素。

第八步：执行"紧缩排列"，将标准化后的字符顺序排列。执行后，"网络训练"和"文字识别"键有效。

图 15-10 是经过以上各步处理后得到的文字样本图像。

图 15-9　文字识别窗口

第九步：执行"网络训练"，在内部生成一个存放权重的文件，用于以后的文字识别。"网络训练"需要一定的时间，执行期间请耐心等待。

经过以上各步将获得一个存放权重的文件，在以后的文字识别中将没有必要再进行训练。如果对训练结果不满意，可以在改变网络训练参数或者改变训练图像后重新进行训练。

0123456789012345678901234567890123456789

图 15-10　预处理后的训练样本

由于预处理后所得的对象是 8×16 像素的字符，因此，输入端采用 128 个神经元，每个输入神经元分别代表所处理图像的一个像素值。输出层采用 10 个神经元，分别对应 10 个数字。隐含层和输出层的神经元激励函数均应用 Sigmoid 型，这是因为该函数输出量在(0,1)区间内，恰好满足输出为布尔值的要求。神经网络的参数设定如图 15-9 所示，隐含层节点数为 10 个，最小均方误差为 0.001，训练步长为 0.015。神经网络训练的过程就是要使其输出向量正确代表数字向量。

15.3.3.2　数字识别

图 15-11 是要识别的数字图像，该图像是彩色图像。具体步骤如下。

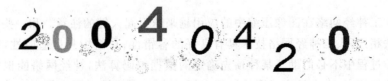

图 15-11　数字图像测试样本

第一步：读入图像，执行菜单"彩色转灰度"命令，将彩色图像转化为灰度图像。

第二步至第八步：与"网络训练"的第二步至第八步完全相同。图 15-12 是经过以上各步处理后的测试样本图像。

第九步：执行"文字识别"命令，输出图 15-13 的识别结果。注意该输出结果是比较理想的识别结果，一般情况下，识别的准确率在 80％以上。

20040420

图 15-12　预处理后的
　　　　　测试样本

图 15-13　数字识别结果

15.4　应用研究实例

人工神经网络以对信息的分布存储和并行处理为基础，在许多方面更接近人对信息的处理方法，具有模拟人的形象思维的能力，反映了人脑功能的若干基本特性，是人脑的某种抽象、简化和模拟。人工神经网络在图像分析处理中存在着优势，具体体现如下：

（1）大多数人工神经网络都具有相当强的模式识别与模式分类能力，这给解决图像处理中的模式分类问题提供了一个强有力的工具。

（2）人工神经网络有较强的容错性和联想记忆功能，任何局部的损坏不会影响整体结果，这一特性有助于解决有噪图像的数据压缩及对信息不全图像的恢复问题。

（3）人工神经网络的大规模并行处理能力及分布式结构，为神经网络图像编码的实时实现创造了条件，这也是将神经网络用于图像编码的优势所在。

15.4.1　在图像压缩中的应用

人工神经网络在图像压缩中的应用越来越引起人们的注意。和一些传统的压缩方法相比，人工神经网络技术具有良好的容错性、自组织和自适应性，因此在图像压缩过程中不必借助于某种预先确定的数据编码算法，神经网络能根据图像本身的信息特点，自主地完成图像编码和压缩[1,2]。BP 神经网络是人工神经网络中比较典型、经常使用的一种网络结构，已被广泛地应用于图像处理领域。

对于一幅含有 $n \times n$ 个像素数据的图像，用 BP 网络压缩编码时，网络的输入层和输出层神经元数目都为 n^2，图像的每个像素值作为网络输入层中的对应神经元的输入值。而隐含层的神经元数目相对于输入层的神经元数目要少很多。当图像数据在网络中传播时，隐含层中各神经元的状态作为输入信息的某种变换结果包含了原始图像的信息，因此当输出层能够复现原始图像时，隐含层神经元的输出就可以当作原始图像的一种压缩编码结果。

用基本的 BP 神经网络来进行图像压缩分为两个阶段：训练和编码。

(1)训练。训练时，数据既送到输入层作为训练样本，又送到输出层作为教师信号。通过不断地训练网络，调整网络的权重，使得网络的输入与输出的均方差达到最小，最终将 n 维矢量压缩成 k 维矢量($k < n$)。

(2)编码。将图像数据输入以上训练好的网络，从隐含层输出的即为压缩后的值。

在一幅图像中，某些部分的灰度变化小，如背景部分，而某些部分的灰度变化大，如边缘部分。根据图像的这个特点，可在灰度变化小的部分使用隐含层神经元数目少的网络，使其在这些区域压缩率高；而在灰度变化大的区域使用隐含层神经元数目多的网络，以便保留更多的图像细节，提高压缩图像的质量。

由于 BP 神经网络具有信息的分布式存储和并行处理能力，对于图像数据海量的特点，在速度上有很大优势；它的多单元协同工作能力及容错性和鲁棒性，可以克服图像数据存储和传输过程中噪声的干扰，保证了图像压缩与解压缩的质量，从而在图像压缩中具有广泛的应用前景[3]。

15.4.2 在遥感图像处理中的应用

1.神经网络用于遥感图像分类[4]

遥感图像分类是利用计算机通过对遥感图像中的各类地物的光谱信息和空间信息进行分析，选择特征，并用一定的手段将特征空间划分为互不重叠的子空间，然后将图像中的各个像元归化到各个子空间去。传统的遥感图像计算机分类方法根据遥感数据的统计值特征与训练样本数据之间的统计关系来进行地物分类的，多采用基于 Bayes 统计理论的最大似然法，然而随着遥感数据空间维数的不断扩展，该方法开始暴露出一些弱点：①多源、多维的遥感数据可能不具备正态分布特征；②离散的类别数据（如地面实测数据）在很多情况下不具备统计意义；③对于高维空间数据，Bayes 准则所要求的协方差矩阵将难以得到。另外，这种方法与人对图像的目视解译分类方法也存在很大的差异，所以人们希望寻找一种与人目视解译分类更相似的计算机分类方法。

目前，神经网络技术在遥感图像分类处理中应用得最为广泛和深入，随着人工神经网络系统理论的发展,神经网络技术日益成为遥感图像分类处理的有效手段,并有逐步取代最大似然法的趋势。从文献[5-7]中我们可以看到,基于神经网络技术的遥感图像分类处理方法在土地覆盖、农作物分类和地质灾害预测等方面都有应用并取得了不错的效果。

2.神经网络用于遥感图像复原与重建

理想的遥感图像是能如实而毫不歪曲地反映地物的辐射能量分布和几何特征的图像,而这种情况实际上是不存在的。实际中我们所得到的图像都在不同程度上与地物的辐射能量或亮度分布有差异。遥感图像复原就是通过特定的数学模型,来校正感应、传输及记录等阶段形成的各种形式的图像失真,尽量恢复图像本来面貌的处理过程,它主要包括遥感图像的重建、恢复、镶嵌、辐射校正和几何校正等。实现遥感图像复原的方法有不少,而人工神经网络(ANN)则以其独有的自学习、自组织、自适应的特点引起了国内外学者的广泛关注,近年来,ANN在遥感图像复原与重建方面获得了较好的应用效果。文献[8]介绍了一种基于二次规划的神经网络优化算法,并将该算法应用于遥感图像的恢复中。

3.神经网络用于遥感图像边缘检测

图像的边缘是图像的基本特征,所谓边缘是指其周围像素灰度有阶跃变化的那些像素的集合。边缘检测是图像处理领域中最重要的研究方向之一。经典的边缘检测方法是构造对像素灰度阶跃变化敏感的微分算子,然而这些算子毫无例外地对噪声较为敏感,并且存在阈值确定问题。如果采用神经网络方法,由于是用训练好的神经网络直接检测图像边缘,则不存在阈值确定问题,加上构造训练样本时考虑到边缘点与噪声点的本质区别,采用神经网络方法进行边缘检测也具有较好的抗噪能力。国内外许多学者已经将神经网络方法用于检测图像边缘,文献[9,10]就分别提出了用于边缘检测的几种不同的神经网络方法。对于遥感影像来说,影像的边缘包含了识别对象的内涵,只有正确地勾勒出影像上不同区域的范围,才能进一步对它们做出理解和识别。因而,遥感影像的边缘检测理所当然成为遥感图像处理和分析的基本课题之一,而将神经网络方法应用于遥感影像的边缘检测则有着重要的意义。

除此之外,神经网络还在图像去噪、纹理分析、车牌识别、人脸识别等方面得到广泛应用。神经网络以其强大的并行信息处理能力和良好的自学习自适应能力而越来越受到广泛关注,并被应用于图像处理的各个方面,显示出其独特的优势。

应用研究文献

[1] 许锋,方彧,卢建刚,等.一种基于 PCA/SOFM 混合神经网络的图像压缩算法[J].中国图象图形学报,2003,8(9):1100-1104.

[2] 尹显东,李在铭,姚军.图像压缩标准研究的发展与前景[J].信息与电子工程,2003,1(4):326-330.

[3] 赵迎春.应用神经网络的图像分类矢量量化编码[J].通信学报,1991,15(1):1-7.

[4] 潘东晓,虞勤国,赵元洪.遥感图像的神经网络分类法[J].国土资源遥感,1996(3):49-55.

[5] 张维宸,刘建芬.人工神经网络分类及其在遥感调查中的应用[J].中国地质灾害与防治学报,2002,13(4):96-98.

[6] 蔡熠东,李伟,许伟杰.遥感土地覆盖类型识别的自组织人工神经网络模型[J].国土资源遥感,1994(4):63-66.

[7] 骆剑承,周成虎,杨艳.基于径向基函数(RBF)映射理论的遥感影像分类模型研究[J].中国图象图形学报,2000,5(2):94-96.

[8] 王耀南,王绍源,孙炜.基于二次规划的神经网络遥感图像的恢复[J].系统工程与电子技术,1999,21(8):51-53.

[9] 杨海军,梁德群.一种新的基于信息测度和神经网络的边缘检测方法[J].电子学报,2001,29(1):51-53.

[10] 王耀南.一种神经网络的快速学习算法及其在图像边缘检测中的应用[J].计算机研究与发展,1997,34(5):377-381.

附录:源程序列表

List 15.1　BP 神经网络数字字符识别程序

```
# include "StdAfx.h"
# include <math.h>
# include "BaseList.h"
# define BIGRND 32767
double drnd();
```

```
double dpn1();
double squash(double x);
double * alloc_1d_dbl(int n);
//double ** alloc_2d_dbl(int m, int n);
void bpnn_initialize(int seed);
void bpnn_randomize_weights(double ** w, int m, int n);
void bpnn_zero_weights(double ** w, int m, int n);
void bpnn_layerforward(double * l1, double * l2, double ** conn, int n1, int n2);
void bpnn_output_error(double * delta, double * target, double * output, int nj);
void bpnn_hidden_error(double * delta_h, int nh, double * delta_o, int no, double *
 * who, double * hidden);
void bpnn _ adjust _ weights ( double  * delta, int ndelta, double * ly, int nly,
double ** w, double ** oldw, double eta, double momentum);
void w_weight(double ** w,int n1,int n2,char * name);
bool r_weight(double ** w,int n1,int n2,char * name);
void w_num(int n1,int n2,int n3,char * name);
//bool r_num(int * n,char * name);
```

/ * --- Code --- 提取特征向量---

image_in：输入图像数据指针

   xsize：   图像宽度

   ysize：   图像高度

num：   图像中样本个数

charRect： 文字链

函数功能 ：

     对于输入样本提取特征向量,在这里把归一化样本的每一个像素都作为特征提取出来

-- * /

```
void Code(BYTE * image_in, int xsize, int ysize, int num, double ** data )
{
//循环变量
    int i,j,k;
    BYTE gray;


// 将归一化的样本的每个像素作为一个特征点提取出来


//逐个数据扫描
```

```
for(k = 0;k<num;k++)
{
        //对每个数据逐行扫描
        for(j = 0; j < STD_HEIGHT; j++)
        {
                //对每个数据逐列扫描
                for(i = k * STD_WIDTH; i < (k+1) * STD_WIDTH; i++)
                {

                        // 指向图像第 j 行第 i 列个像素的指针
                        gray = * (image_in + j * xsize + i);

                        //如果这个像素是黑色的
                        if(gray == 0)
                                //将特征向量的相应位置填 1
                                data[k][j * STD_WIDTH + i−k * STD_WIDTH]=1;
                        //如果这个像素是其他的
                        else
                                //将特征向量的相应位置填 0
                                data[k][j * STD_WIDTH + i−k * STD_WIDTH]=0;
                }
        }
}


//   return(data);
}


/ * --- BpTrain ----- BP 网络训练------------------------------------------
    data_in：          指向输入的特征向量数组的指针
    data_out：         指向理想输出数组的指针
        int n_in：         输入层节点的个数
        int n_hidden       BP 网络隐含层节点的数目
        double min_ex      训练时允许的最大均方误差
        double momentum    BP 网络的相关系数
        double eta         BP 网络的训练步长
        int num            输入样本的个数
```

　　功能:根据输入的特征向量和期望的理想输出对 BP 网络进行训练
　　　　训练结束后将权重值保存并将训练的结果显示出来
--- * /


```
void  BpTrain(double ** data_in, double ** data_out,int n_in,int n_hidden,double
min_ex,double momentum,double eta ,int num)
{
//循环变量
int i,k,l;

//输出层节点数目
int  n_out＝4;
//指向输入层数据的指针
double * input_unites;
//指向隐含层数据的指针
double * hidden_unites;
//指向输出层数据的指针
double * output_unites;
//指向隐含层误差数据的指针
double * hidden_deltas;
//指向输出层误差数据的指针
double * output_deltas;
//指向理想目标输出的指针
double * target;
//指向输入层与隐含层之间的权重的指针
double ** input_weights;
//指向隐含层与输出层之间的权重的指针
double ** hidden_weights;
//指向输入层与隐含层之间的权重的指针
double ** input_prev_weights;
//指向隐含层与输出层之间的权重的指针
double ** hidden_prev_weights;
//每次循环后的均方误差值
double ex;


//为各个数据结构申请内存空间
```

```
input_unites= alloc_1d_dbl(n_in + 1);
hidden_unites=alloc_1d_dbl(n_hidden + 1);
output_unites=alloc_1d_dbl(n_out + 1);
hidden_deltas = alloc_1d_dbl(n_hidden + 1);
output_deltas = alloc_1d_dbl(n_out + 1);
target = alloc_1d_dbl(n_out + 1);
input_weights=alloc_2d_dbl(n_in + 1, n_hidden + 1);
input_prev_weights = alloc_2d_dbl(n_in + 1, n_hidden + 1);
hidden_prev_weights = alloc_2d_dbl(n_hidden + 1, n_out + 1);
hidden_weights = alloc_2d_dbl(n_hidden + 1, n_out + 1);


//产生随机序列
time_t t;
bpnn_initialize((unsigned)time(&t));


//对各种权重进行初始化
bpnn_randomize_weights( input_weights,n_in,n_hidden);
bpnn_randomize_weights( hidden_weights,n_hidden,n_out);
bpnn_zero_weights(input_prev_weights, n_in,n_hidden );
bpnn_zero_weights(hidden_prev_weights,n_hidden,n_out );


//开始进行 BP 网络训练
//这里设定最大的迭代次数为 15000 次
for(l =0;l<15000;l++)
{
        //对均方误差置零
        ex=0;
        //对样本进行逐个扫描
        for(k =0;k<num;k++)
        {
                //将提取的样本的特征向量输送到输入层上
                for(i=1;i<=n_in;i++)
                        input_unites[i] = data_in[k][i−1];

                //将预定的理想输出输送到 BP 网络的理想输出单元
                for(i=1;i<=n_out;i++)
```

```
          target[i]=data_out[k][i-1];
```

//前向传输激活

//将数据由输入层传到隐含层
```
bpnn_layerforward(input_unites,hidden_unites,
    input_weights,n_in,n_hidden);
```
//将隐含层的输出传到输出层
```
bpnn_layerforward(hidden_unites, output_unites,
    hidden_weights,n_hidden,n_out);
```

//误差计算

//将输出层的输出与理想输出比较,计算输出层每个节点上的误差
```
bpnn_output_error(output_deltas,target,output_unites,n_out);
```
//根据输出层节点上的误差计算隐含层每个节点上的误差
```
bpnn_hidden_error(hidden_deltas,n_hidden,   output_deltas,   n_out,
             hidden_weights, hidden_unites);
```

//权重调整
//根据输出层每个节点上的误差来调整隐含层与输出层之间的权重
```
bpnn_adjust_weights(output_deltas,n_out, hidden_unites,n_hidden,
    hidden_weights, hidden_prev_weights, eta, momentum);
```
//根据隐含层每个节点上的误差来调整隐含层与输入层之间的权重
```
bpnn_adjust_weights(hidden_deltas, n_hidden, input_unites, n_in,
    input_weights, input_prev_weights, eta, momentum);
```

//误差统计
```
for(i=1;i<=n_out;i++)
     ex+=(output_unites[i]-data_out[k][i-1]) * (output_unites[i]
           -data_out[k][i-1]);
}
```
//计算均方误差
```
ex=ex/double(num * n_out);
```
//如果均方误差已经足够小,跳出循环,训练完毕
```
if(ex<min_ex)break;
```

```
}
```

//保存相关数据

//保存输入层与隐含层之间的权重
```
w_weight(input_weights,n_in,n_hidden,"win.dat");
```
//保存隐含层与输出层之间的权重
```
w_weight(hidden_weights,n_hidden,n_out,"whi.dat");
```

//保存各层节点的个数
```
w_num(n_in,n_hidden,n_out,"num");
```

//显示训练结果

```
CString str;
if(ex<=min_ex)
{
        str.Format("迭代%d次,\n平均误差%.4f",l,ex);

        ::MessageBox(NULL,str,"训练结果",NULL);
}

if(ex>min_ex)
{

        str.Format("迭代%d次,平均误差%.4f\n。我已经尽了最大努力了还是达不
到您的要求\n请调整参数重新训练吧!",l,ex);
        ::MessageBox(NULL,str,"训练结果",NULL);
}
```

//释放内存空间

```
free(input_unites);
free(hidden_unites);
free(output_unites);
free(hidden_deltas);
free(output_deltas);
```

```
        free(target);
        free(input_weights);
        free(hidden_weights);
        free(input_prev_weights);
        free(hidden_prev_weights);
    }
```

```
/ * --- CodeRecognize ----- 文字识别------------------------------------------------
    data_in:              指向待识别样本特征向量的指针
    num:                  待识别的样本的个数
        int n_in:         BP 网络输入层节点的个数
        int n_hidden      BP 网络隐含层节点的个数
        n_out             BP 网络输出层节点的个数
    功能：读入输入样本的特征向量并根据训练所得的权重
          进行识别，将识别的结果写入 result. txt
------------------------------------------------------------------------ * /
void CodeRecognize(double ** data_in, int num ,int n_in,int n_hidden,int n_out)
{
    //循环变量
    int i,k;
    //指向识别结果的指针
    int * recognize;
    //为存放识别的结果申请存储空间
    recognize=(int * )malloc(num * sizeof(int));


    //指向输入层数据的指针
    double * input_unites;
    //指向隐含层数据的指针
    double * hidden_unites;
    //指向输出层数据的指针
    double * output_unites;
    //指向输入层与隐含层之间的权重的指针
    double ** input_weights;
    //指向隐含层与输出层之间的权重的指针
    double ** hidden_weights;
    //为各个数据结构申请内存空间
```

```
input_unites= alloc_1d_dbl(n_in + 1);
hidden_unites=alloc_1d_dbl(n_hidden + 1);
output_unites=alloc_1d_dbl(n_out + 1);
input_weights=alloc_2d_dbl(n_in + 1, n_hidden + 1);
hidden_weights = alloc_2d_dbl(n_hidden + 1, n_out + 1);

//读取权重
if( r_weight(input_weights,n_in,n_hidden,"win. dat")==false)
        return;
if(r_weight(hidden_weights,n_hidden,n_out,"whi. dat")==false)
        return;

//逐个样本扫描
for(k =0;k<num;k++)
{
    //将提取的样本的特征向量输送到输入层上
    for(i =1;i<=n_in;i++)
        input_unites[i]=data_in[k][i-1];

    //前向输入激活
        bpnn_layerforward(input_unites,hidden_unites,
            input_weights, n_in,n_hidden);
        bpnn_layerforward(hidden_unites, output_unites,
            hidden_weights,n_hidden,n_out);

    //根据输出结果进行识别
    int result=0;
    //考察每一位的输出
    for(i =1;i<=n_out;i++)
    {
        //如果大于 0.5 判为 1
        if(output_unites[i]>0.5)

                result+=(int)pow(2,double(4-i));
    }
```

```
        //如果判定的结果小于等于9,认为合理
    if(result<=9)
            recognize[k]=result;
        //如果判定的结果大于9,认为不合理,将结果定位为一个特殊值20
    if(result>9)
            recognize[k]=20;
}


//将识别结果写到文本中
FILE * fp;
fp=fopen("result. txt","w+");

for(i=0;i<num;i++)
{
        if(recognize[i]==20)
            fprintf(fp,"无法识别,");
        else
            fprintf(fp,"%d,",recognize[i]);
}
fclose(fp);

//将识别的结果显示出来
CString str,str1;
for(i=0;i<num;i++)
{
        if(recognize[i]! =20)
            str. Format("%d ",recognize[i]);

        if(recognize[i]==20)
            str. Format("无法识别 ");

    str1+=str;
}


//通知用户训练完成
```

```
::MessageBox(NULL,str1,"识别结果",NULL);
```

```
//释放存储空间
free(input_unites);
free(hidden_unites);
free(output_unites);
free(input_weights);
free(hidden_weights);
}
```

```
/*** 返回 0—1 的双精度随机数 ***/
double drnd()
{
return ((double) rand() / (double) BIGRND);
}
```

```
/*** 返回—1.0 到 1.0 之间的双精度随机数 ***/
double dpn1()
{
return ((drnd() * 2.0) - 1.0);
}
```

```
double squash(double x)
{
return (1.0 / (1.0 + exp(-x)));
}
/*** 申请 1 维双精度实数数组 ***/
double * alloc_1d_dbl(int n)
{
double * new1;

new1 = (double *) malloc ((unsigned) (n * sizeof (double)));
if (new1 == NULL) {
    printf("ALLOC_1D_DBL: Couldn't allocate array of doubles\n");
    return (NULL);
}
```

```
return (new1);
}


/ *** 申请 2 维双精度实数数组 *** /
double ** alloc_2d_dbl(int m, int n)
{
 int i;
 double ** new1;

 new1 = (double ** ) malloc ((unsigned) (m * sizeof (double * )));
 if (new1 == NULL) {
     //  printf("ALLOC_2D_DBL: Couldn't allocate array of dbl ptrs\n");
     return (NULL);
 }

 for (i = 0; i < m; i++) {
     new1[i] = alloc_1d_dbl(n);
 }

 return (new1);
}


/ *** 设置随机数种子 *** /
void bpnn_initialize(int seed)
{
 //printf("Random number generator seed: %d\n", seed);
 srand(seed);
}


/ *** 随机初始化权重 *** /
void bpnn_randomize_weights(double ** w, int m, int n)
{
 int i, j;

 for (i = 0; i <= m; i++) {
     for (j = 0; j <= n; j++) {
```

```
            w[i][j] = dpn1();
        }
    }
}
/ *** 0 初始化权重 *** /
void bpnn_zero_weights(double ** w, int m, int n)
{
 int i, j;

 for (i = 0; i <= m; i++) {
     for (j = 0; j <= n; j++) {
         w[i][j] = 0.0;
     }
 }
}


/ ********* 前向传输 ********* /
void bpnn_layerforward(double * l1, double * l2, double ** conn, int n1, int n2)
{
 double sum;
 int j, k;

 / *** 设置阈值 *** /
 l1[0] = 1.0;

 / *** 对于第二层的每个神经元 *** /
 for (j = 1; j <= n2; j++) {

     / *** 计算输入的加权总和 *** /
     sum = 0.0;
     for (k = 0; k <= n1; k++) {
         sum += conn[k][j] * l1[k];
     }
     l2[j] = squash(sum);
 }
}
```

```
/* 输出误差 */
void bpnn_output_error(double * delta, double * target, double * output, int nj)
{
 int j;
 double o, t, errsum;

 errsum = 0.0;
 for (j = 1; j <= nj; j++) {
     o = output[j];
     t = target[j];
     delta[j] = o * (1.0 - o) * (t - o);
 }
}


/* 隐含层误差 */
void bpnn_hidden_error(double * delta_h, int nh, double * delta_o, int no, double *
* who, double * hidden)
{
 int j, k;
 double h, sum, errsum;

 errsum = 0.0;
 for (j = 1; j <= nh; j++) {
     h = hidden[j];
     sum = 0.0;
     for (k = 1; k <= no; k++) {
         sum += delta_o[k] * who[j][k];
     }
     delta_h[j] = h * (1.0 - h) * sum;
 }
}
/* 调整权重 */
void bpnn _ adjust _ weights ( double * delta, int ndelta, double * ly, int nly,
double ** w, double ** oldw, double eta, double momentum)
{
 double new_dw;
```

```
int k, j;

ly[0] = 1.0;
for (j = 1; j <= ndelta; j++) {
    for (k = 0; k <= nly; k++) {
        new_dw = ((eta * delta[j] * ly[k]) + (momentum * oldw[k][j]));
        w[k][j] += new_dw;
        oldw[k][j] = new_dw;
    }
}
}
```

/ ******* 保存权重 ********** /
```
void w_weight(double ** w,int n1,int n2,char * name)
{
int i,j;
double * buffer;
FILE * fp;
fp=fopen(name,"wb+");
buffer=(double *)malloc((n1+1) * (n2+1) * sizeof(double));
for(i=0;i<=n1;i++)
{
    for(j=0;j<=n2;j++)
        buffer[i * (n2+1)+j]=w[i][j];
}
fwrite((char *)buffer,sizeof(double),(n1+1) * (n2+1),fp);
fclose(fp);
free(buffer);
}
```

/ *********** 读取权重 ************* /
```
bool  r_weight(double ** w,int n1,int n2,char * name)
{
int i,j;
double * buffer;
FILE * fp;
if((fp =fopen(name,"rb"))==NULL)
{
```

```
        ::MessageBox(NULL,"无法读取权重信息",NULL,MB_ICONSTOP);
        return (false);
    }
    buffer=(double * )malloc((n1+1) * (n2+1) * sizeof(double));
    fread((char * )buffer,sizeof(double),(n1+1) * (n2+1),fp);


    for(i=0;i<=n1;i++)
    {
        for(j =0;j<=n2;j++)
            w[i][j]=buffer[i * (n2+1)+j];
    }
    fclose(fp);
    free(buffer);
    return(true);
}


/ ***** 保存各层节点的数目 ****** /
void w_num(int n1,int n2,int n3,char * name)
{
    FILE  * fp;
    fp=fopen(name,"wb+");
    int  * buffer;
    buffer=(int * )malloc(3 * sizeof(int));
    buffer[0]=n1;
    buffer[1]=n2;
    buffer[2]=n3;
    fwrite((char * )buffer,sizeof(int),3,fp);
    fclose(fp);
    free(buffer);
}


/ ********* 读取各层节点数目 ********* /

bool r_num(int  * n,char * name)
{
    int  * buffer;
```

```
FILE * fp;
buffer=(int * )malloc(3 * sizeof(int));
if((fp = fopen(name,"rb"))==NULL)
{
     ::MessageBox(NULL,"节点参数",NULL,MB_ICONSTOP);
     return (false);
}
fread((char * )buffer,sizeof(int),3,fp);
n[0]=buffer[0];
n[1]=buffer[1];
n[2]=buffer[2];
fclose(fp);
free(buffer);
return(true);
}
```

第 16 章　遗传算法

16.1　遗传算法概述

遗传算法(genetic algorithm，GA)是由美国密执安大学的 Holland(1969)提出，后经 De Jong(1975)、Goldberg(1989)等归纳总结形成的一类模拟进化算法。GA 是基于生物的遗传变异与自然选择原理的达尔文进化论的理想化的随机搜索方法，它通过一些个体(individual)之间交叉(crossover)、变异(mutation)、选择(selection)等遗传操作相互作用而获取最优解。它从被称为种群(population)的一组解开始，而这组解是经过基因(gene)编码的一定数目代表染色体(chromosome)的个体所组成的。取一个种群用于形成新的种群，这是出于希望新的种群优于旧的种群的动机。用于形成子代(即新的解)的亲代是按照它们的适应度(fitness)来选定的，即适应能力越强，越有机会被选中。这一过程通过世代交替直到某些条件(如进化代数、最大适应度或平均适应度)被满足。

问题的求解经常能够表达为寻找函数的极值。观察图 16-1 所示的 GA 实行结果的例子，在这个例子中 GA 试图发现函数的最小值。曲线代表着某个搜索空间，垂直方向的直线代表一些解(搜索空间的点)，其中粗线代表最优解，细线代表一些其他解。

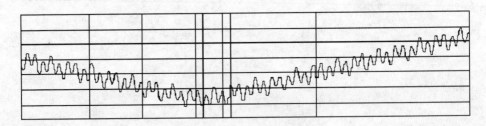

图 16-1　GA 实行结果

依 GA 的标准形式，它使用二进制遗传编码，即等位基因 $\Gamma=\{0,1\}$，个体空间 $H_L=\{0,1\}^L$，且繁殖分为交叉与变异两个独立的步骤进行。如图 16-2 所示，GA

的运算过程如下：

（1）初始化。确定种群大小 N、交叉率 P_c、变异率 P_m；设置终止进化准则；随机生成 N 个个体（对问题适当的解）作为初始种群 $P(0)$；置代数 $t=0$。

（2）个体评价。计算或估价第 0 代种群 $P(0)$ 中各个个体的适应度。

（3）种群进化。由世代交替下面的遗传操作步骤直到产生一个新种群。

①选择。按照适应度运用选择算子从 $P(t)$ 中选择出 $M/2$ 对亲代（适应度越好，选择机会越大）。

②交叉。对所选择的 $M/2$ 对亲代，以概率 P_c 执行交叉，形成 M 个中间个体，如果 P_c 为 0，中间个体仅是精确地拷贝亲代。

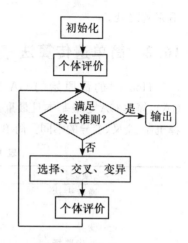

图 16-2　遗传算法流程

③变异。对 M 个中间个体分别独立以概率 P_m 在其每个基因座（在个体的染色体的位置）上执行变异，形成 M 个候选个体。从 M 个候选个体和旧一代种群中以适应度选择 N 个个体（子代）重新组成新一代种群 $P(t+1)$。

（4）个体评价。计算或评估第 $t+1$ 代种群 $P(t+1)$ 中各个个体的适应度。

（5）终止检验。如果已满足终止准则，则输出 $P(t+1)$ 中具有最大适应度的个体作为最优解，终止计算；否则置 $t=t+1$ 并返回到步骤（3）。

此外，GA 还有各种推广和变形。GA 代替单点搜索方式而通过个体的种群发挥作用，这样搜索是按并行方式进行的。

由上可见，GA 的基本操作流程是很普通的，根据不同的问题需采用不同的执行方式，关键需要解决如下两个问题：

第一个问题是如何创建个体（染色体），选择什么样的遗传表示（representation）形式。与其有关的是交叉和变异两个基本遗传算子。

第二个问题是如何选择用于交叉的亲代（parents），有许多方式可以考虑，但是主要想法是选择较好的亲代，希望好的亲代能够产生更好的子代（offsprings）。你也许认为，仅把新的子代作为新一代种群可能引起最优个体（染色体）从上一个种群中丢失，这完全是可能的。为此，一个所谓的精英法（elitism）经常被采用。这意味着至少最优解被无变化地拷贝到新种群中，这样所找到的最优解能够被保持到运算的结束。

对于一些有关的问题将在后面介绍，也许你还是对 GA 为什么会起作用有些困惑，这可以部分由模式定理（Schema Theorem）来解释，不过这个理论还是有其不完善之处。

16.2 简单遗传算法

Holland 的最原始的 GA 就是简单遗传算法(simple genetic algorithm,简单 GA),简单 GA 是最基本且最重要的 GA,与其他 GA 的不同之处就在于遗传表达、选择机制、交叉、变异的不同。简单 GA 的技术特点如表 16-1 所示,下面将分别予以介绍。

表 16-1 简单 GA 的技术特点

项　目	技术特点
遗传表达	二进制字符串
重组	N 点交叉、均匀交叉
变异	以固定概率的比特反转
亲代选择	与适应度成比例
生存选择	所有子代取代亲代
特色	强调交叉

16.2.1 遗传表达

当开始用 GA 求解问题时,就需要考虑遗传表达问题,染色体应该以某种方式包含所表示的解的信息。遗传表达也称为遗传编码或染色体编码(encoding)。最常用的遗传表达方式是采用二进制字符串(binary strings),染色体可以表达成如下形式:

染色体 1:*1101100100110110*

染色体 2:*1101111000011110*

如图 16-3 所示,每个染色体有一个二进制字符串,在这个字符串中的每个位(bit,比特)能代表解的某个特征。或者整个字符串代表一个数字,即每个表现型(phenotype)可以由基因型(genotype)来表达。当然,也有许多其他的编码方式,这主要依赖于所求解的问题本身,例如能够以整数或者实数编码,有时用排列编码是很有用的。

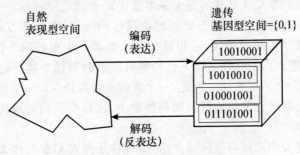

图 16-3 表现型与基因型之间的关系

16.2.2　遗传算子

由 16.1 节可知,交叉、变异和选择是 GA 的最重要部分,GA 的性能主要受这 3 个遗传操作的影响。

16.2.2.1　交叉

在确定了所用的编码之后,我们能够进行重组(recombination)。在生物学中,重组的最一般形式就是交叉。交叉从亲代的染色体中选择基因,创造一个中间个体。最简单的交叉方式是随机地选择染色体上某点作为交叉点,这点之前的部分从第一个亲代中拷贝,这点之后的部分从第二个亲代中拷贝。

交叉可以表示成如下形式:

亲代 1 的染色体：　　　*11011 | 00100110110*

亲代 2 的染色体：　　　11011 | 11000011110

中间个体 1 的染色体：*11011 | 11000011110*

中间个体 2 的染色体：11011 | 00100110110

其中 | 为交叉点。

这种交叉方式称为单点交叉,还有其他的交叉方式。如我们能够选择更多的交叉点,交叉可以是相当复杂的,这主要依赖于染色体的编码。对特定问题所做的特别交叉能够改善 GA 的性能。

下面介绍对二进制编码如何实现交叉。

(1)单点交叉:这就是上面所介绍的交叉方法,如图 16-4 所示。但是对于单点交叉,一个染色体的头部和尾部是不能一起传给中间个体的。如果一个染色体的头部和尾部两者都含有好的遗传信息,那么由单点交叉所得到的中间个体中不会出现能共享这两个好的特征的中间个体。

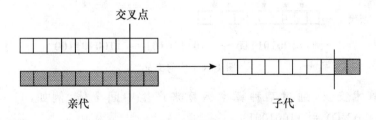

例:**1101100101+1011101111= 11011001111**

图 16-4　单点交叉

(2)两点交叉:选择 2 个交叉点,从染色体的起始点到第一个交叉点部分的二进制字符串从第一个亲代拷贝,从第一个交叉点到第二个交叉点部分从第二个亲代拷贝,其余部分又从第一个亲代拷贝。如图 16-5 所示。可见采用两点交叉就可避免上述缺陷,因此一般可以认为两点交叉优于单点交叉。

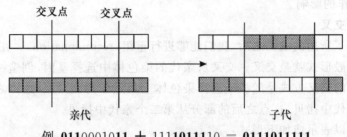

例:**0110**001**011** ＋ 1111**011**110 ＝ **0111011111**

图 16-5　两点交叉

(3)N 点交叉:事实上,通过染色体上的每个基因位置可以使问题一般化。染色体上相邻的基因会有更多的机会被一起传给由 N 点交叉所得到的中间个体,这将带来相邻基因间不希望的相关性问题。因此,N 点交叉的有效性将取决于染色体基因的位置。具有相关特性的解的基因应该被编码在一起。

(4)均匀交叉:从第一个亲代或者从第二个亲代随机地拷贝各个位(比特),如图 16-6 所示。图中采用了一个交叉掩模,掩模的数值为 1 时,从第一个亲代拷贝基因;掩模的数值为 0 时,从第二个亲代拷贝基因。因此,这个重组算子可以避免基因座问题。

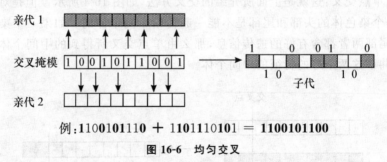

例:**1100**1**0**11**10** ＋ 11**0**1**110**1**01** ＝ **1100101100**

图 16-6　均匀交叉

(5)算术交叉:通过某种算术运算来产生中间个体,例如,11001011 ＋ 11011101 (AND) ＝ 11001001。

List 16.1 中列出了染色体进行二点交叉的函数 two_crossover。

16.2.2.2　变异

在交叉后,变异将发生。这是为了防止种群中的所有解陷入所求解问题的局部最优解。变异是随机地改变中间个体。对于二进制编码,我们能够随机地把所选的比特从 1 转换为 0 或者从 0 转换为 1,如图 16-7 所示。

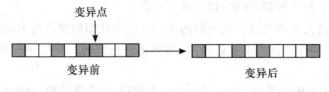

变异点

变异前　　　　　　　　　　　　变异后

图 16-7　变异

下面是对两个中间个体的染色体进行变异的例子:

中间个体 1 的染色体:110**1**111000011110

中间个体 2 的染色体:110110**0**100110**1**10

候选个体 1 的染色体:110**0**111000011110

候选个体 2 的染色体:110110**1**100110**10**0

List 16.1 中列出了染色体变异的一般函数 ga_mutation 和本系统采用的变形函数 make_offspring。函数 ga_mutation 需要在函数 two_crossover 执行后进行,而函数 make_offspring 中包含了函数 two_crossover。染色体的各比特逆转概率由变异率 M_RATE 给出。

16.2.2.3　选择

如上所述,染色体从用于繁殖的亲代的种群中选取。问题是如何选取这些染色体。按照达尔文的进化论,最好的个体应该生存并创造新的子代(子女)。如何选择(复制,reproduction)最好的染色体有许多方法,如轮盘赌选择法、局部选择法、锦标赛选择法、截断选择法、稳态选择法等。我们在此仅介绍一种常用的选择方法——轮盘赌选择法。

轮盘赌选择法是按照适应度选择亲代(父母)。染色体越好,被选择的机会将越多。想象一下把种群中的所有染色体放在轮盘上,其中每个个体的染色体依照适应度函数有它存在的位置,如图 16-8 所示。那么,当扔一个弹球来选择染色体时,具有较大适应度的染色体将会多次被选中。

可以采用以下的算法进行模拟:

(1)总和。计算种群中所有染色体适应度的总和,记为 S。

(2)选择。从间隙(0,S)之间产生随机数,记为 r。

(3)循环。在种群中从 0 开始累加适应度,记为 s。当 s>r 时,停止并返回所在的那个染

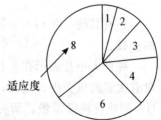

适应度

图 16-8　轮盘赌选择法

色体。

当然,对于每个种群,步骤(1)仅进行一次。

另外,通过交叉和变异生成的新的子代完全取代旧的亲代作为新一代种群,进入下一轮遗传操作的世代交替过程,直到满足终止准则。简单遗传算法中交叉起着主要的作用。

List 16.1 中的函数 ga_reproduction 是 SGA 的选择函数,通过该函数进行世代交替。

16.3 遗传参数

16.3.1 交叉率和变异率

GA 中有两个基本参数——交叉率和变异率。

交叉率表示交叉所进行的频度。如果没有交叉,中间个体将精确地拷贝亲代。如果有交叉,中间个体是从亲代的染色体的各个部分产生。如果交叉率是 100%,那么所有的中间个体都是由交叉形成的。如果交叉率是 0,全部新一代种群是由精确地拷贝旧一代种群的染色体而形成的,但这并不意味着新一代种群都是相同的。交叉是希望新的染色体具有旧的染色体好的部分,也许新的染色体会更好。把种群中的一些部分残留到下一个种群是有利的。

变异率表示染色体部分被变异的频度。如果没有变异,候选个体没有任何变化地由交叉(或复制)而产生。如果有变异,部分染色体被改变;如果变异率是 100%,全部染色体将改变;如果它为 0,则无改变。

变异是为了防止 GA 搜索收敛于局部最优解,起到恢复个体的多样性的作用。但变异不应该发生过于频繁,否则会使 GA 变成事实上的随机搜索。

16.3.2 其他参数

还有其他一些 GA 参数,如种群大小 pop_size(population size)也是一个重要的参数。

种群大小是表示在一代种群中有多少个体的染色体。如果染色体太少,GA 没有太多的机会进行交叉,只有少量的搜索空间被探测。相反,如果染色体过多,GA 的执行将很缓慢。研究表明,当超过某个限制(这主要取决于编码和问题本身),增加种群大小没有用处,因为这并不能使问题求解加快。

16.3.3　遗传参数的确定

在此将给出确定遗传参数的参考建议。但这里只是一般意义上的建议,如果你已经考虑执行 GA,你也许需要用 GA 进行特殊问题的实验,因为到现在为止还没有对任何问题都适用的一般理论来描述 GA 参数。因此,这里的建议只是实验研究的结果总结,而且这些实验往往是采用二进制编码进行的。

(1)交叉率 P_c:交叉率一般应高一些,在 $80\%\sim90\%$。但是实验结果也表明,对有一些问题,交叉率在 60% 左右最佳。

(2)变异率 P_m:变异率应该低一些,最好的变异率在 $0.5\%\sim1\%$ 之间,也可按照种群大小 pop_size 和染色体长度 chromosome_length 来选取,典型的变异率在 $1/\text{pop\_size}$ 和 $1/\text{chromosome\_length}$ 之间。

(3)种群大小:可能难以置信,很大的种群规模通常并不能改善 GA 的性能(即找到最优解的速度)。优良的种群大小在 $20\sim30$ 之间,但也有使用 $50\sim100$ 为最佳的实例。一些研究也表明了最佳种群大小取决于编码以及被编码的字符串大小,这就意味着如果你有 32 比特的染色体,那么种群大小也应该是 32。但是,这无疑是 16 比特染色体的最佳种群大小的 2 倍。

16.4　适应度函数

GA 在进化搜索中基本上不用外部信息,仅以目标函数即适应度函数(fitness function)为依据,利用种群中每个个体(染色体)的适应度值来进行搜索。GA 的目标函数不受连续可微的约束,而且定义域可以为任意集合。对目标函数的唯一要求是,针对输入可计算出能加以比较的非负结果。

在具体应用中,适应度函数的设计要结合求解问题本身的要求而定。需要指出的是,适应度函数评价是选择操作的依据,适应度函数设计直接影响到 GA 的性能。在此,只介绍适应度函数设计的基本准则和要点,重点讨论适应度函数对 GA 性能的影响并给出相应的对策。

16.4.1　目标函数映射为适应度函数

在许多问题求解中,目标是求取函数 $g(x)$ 的最小值。由于在 GA 中适应度函数要比较排序,并在此基础上计算选择概率,所以适应度函数的值要取正值。由此可见,在不少场合将目标函数映射为求最大值形式且函数值非负的适应度函数是必要的。

在通常搜索方法下,为了把一个最小化问题转化为最大化问题,只需要简单地把函数乘以 -1 即可,但是对于 GA 而言,这种方法还不足以保证在各种情况下的非负值。对此,可采用以下方法进行转换:

$$f(x) = \begin{cases} C_{\max} - g(x) & g(x) < C_{\max} \\ 0 & \text{其他} \end{cases} \tag{16.1}$$

显然,存在多种方式来选择系数 $C_{\max}$。$C_{\max}$ 可以采用进化过程中 $g(x)$ 的最大值或者当前种群中 $g(x)$ 的最大值,当然也可以是前 K 代中 $g(x)$ 的最大值。$C_{\max}$ 最好是与种群无关的适当的输入值。

如果目标函数为最大化问题,为了保证其非负性,可用如下变换式:

$$f(x) = \begin{cases} g(x) + C_{\min} & g(x) + C_{\min} > 0 \\ 0 & \text{其他} \end{cases} \tag{16.2}$$

其中 $C_{\min}$ 可以取当前一代或者前 K 代中 $g(x)$ 的最小值,也可以是种群方差的函数。

上述由目标函数映射为适应度的方法称为界限构造法。但是这种方法有时存在界限值预先估计困难、无法精确确定的问题。

16.4.2 适应度函数的尺度变换

应用 GA 时,尤其通过它来处理小规模种群时常常会出现以下问题:

(1)在遗传进化的初期通常会产生一些超常个体。如果按照比例选择法,这些异常个体因竞争力太突出而会控制选择进程,从而影响算法的全局优化性能。

(2)在遗传进化过程中,虽然种群中个体的多样性尚存在,但往往会出现种群的平均适应度已接近最佳个体的适应度,造成个体间竞争力减弱,从而使有目标的优化过程趋于无目标的随机漫游过程。

我们通常称上述问题为 GA 的欺骗问题。为了克服上述的第一种欺骗问题,应设法降低某些异常个体的竞争力,这可以通过缩小相应的适应度函数值来实现。对于第二种欺骗问题,应设法提高个体之间的竞争力,这可以通过放大相应的适应度函数值来实现。这种对适应度的缩放调整称为适应度函数的尺度变换(fitness scaling),它是保持进化过程中竞争水平的重要技术。

常用的尺度变换方法有以下几种。

16.4.2.1　线性变换(linear scaling)

设原始适应度函数为 f，变换后的适应度函数为 f'，则线性变换可用下式表示：

$$f' = af + b \tag{16.3}$$

式中的系数 a 和 b 可以有多种确定方法，但要满足以下 2 个条件：

(1)原始适应度平均值 f_{avg} 要等于变换后的适应度平均值 f'_{avg}，以保证适应度为平均值的个体在下一代的期望复制数为 1，即

$$f'_{avg} = f_{avg} \tag{16.4}$$

(2)变换后的适应度最大值 f'_{max} 要等于原始适应度平均值 f_{avg} 的指定倍数，以控制适应度最大的个体在下一代的复制数，即

$$f'_{max} = C_{mult} f_{avg} \tag{16.5}$$

其中 C_{mult} 是为了得到所期望的种群中的最优个体的复制数。实验表明，对于一个典型的种群(种群大小 50~100)，C_{mult} 可在 1.2~2.0 范围内。

必须指出，使用线性变换有可能出现负值适应度。原因是在算法运行后期，有可能对原始适应度函数进行过分的缩放，导致种群中某些个体由于其原始适应度远远低于平均值而变换成负值。解决的方法很多，当不能调整系数 C_{mult} 时，可以简单地把原始适应度最小值 f_{min} 映射到变换后适应度最小值 f'_{min}，且使 $f'_{min}=0$。但此时仍需要保持 $f'_{avg}=f_{avg}$。

16.4.2.2　σ 截断

σ 截断是使用上述线性变换前的一个预处理方法，主要是利用种群方差 σ 信息，目的在于更有效地保证变换后的适应度不出现负值。相应的表达式如下：

$$f' = f - (f_{avg} - c\sigma) \tag{16.6}$$

其中 c 为常数。

16.4.2.3　幂函数变换

变换公式如下：

$$f' = f^k \tag{16.7}$$

式中幂指数 k 与所求问题有关，而且可按需要修正。在机器视觉的一个实验实例中，k 取 1.005。

16.4.2.4 指数变换

变换公式如下：

$$f' = e^{-af} \tag{16.8}$$

这种变换方法的基本思想来源于模拟退火法(simulated annealing)，其中系数 a 决定了复制的强制性，其数值越小，复制的强制就越趋向于那些具有较大适应度的个体。

16.4.3 适应度函数设计对 GA 的影响

除了上述的适应度函数的尺度变换可以克服 GA 的欺骗问题外，适应度函数的设计与 GA 的选择操作直接相关，所以它对 GA 的影响还表现在其他一些方面。

16.4.3.1 适应度函数影响 GA 的迭代停止条件

严格地讲，GA 的迭代停止条件目前尚无定论。当适应度函数的最大值已知或者准最优解的适应度的下限可以确定时，一般以发现满足最大值或者准最优解作为 GA 迭代停止条件。但是，许多组合优化问题中，适应度最大值并不清楚，其本身就是搜索对象，因此适应度下限很难确定。所以在许多应用事例中，如果发现种群中个体的进化已趋于稳定状态，换句话说，如果发现占种群一定比例的个体已完全是同一个体，则终止迭代过程。

16.4.3.2 适应度函数与问题约束条件

GA 仅靠适应度来评价和引导搜索，求解问题所固有的约束条件则不能明确地表示出来。因此，我们可以在进化过程中每迭代一次就检测一下新的个体是否违背约束条件，如果检测出违背约束条件，则作为无效个体被除去。这种方法对于弱约束问题求解是有效的，但是对于强约束问题的求解效果不佳。这是因为在这种场合寻找一个无效个体的难度不亚于寻找最优个体。

作为对策，可采用一种惩罚方法(penalty method)。该方法的基本思想是设法对个体违背约束条件的情况给予惩罚，并将此惩罚体现在适应度函数设计中。这样，一个约束优化问题就转化为一个附加代价(cost)或者惩罚(penalty)的非约束优化问题。

例如，一个约束最小化问题：

最小化：$g(x)$

满足：$b_i(x) \geqslant 0, \ i=1, 2, \cdots, n$

通过惩罚方法，上述问题可转化为下面的非约束问题：

最小化：$\quad g(x) + r \sum_{i=1}^{M} \Phi [b_i(x)]$ $\tag{16.9}$

其中 Φ 为惩罚函数,r 为惩罚系数。

惩罚函数有许多确定方法,在此对所有的违背约束条件的个体作如下设定:

$$\Phi[b_i(x)] = b_i^2(x) \tag{16.10}$$

在一定条件下,当惩罚系数 r 的取值接近无穷大时,非约束解可收敛到约束解。在实际应用中,GA 中 r 通常对各类约束分别取值,这样可使对约束违背的惩罚分量适当。把惩罚加到适应度函数中的思想是简单而直观,但是惩罚函数值在约束边界处会发生急剧变化,常常引起问题,应加以注意。另外用 GA 求解约束问题还可以在编码和遗传操作等方面的设计上采取措施。

16.5 模式定理

GA 的执行过程中包含着大量的随机性操作,因此有必要对其数学机理进行分析,为此首先引入模式(schema)的概念。

模式也称相似模板(similarity template),是采用字符集{0,1, * }的字符串,例如 010 * 1、* 110 * , ***** ,10101,…。

符号 * 是一个无关字符。对于二进制字符串,在{0,1}字符串中间加入无关字符 * 即可生成所有可能模式。因此用{0,1, * }可以构造出任意一种模式。我们称一个模式与一个特定的字符串相匹配是指:该模式中的 1 与字符串中的 1 相匹配,模式中的 0 与字符串中的 0 相匹配,模式中的 * 可以是字符串中的 0 或 1。因此,一个模式能够代表几个字符串,如 * 10 * 1 代表 01001,01011,11001,11011。可以看出,定义模式的好处是使我们容易描述字符串的相似性。

我们引入两个模式的属性定义:模式的阶和定义长度。

非 * 字符的数被称为模式的阶 O(order),即确定位置(0 或 1 所在的位置)的个数,如表 16-2 所示。

表 16-2　模式的阶

模式	阶 O	所代表的字符串							
* * *	0	000	001	010	011	100	101	110	111
* 1 *	1	010	011	110	111				
* 1 0	2	010	110						
1 * 1	2	101	111						
1 0 1	3	101							

一个阶为 O 的模式代表长度为 N 的 2^{N-O} 个不同的字符串。

最远的两个非 * 字符之间的距离被称为模式的定义长度 δ(defining length)，即第一个和最后一个确定位置之间的距离，如表 16-3 所示。例如其中模式 $H=1*1*$，其第一个确定位置是 1，最后一个确定位置是 3，所以 $\delta(H)=3-1=2$。

表 16-3　模式的定义长度

模　式	定义长度 δ
＊＊＊＊　　＊1＊＊	0
＊10＊　10＊＊	1
1＊1＊	2
1＊11　0＊＊1　1001	3

由一个模式所代表的一个字符串(如一个染色体)被称为包含该模式，如表 16-4 所示。

表 16-4　某一模式及所包含的模式

模式	所包含的模式
1	1　　＊
00	00　0＊　＊0　＊＊
110	110　11＊　1＊0　1＊＊　＊10　＊1＊　＊＊0　＊＊＊
1011	1011　101＊　10＊1　10＊＊　1＊11　1＊1＊　1＊＊1　1＊＊＊
	＊011　＊01＊　＊0＊1　＊0＊＊　＊＊11　＊＊1＊　＊＊＊1　＊＊＊＊

一个长度为 N 的字符串包含 2^N 个不同的模式。

长度为 N 的字符串共包含 3^N 个不同的模式。

一个有长度为 N 的 P 个字符串的种群大小在 2^N 和 $\min(P\times 2^N, 3^N)$ 之间，所以相对种群大小来讲，GA 对模式的数量起的作用更大，如表 16-5 所示。

表 16-5　GA 对模式数量的作用

N	P	模式数量
6	20	$64 \sim 729$
20	50	$1\,048\,576 \sim 52\,428\,800$
40	100	$1.099\,511\times 10^{12} \sim 1.099\,511\times 10^{14}$
100	300	$1.267\,650\times 10^{30} \sim 3.802\,951\times 10^{32}$

16.5.1　模式的几何解释

长度为 N 的染色体(字符串)在离散 N 维搜索空间中可看作点(超立方体的顶点)，如图 16-9 所示。

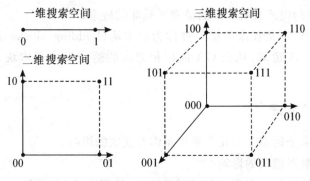

图 16-9　字符串对应的点

模式在搜索空间中可看作超平面（也就是超立方体的超边缘或超表面），如图 16-10 所示。

低阶超平面包括更多的顶点（2^{N-O}）。

16.5.1.1　模式/超平面的适应度

定义模式（超平面）的适应度 f 作为包含一个模式（超平面）的染色体（顶点）的平均适应度。根据包括一个种群的染色体的适应度估计包含在这个种群中的模式的适应度是可能的。如表16-6 所示。

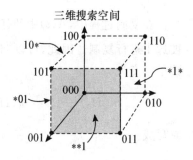

图 16-10　超平面

表 16-6　模式的适应度

种群	f	模式			f
101	5	*	*	*	$(5+1+2+3)/4 = 2.75$
100	1	*	*	0	$(1+2+3)/3 = 2$
010	2	*	*	1	$5/1 = 5$
110	3	*	0	*	$(5+1)/2 = 3$
		*	0	0	$1/1 = 1$
		*	0	1	$5/1 = 5$
		*	1	*	$(2+3)/2 = 2.5$
		⋮			⋮

当模式包含更多染色体时，适应度的估计对于低阶模式平均来说更精确，如 0 阶模式"** … *"包含每个字符串。

16.5.1.2　对模式的观察

如果仅仅应用按比例的适应度分配的方法（无交叉或变异），由增加（或减少）染色体的数目，一代接一代地对平均适应度以上（或以下）的模式采样，则：

（1）带有较长的定义长度 δ 的模式具有较高的被交叉破坏的概率；

(2)较高阶的模式具有较高的被变异破坏的概率;

(3)低阶和短定义长度的模式被称为积木块(building block),积木块以最低的混乱度进行 GA 运算,从而 GA 使用相对高的适应度的积木块来得到全局最优解。

16.5.2 模式定理

下面我们来分析 GA 的几个重要操作对模式的影响。

16.5.2.1 复制对模式的影响

设在给定的时间 t,种群 $A(t)$ 包含有 m 个特定模式 H,记为

$$m = m(H,t) \tag{16.11}$$

在复制过程中,$A(t)$ 中的任何一个字符串 A_i($i=1,2,\cdots,n$)以概率 $f_i / \sum f_i$ 被选中进行复制。因此,可以期望,在复制完成以后,在 $t+1$ 时刻特定模式 H 的数量将变为

$$m(H,t+1) = m(H,t)nf(H)/\sum f_i = m(H,t)f(H)/\bar{f} \tag{16.12}$$

或写成

$$\frac{m(H,t+1)}{m(H,t)} = \frac{f(H)}{\bar{f}} \tag{16.13}$$

式中:n 为种群大小(个体的总数);$f(H)$ 为时刻 t 对应于模式 H 的字符串的平均适应度;$\bar{f} = \sum f_i / n$,为整个种群的平均适应度。

可见,经过复制操作后,特定模式的数量将按照该模式的平均适应度与整个种群的平均适应度的比值成比例地改变。换句话说,适应度高于整个种群的平均适应度的模式在下一代的数量将增加,而低于平均适应度的模式在下一代中的数量将减少。另外,种群 A 的所有模式 H 的处理都是并行的,即所有模式经复制操作后,均同时按照其平均适应度占总体平均适应度的比例进行增减。所以概括地说,复制操作对模式的影响是使得高于平均适应度的模式数量增加,低于平均适应度的模式的数量减少。

为了进一步分析高于平均适应度的模式数量的增长,设

$$f(H) = (1+c)\bar{f} \qquad c > 0 \tag{16.14}$$

则方程式(16.13)可改写为如下的差分方程:

$$m(H, t+1) = m(H, t)(1+c) \qquad (16.15)$$

假定 c 为常数,可得

$$m(H, t) = m(H, 0)(1+c)^t \qquad (16.16)$$

可见,高于平均适应度的模式的数量将呈指数形式增长。

从对复制过程的分析可以看到,虽然复制过程成功地以并行方式控制着模式数量以指数形式增减,但由于复制只是将某些高适应度个体全盘复制,或是丢弃某些低适应度个体,而决不产生新的模式结构,因而其对性能的改进是有限的。

16.5.2.2　交叉对模式的影响

交叉过程是字符串之间的有组织的而又随机的信息交换,它在创建新结构的同时,最低限度地破坏复制过程所选择的高适应度模式。为了观察交叉对模式的影响,下面考察一个 $N=7$ 的字符串以及此字符串所包含的两个代表模式:

$$A = 0111000$$
$$H_1 = *1****0$$
$$H_2 = ***10**$$

首先回顾一下一点交叉过程。先随机地选择匹配对象,再随机选取一个交叉点,然后互换相对应的片段。假定对上面给定的字符串,随机选取的交叉点为3,则很容易看出它对两个模式 H_1 和 H_2 的影响。下面用分隔符"|"标记交叉点:

$$A = 011|1000$$
$$H_1 = *1*|***0$$
$$H_2 = ***|10**$$

除非字符串 A 的匹配对象在模式的固定位置与 A 相同(我们忽略这种可能),模式 H_1 将被破坏,因为在位置 2 的"1"和在位置 7 的"0"将被分配至不同的后代个体中(这两个固定位置被代表交叉点的分隔符分在两边)。同样可以明显地看出,模式 H_2 将继续存在,因为位置 4 的"1"和位置 5 的"0"原封不动地进入到下一代的个体。虽然该例中的交叉点是随机选取的,但不难看出,模式 H_1 比模式 H_2 更易破坏。因为平均看来,交叉点更容易落在两个头尾确定点之间。若定量地分析,模式 H_1 的定义长度为 5,如果交叉点始终是随机地从 $N-1 = 7-1 = 6$ 个可能的位置选取,那么很显然模式 H_1 被破坏的概率为

$$p_d = \delta(H_1)/(N-1) = 5/6 \qquad (16.17)$$

它存活的概率为

$$p_s = 1 - p_d = 1/6 \qquad (16.18)$$

类似地,模式 H_2 的定义长度 $\delta(H_2)=1$,它被破坏的概率为 $p_d=1/6$,存活的概率为 $p_s=1-p_d=5/6$。推广到一般情况,可以计算出任何模式的交叉存活概率的下限为

$$p_s \geqslant 1-\frac{\delta(H)}{N-1} \tag{16.19}$$

其中大于号表示当交叉点落入定义长度内时也存在模式不被破坏的可能性。

在前面的讨论中我们均假设交叉的概率为 1,一般情况若设交叉的概率为 p_c,则式(16.19)变为

$$p_s \geqslant 1-p_c\frac{\delta(H)}{N-1} \tag{16.20}$$

若综合考虑复制和交叉的影响,特定模式 H 在下一代中的数量可用下式来估计:

$$m(H,t+1) \geqslant m(H,t)\frac{f(H)}{\bar{f}}\Big[1-p_c\frac{\delta(H)}{N-1}\Big] \tag{16.21}$$

可见,那些高于平均适应度且具有短的定义长度的模式将更多地出现在下一代中。

16.5.2.3 变异对模式的影响

变异是对字符串中的单个位置以概率 p_m 进行随机替换,因而它可能破坏特定的模式。一个模式 H 要存活意味着它所有的确定位置都存活。因此,由于单个位置的基因值存活的概率为 $1-p_m$,而且每个变异的发生是统计独立的,所以一个特定模式仅当它的 $O(H)$ 个确定位置都存活时才存活,其中 $O(H)$ 为模式 H 的阶。从而得到经变异后特定模式的存活率为

$$(1-p_m)^{O(H)} \tag{16.22}$$

由于 $p_m \leqslant 1$,所以式(16.22)也可近似表示为

$$(1-p_m)^{O(H)} \approx 1-O(H)p_m \tag{16.23}$$

综合考虑上述复制、交叉及变异操作,可得特定模式 H 的数量改变为

$$m(H,t+1) \geqslant m(H,t)\frac{f(H)}{\bar{f}}\Big[1-p_c\frac{\delta(H)}{N-1}\Big][1-O(H)p_m] \tag{16.24}$$

也可近似表示为

$$m(H,t+1) \geqslant m(H,t)\frac{f(H)}{\bar{f}}\Big[1-p_c\frac{\delta(H)}{N-1}-O(H)p_m\Big] \tag{16.25}$$

其中忽略了一项较小的交叉相乘项。

加入变异则需对前面的分析结论略加改进，因此完整的结论为：那些短定义长度、低阶、高于平均适应度的模式将在后代中呈指数级增长。这个结论十分重要，通常称它为 GA 的模式定理（Schema Theorem）。

根据模式定理，随着 GA 的一代一代进行，那些短的、低阶的、高适应度的模式将越来越多，最后得到的字符串即这些模式的组合，因而可期望性能越来越得到改善，并最终趋向全局的最优点。

16.6　遗传算法在模式识别中的应用

16.6.1　问题的设定

模式识别是指我们日常生活中经常无意中进行的一些图形的特征对应，比如"请从图 16-11 的（b）～（f）中找出与（a）相似的图形"一类模板匹配问题，我们很容易判断出（c）是正确解。

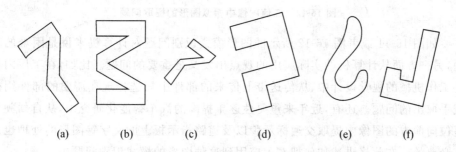

　　(a)　　　　　(b)　　　　　(c)　　　　　(d)　　　　　(e)　　　　　(f)

图 16-11　模式识别的一个简单实例

如果用计算机进行与此相同的事情就不会这样容易了。例如，图 16-11 所示各图形分别以二值图像（图像各点要么是白要么是黑，没有中间亮色）输入，旋转各图形让它们相互重叠，这时必须查看它们之间的重合程度有多大，或者设定圆弧的个数、角的个数等一些特征量，依据比较各图形的特征量来决定它们的对应程度。

如果所给各图形的种类多且不固定，这种处理会更加困难。如"从图16-12(b)中确定与图 16-12(a)所给的模板图形相似的图形"。此问题由人来做也是很容易的，但对于计算机来说，要比图 16-11 的问题更加困难。图像中的相似图形的自由度，也就是位置、大小和旋转角度等不明确的因素很多，还有图像中其他的图形越多，处理就越困难。对于人来讲，从图像中对构成图形的线的端点间的连接关系等局部特征，以及图形整体形状的全局特征两方面都能瞬间把握,因为计算机没有这样的概念,人必须事先教计算机这些求解方法。但是现在人还缺乏如何认识图形的那些生物学或者信息处理的知识,所以让计算机进行处理也就是一件很困难的事情。

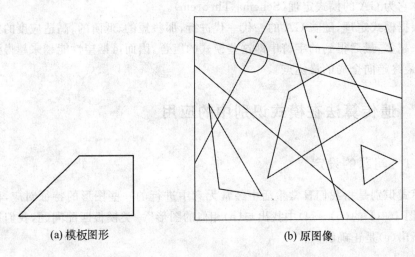

(a) 模板图形　　　　　　　　(b) 原图像

图 16-12　二值图像中相似图形的提取问题

如图 16-11 或者图 16-12 所示的图形模式识别问题对计算机来说是困难的问题,另一方面从计算机的实际应用的观点出发又是重要的问题。比如,在工厂内自动工作机械的视觉设计中,从传送带上传来的部件中只选择现在需要的部件用机械手取出的问题。还有,近年来重要性逐年提高的汽车智能化研究中,从自驾驶室座位向前看的图像中提取交通标示牌以及道路指示板上的文字等图形的处理也是有必要的。在此将讲述如何把 GA 应用到这种图形的模式识别问题中。

此处提出的应该解决的工程方面的课题是二值相似图形的位置检测问题。

例如,给出图 16-12 中那样的二值模板图形以及包含与此模板图形相似的图形的二值图像,求二值图像中与模板图形相似的图形的位置、大小和旋转角度。

对于此问题,为了适用简单 GA,有必要记述它的数学性。在此,作为选出对象的模板图形,假定 xy 二维平面上的 n 个点的点序列 P 如下所示:

$$P = \{p_1(x_1,y_1), p_2(x_2,y_2), \cdots, p_n(x_n,y_n)\} \qquad (16.26)$$

其中各点 $p_i(i=1,2,\cdots,n)$ 的坐标 (x_i, y_i) 是以 P 的重心 p_c 作为原点表示的相对坐标。让模板的重心 p_c 重合 xy 平面的绝对坐标 (x_c, y_c),只旋转 θ 后再扩大 M

倍,此时的点序列 Q 采用下面的式子表示:

$$Q = \{q_1(x_1^*,y_1^*),q_2(x_2^*,y_2^*),\cdots,q_n(x_n^*,y_n^*)\} \tag{16.27}$$

其中 $(x_j^*,y_j^*)(j=1,2,\cdots,n)$ 是变换后各点的绝对坐标,变换用下式表示:

$$\begin{bmatrix} x_j^* \\ y_j^* \end{bmatrix} = M \begin{pmatrix} \cos\theta & -\sin\theta \\ \sin\theta & \cos\theta \end{pmatrix} \begin{bmatrix} x_j \\ y_j \end{bmatrix} + \begin{bmatrix} x_c \\ y_c \end{bmatrix} \tag{16.28}$$

给出一个背景为白色、图形是黑色的二值图像,设式(16.27)的点序列 Q 的各点是黑色的点的个数为 n_b,此时的模板与图像中的图形的匹配率 R 可以由下式定义:

$$R = \frac{n_b}{n} \tag{16.29}$$

给出了模板的点序列 P 和二值图像时,把点序列 P 在图像上的各个位置,以不同大小和旋转角度重叠,求取式(16.29)所示的匹配率,定义获取最大 R 时的点序列 P 的重心 p_c 的坐标 (x_c,y_c)、放大倍数 M 和旋转角度 θ 的问题,为二值相似图形的位置检测问题。把各坐标轴设为 x_c、y_c、M、θ 的四维空间,则必然成为以式(16.29)所示的匹配率作为评价值时的最大值搜索问题,所以能够有效地使用探索算法的 GA 来解决。

16.6.2 GA 的应用方法

16.6.2.1 基因型和表现型的设定

在应用遗传算法时,首先必须设定各个个体的基因型和表现型。在此,假设各个个体 $I_k(k=1,2,\cdots)$ 具有下面的基因型(在此称为染色体):

$$G_k = (x_{ck},y_{ck},M_k,\theta_k) \tag{16.30}$$

这表示探索对象的四维空间中的一点。此时各个个体 I_k 的表现型 H_k,把式(16.26)表示的模板点序列 P,依据式(16.30)所示的参数变换后作为图形,由式(16.31)表示:

$$H_k = \{h_{k1}(x_{k1}^*,y_{k1}^*),h_{k2}(x_{k2}^*,y_{k2}^*),\cdots,h_{kn}(x_{kn}^*,y_{kn}^*)\} \tag{16.31}$$

其中 $(x_{kj}^*,y_{kj}^*)(j=1,2,\cdots,n)$ 用式(16.32)表示:

$$\begin{bmatrix} x_{kj}^* \\ y_{kj}^* \end{bmatrix} = M_k \begin{pmatrix} \cos\theta_k & -\sin\theta_k \\ \sin\theta_k & \cos\theta_k \end{pmatrix} \begin{pmatrix} x_j \\ y_j \end{pmatrix} + \begin{pmatrix} x_{ck} \\ y_{ck} \end{pmatrix} \tag{16.32}$$

在此,为了使问题容易,对原始图像中的相似图形的自由度作了一些限制,具体包括:原始图像中相似图形的大小与模板相同,也就是式(16.30)中的 M_k 总是为 1,并且旋转角度 θ 以 45° 为单位,即固定为 0°、45°、90°、…、315° 中的一个。式(16.30)中的各个参数范围为

$$x_{ck}, y_{ck} \in [0,63] \text{中整数}$$
$$M_k = 1 \tag{16.33}$$
$$\theta_k = 45n, n \in [0,7] \text{中整数}$$

这样染色体 G_k 在计算机内以共计 15 比特长度的比特序列表示如下:

$$G_k = \underbrace{001\cdots0}_{6\text{比特}}^{x_{ck}} \underbrace{101\cdots1}_{6\text{比特}}^{y_{ck}} \underbrace{0\cdots1}_{3\text{比特}}^{\theta_k} \tag{16.34}$$

由于 M_k 是常数,可以从染色体中去除。如果不设定上述条件,所有的参数都是未知的且任意取值,那么相似图形的自由度过多,换句话说搜索空间过大而使搜索变得困难。

16.6.2.2 适应度的定义

各个个体对环境的适应度,可以使用式(16.29)给出的匹配率。可是,图形只要偏差一点就会引起该匹配率很大变化。还有,当两个图形相互没有充分重合的话,这个值将不会很大。在此,为了避免这个问题,需要对原始图像进行如下的模糊处理。也就是原图像中黑色点的亮度设为 L,白色点的亮度设为 0,如图 16-13 所示的那样,对图像进行 L 阶模糊处理,L 为整数常数。

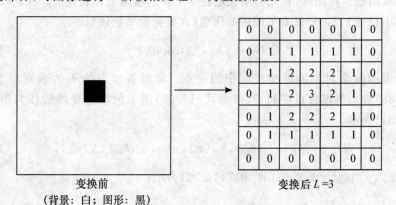

变换前
(背景:白;图形:黑)

变换后 $L=3$

图 16-13 对原始图像进行模糊处理

接下来具有式(16.33)形式的染色体 I_k 的适应度 $f(I_k)$ 可由下式求得:

$$f(I_k) = \frac{\sum_{j=1}^{n} f(x_{kj}^*, y_{kj}^*)}{L \times n} \tag{16.35}$$

其中 n 为构成模板的点的总数。

由此,模板图形重合于原始图像中的相似图形时,即使有一点偏差的情况下,还是能够得到一定大小的适应度,搜索就比较容易了。

16.6.2.3 遗传算子的设定

接下来要对世代交替中用于生成新个体的遗传算子进行设定。到目前为止已经讲述了许多有关淘汰某一代的个体及选择或生成下一代的个体的方法,此处决定使用如下方法,即:将某一代中各个个体的适应度按由大到小的顺序重新排列,按一定比例将下位的个体无条件地淘汰掉;然后,从上位的个体中随机地选取几组配对进行交叉,分别生成一对一对的新个体,保持种群大小(个体总数)不变。

16.2 节讲述的简单 GA 中,最基本交叉方式为单点交叉,在此决定采用两点交叉。

另外,依据小概率发生变异,对各个个体基因进行由 0 至 1 或由 1 至 0 的随机反转处理。

依据上述遗传算子进行的世代交替,高适应度的个体可能持续生存几代,相反,低适应度的个体被淘汰的可能性很高。为此,生物种群有向优秀个体收敛的趋势,适应度递增顺利时,能快速发现最优解,但是陷入局部最优解的可能性也变得很高,有必要引起注意。

16.6.3 简单 GA 演示程序介绍

List 16.1 定义了简单 GA 的基本函数、模板和搜索图像的制作函数等,因为定义了许多全局变量,所以最好像 List 16.1 那样将相关的函数都放到一个源程序文件里。一些小函数和中间函数列在了 List 16.1 的前面部分。为了制作模板图形和搜索图形,List 16.2 给出了绘制点、线、圆、矩形的 C 语言程序。画面上的文字,可以利用 Visual C++ 中 CDC 类里的相应函数来表示,这里不作详细介绍。下面对 List 16.1 中的内容进行简单说明。

主要的宏包括以下内容,定义在 BaseList.h 中:

```
# define POP_SIZE 20      // 种群大小
```

```
# define G_LENGTH 15    // 染色体长度
# define C_RATE 0.6     // 交叉率 (0~1)
# define M_RATE 0.02    // 变异率 (0~1)
# define DEFOCUS_L 4 ;对原始图像进行模糊处理的阶数。
```

POP_SIZE 是处理的生物集团中的种群大小,本例中为 20。G_LENGTH 是一个个体的染色体长度,在本例中染色体长度为 8 比特。C_RATE 是根据与适应度成比例的生存率进行繁殖后,个体的染色体间交叉发生的概率,在 0~1 间指定,本例中交叉率为 60%。M_RATE 是个体的染色体的各位发生突然变异的概率,在 0~1 间指定,本例中变异率为 2%。可以通过改变这些参数值,来模拟各种各样的世代交替的过程。

除了以上主要的宏定义之外,还有一些为了进行绘图而设定的宏定义,这里不作详细说明。

全局变量包括以下内容,定义在 List 16.1 的前面部分:

```
unsigned charg_gene[G_LENGTH * POP_SIZE]; // 当代个体的染色体
double g_fitness[ POP_SIZE ];          // 当代个体的适应度
double g_sin[8],g_cos[8];              // 45 deg 间隔的三角函数表
double g_max_fit, g_avg_fit;           // 最大适应度和平均适应度
int g_m_num;                           // 构成模板的点序列数
int g_m_pnts[2][1000];                 // 模板的点序列的坐标
int g_pnts[2][1000];                   // 用于显示图形的变量
```

程序处理过程可以分为下面 3 个阶段:
(1)模板图形的选择与生成;
(2)用于搜索的原始图像的作成;
(3)执行搜索处理。

16.6.3.1 模板图形的选择与生成

在此可以指定直角三角形、矩形、圆、任意形状 4 种图形,由 List 16.1 中的函数 Ga_set_model 来实现。

如图 16-14 所示,直角三角形中的两条直角边的长度比由随机数随机设定;矩形的长边与短边的比率以及圆的直径都是随机设定的;以某一点为中心旋转 360°时,以长度随机变化的线段的另一端为端点绘制曲线就可以生成任意形状。每个图形都是以回答图面上所示问题的形式进行设定。

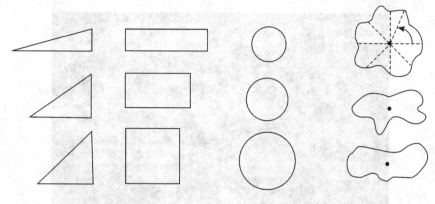

图 16-14　模板图形

16.6.3.2　用于搜索的原始图像的作成

　　模板图形决定后,此模板图形的相似图形和一些直线、椭圆以及椒盐噪声加在一起,作成如图 16-15 所示的原始图像和模糊图像。由 List 16.1 中的函数 Ga_set _image 来实现。

　　图 16-15 是将直角三角形视为模板图形的例子。相似图形的位置和旋转角度是由式(16.33)所示范围内的随机数随机确定的。还有直线、椭圆以及椒盐噪声也是随机地附加上的。图像作成后,有必要确认该图像的好坏,即可通过反复进行原始图像的作成,确保原始图像满足要求。本演示程序在实际操作中会自动在原始图像的下方生成一个模糊图像,由于模糊图像偏黑,画面表示效果不好,所以没有在图中显示出来。

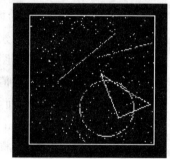

图 16-15　作为搜索对象的原始图像示例

16.6.3.3　执行搜索处理

　　模板图形和原始图像作成后,就要执行模板图形和原始图像中的相似图形之间的模板匹配的搜索处理。受图面的曲线显示区域大小的限制,把世代交替的次数固定在 120 次。

　　List 16.1 中给出了基于 GA 的搜索函数 Ga_search 和基于随机搜索的搜索函数 Random_search,以便进行搜索效果对比。所谓的随机搜索,就是使用随机数随机产生式(16.33)所示范围内的值而进行的搜索。

　　图 16-16 显示了模板图形为直角三角形时的程序执行结果。

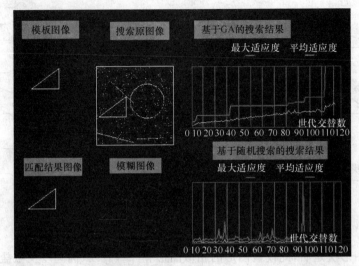

图 16-16 GA 模板匹配的执行结果示例（模板为直角三角形）

图 16-16 的上层左侧为模板图形，中间为原始二值图像，右侧为基于 GA 的搜索结果曲线；下层左侧为搜索结果图形，中间为模糊图像，右侧为基于随机搜索的搜索结果曲线。在此，模板图形和原始二值图像用白色表示，模糊图像是对二值图像进行模糊处理后，将点的值作为调色板编号时的颜色。搜索结果图像表示的是当前搜索的结果图像。画面上的几何图形由 List 16.2 中提供的画图函数来完成，画面上的文字部分由 Visual C++中的文字绘图函数来实现。

同样可以进行以矩形、椭圆和任意形状作为模板图形时的程序演示。图16-17 表示了 GA 模板匹配的 Visual C++的窗口界面。

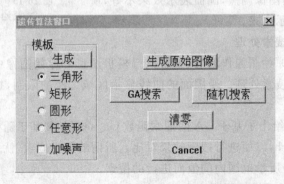

图 16-17 GA 模板匹配的执行窗口界面

从这些图可以看出,随机探索没有完全进行有效探索,而 GA 对于任何图形都是一种高效率的搜索方法,也就是说可以进行很好的模板匹配。我们可以把基于 GA 的模板匹配方法扩展到任意二值图形,即进行参数都是未知的模板匹配,根据模板图形的形状和当前的适应度值,进行遗传规则的参数调整。因为任意形状图形的自由度很大,所以一般很难确定如图 16-11 所示的相似图形的位置。但是根据 GA 的适用性,能够进行不依赖于形状的有效探索是非常有意义的。

16.7　应用研究实例

除了上述在图像模式识别中的应用之外,GA 目前在图像滤波、图像分割、图像恢复、图像重建、图像检索等方面也得到了广泛的应用。

16.7.1　基于 GA 的图像滤波[1]

基于 GA 的图像滤波的实现过程实际上是一个寻找控制参数的最优或次优解的过程,因此,首先要选择一个参数模型。其中一例采用 J. S. Lee 提出的图像参数模型。

对于一幅数字图像 $f(\cdot)$,$f(x,y)$ 是图像在 x 行 y 列的像素值,$f'(x,y)$ 为滤波后的图像在对应点的像素值,则有

$$f'(x,y) = g(m(x,y)) + k[f(x,y) - m(x,y)] \quad (16.36)$$

式中:$g(\cdot)$ 为一个对比度扩展函数;$m(x,y)$ 为 x 行 y 列处像素点在它的某个邻域内的局部均值;$k > 0$,是一个控制参数,其大小直接影响到图像的处理质量。因此,数字图像滤波过程可以转化为寻求最优参数 k 的过程。

在此采用最常用的二进制编码方法。染色体长度设定为 8。种群大小设定为 $M = 40$,交叉率为 0.9,变异率为 0.01。选取如下 3 种遗传算子:优胜劣汰选择算子(精英选择算子)、单点交叉算子、均匀变异算子。

实验分别用 GA 对加性和乘性噪声降质后的 256×256 的 Lena 图像进行了处理,并将处理结果与传统的中值滤波方法的处理结果进行了视觉上(主观)和客观(信噪比 SNR 和绝对平均误差 MAE)的比较。

从图 16-18 中可以看出,对加性噪声,GA 方法滤波后的 Lena 图像比中值滤波后的 Lena 图像视觉效果更清晰,而且,在采取同样方法提取边缘的前提下,边缘信息保持得更好,与原图像提取后的边缘更接近。可以说,与传统的有效去噪工具——中值滤波方法相比,GA 滤波方法可以更好地平滑掉噪声,并能够保留图

像的更多细节(如图像边缘等)。对滤波后图像的信噪比(SNR)和绝对平均误差(MAE)进行比较,如表 16-7 所示,对于加性噪声降质的图像来说,无论从主观和客观的对比结果来看,GA 方法都存在比较明显的优势。

(a) 加性噪声降质后的Lena图像　　　　(b) GA滤波去噪　　　(c) GA滤波后的边缘
　　(均值0、方差0.01的Gauss噪声)

(d) 中值滤波去噪　　　　　(e) 中值滤波后的边缘
图 16-18　加性噪声去噪效果对比

表 16-7　GA 滤波与中值滤波的客观比较(加性噪声)

方法	SNR	MAE
GA 方法	19.913 8	9.927 0
中值滤波方法	19.328 7	10.751 4

对于乘性噪声,从图 16-19 中处理后的图像边缘可以看出,图 16-19(c)中边缘更清晰,杂点较少,GA 方法对乘性噪声的去除效果要明显好于中值滤波对乘性噪声的去除效果。从处理后图像的边缘以及表 16-8 所示的图像的信噪比(SNR)和绝对平均误差(MAE)来看,GA 滤波方法能够更多地保留图像信息,具有比较明显的优势。

(a) 乘性噪声降质后的Lena图像　　(b) GA滤波去噪　　(c) GA滤波后的边缘
　（均值0、方差0.04的斑点噪声）

(d) 中值滤波去噪　　(e) 中值滤波后的边缘

图 16-19　乘性噪声去噪效果对比

表 16-8　GA 滤波与中值滤波的客观比较（乘性噪声）

方法	SNR	MAE
GA 方法	19.144 3	10.573 4
中值滤波方法	17.219 2	13.852 6

16.7.2　基于 GA 的模板匹配[2,3]

　　两眼立体视觉是恢复场景深度信息的一种常用方法，但求解对应问题又是两眼立体视觉最困难的一步。下面介绍采用 16.6 节介绍的基于 GA 的模板匹配的方法，实现苹果树图像的对应问题的一个实例。

　　图 16-20 中表示了由两眼立体视觉进行一个苹果的三维位置测量的示意图，

在两眼立体视觉中左、右摄像机的光轴是平行的。一个苹果的三维位置能够由其重心 C 来表示,重心 C 在左、右图像平面上的投影分别为 C_l 和 C_r。重心 C 的三维位置 $C(x_c, y_c, z_c)$ 可以由 C_l 和 C_r 之间的位移计算,而 C_l 和 C_r 之间的位移在世界坐标系 xyz 上被称为视差,即

$$\left. \begin{aligned} x_c &= x_r \cdot B/d \\ y_c &= y_r \cdot B/d \\ z_c &= F \cdot B/d \end{aligned} \right\} \tag{16.37}$$

式中:x_r、y_r 为 C_r 的坐标;$d = x_l - x_r$ 为视差;x_l、y_l 为相对于世界坐标系 xyz 苹果重心 C 在左图像上的投影坐标;F 为摄像机的焦距;B 为左、右摄像机之间的距离,称为基线距离,简称基线。

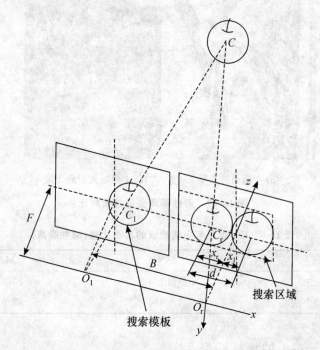

图 16-20 基于两眼立体视觉的苹果的三维位置测量示意图

一组(左、右 2 幅)苹果图像的对应点借助于基于轮廓的模板匹配算法来确定。因此,定义从左图像中提取的每个苹果轮廓为一个模板,从右图像中提取的含有苹果轮廓的二值图像为搜索图像。利用 16.6 节介绍的方法,基于轮廓模板匹配过程

就是对左图像中选定的模板在搜索图像中试图寻找同一苹果的轮廓。

如图 16-21 所示,通过一个图像采集装置、一个图像采集卡和个人计算机来进行实验。图像采集装置由两个滑棒及安装其上的摄像机所构成。摄像机在滑棒上可水平左右移动,拍摄一对(左、右两幅)图像。为了基于两眼立体视觉获取三维位置,在测量视差 d 时,式(16.37)中的基线 B 起着很大作用。如果设定一个比较长的基线,所估算的三维位置将更精确。然而,比较长的基线将导致从左、右摄像机中可观察的三维空间狭窄。因此,在选择基线时存在着测量精度和可视空间之间的平衡。由于从摄像机到苹果所处地点之间的实际距离范围可以认为是 $50\sim200$ cm,分别确定 B 为 10、15 和 20 cm。

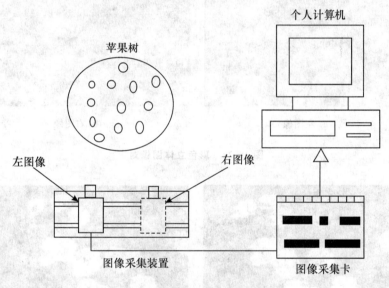

图 16-21　图像采集处理系统示意图

图像处理算法如下。

第一步,对所拍摄的红色苹果(富士)的 2 幅彩色图像(左、右图像)通过色差 $G-Y$ 法取阈值 -5 进行二值化,得到区域分割后的两幅二值图像,再对其进行消除小区域的噪声的处理。第二步,对于右图像,通过轮廓跟踪处理提取整个轮廓线作为搜索图像。对于左图像,进行区域分割,然后由中心区域矩、圆形度和面积等参数所组成的线性判别函数,把苹果区域分成单个苹果和复合苹果(多个苹果重叠在一起的情况)。当为复合苹果时,使用距离变换和膨胀的分离处理方法提取各个单个苹果。左图像中的苹果轮廓分别作为模板被提取出来。最后,使用 GA 模板匹配方法来寻找与从左图像中逐一选择的模板同一个苹果的轮廓。在左、右图像中,被匹配的苹果的三维位置就能借助重心坐标计算得到。重复迭代这个搜索操作直到左图像中的所有苹果即模板被处理完为止。

图 16-22(a)和(b)分别是苹果树的彩色立体图像对。它们是摄像机在距苹果 100 cm 处拍摄的。图 16-23(a)和(b)表示了由彩色图像分割处理获得的各个二值图像。左图像中具有标记"1"到"8"的 8 个苹果分别对应右图像中具有标记"a"到"h"的苹果。

(a) 左图像　　　　　　　　　　　　　　(b) 右图像

图 16-22　彩色立体图像对

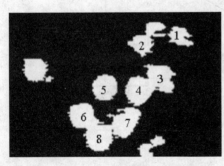 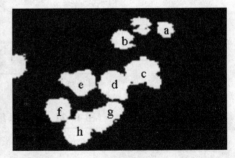

(a) 左图像　　　　　　　　　　　　　　(b) 右图像

图 16-23　二值立体图像对

除了最上面的一个苹果被叶子的遮挡,在分离处理中变得过小而不能作为模板外,其余 8 个苹果都正确地匹配上了,如图 16-24 所示。本实验在各种光照条件下设定基线 10、15、20 cm 拍摄了各 36 组图像,实验结果 95% 以上的苹果都正确地得到了匹配。

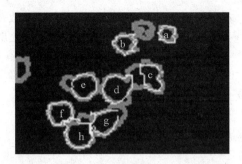

图 16-24　基于 GA 的模板匹配的结果

应用研究文献

[1] 卢丽敏,周海银. 一种基于遗传算法的图像增强方法[J]. 数学理论与应用,
2003,23(1):82-88.

[2] Sun M, Takahashi T, Zhang S, et al. Matching Binocular Stereo Images of
Apples by Genetic Algorithm[J]. Agricultural Engineering Journal, 1999,
8(2):101-117.

[3] 孙明. 画像処理によるリンゴ果実の識別と位置検出[D]. 盛岡:岩手大学,
1999.

附录:源程序列表

List 16.1　简单 GA 的基本程序

```
# include "StdAfx. h"
# include <stdio. h>
# include <stdlib. h>
# include <math. h>
# include <time. h>
# include "BaseList. h"

//全局变量
unsigned char
g_gene[G_LENGTH * POP_SIZE];  // 当代个体的染色体
double g_fitness[ POP_SIZE ];        // 当代个体的适应度
```

```
double g_sin[8],g_cos[8];           // 45 deg 间隔的三角函数表
double g_max_fit, g_avg_fit;        // 最大适应度和平均适应度
int g_m_num;                        // 构成模板的点序列数
int g_m_pnts[2][1000];              // 模板的点序列的坐标
int g_pnts[2][1000];                // 用于显示图形的变量


// 伪随机数产生程序的初始化
void randomize( )
{
    stand( (unsigned)time( NULL ) );   // 标准库
}


// 返回 0 以上 n－1 以下的伪随机数的函数
int random(int n )
{
    double rand_max = RAND_MAX; // 随机数的最大值
    int r;              // 随机数
    double r1,r2;   // 工作变量

    r1 = (double)rand();
    r2 = (double)n;
    r  = (int)( r1  / rand_max * r2);
    return( r );
}


//从个体编号 num 的染色体向参数 xsft, ysft, angle 的变换
void gene_to_param( int num, int * xsft, int * ysft, int * angle )
{
    int xymax,i;

    xymax = 64;   // x, y 的染色体最大值－1
    // 从基因型向空间参数的变换
     * xsft = 0;    * ysft = 0;
    for (i=0; i<6; i++ )
    {
         * xsft = * xsft * 2 + g_gene[num * G_LENGTH + i];
```

```
            * ysft = * ysft * 2 + g_gene[num * G_LENGTH + i+6];
    }
    * xsft = * xsft - xymax / 2;
    * ysft = * ysft - xymax / 2;
    * angle = 0;
    for ( i=12; i<15; i++ )
        * angle = * angle * 2 + g_gene[num * G_LENGTH + i];
}


// 计算个体的适应度代入到 fitness[]中。
void calc_fitness(BYTE * image, int xsize, int p_size )
{
    int i,j,xsft,ysft,angle,x1,y1,x2,y2;
    double sum,fitmax;

    fitmax = (double)( DEFOCUS_L * g_m_num );

    for (i=0; i<p_size; i++ )
    {
        // 从基因型到参数(x,y)，angle 的变换
        gene_to_param( i, &xsft, &ysft, &angle );
        //由（xsft,ysft），angle 计算重合度
        sum = 0.0;
        for (j=0; j<g_m_num; j++ )
        {
            x1 = g_m_pnts[0][j];
            y1 = g_m_pnts[1][j];
            x2 = (int)(g_cos[angle] * x1 - g_sin[angle] * y1) + xsft + 64;
            y2 = (int)(g_sin[angle] * x1 + g_cos[angle] * y1) + ysft + 64;
            if ( x2>=0 && x2<128 && y2>=0 && y2<128 )
                    //sum = sum + (double)image[x2][y2];
                        sum = sum + (double) * (image + y2 * xsize + x2);
        }
        g_fitness[i] = sum / fitmax;
    }
}
```

```
//交换个体编号 n1 和 n2 的适应度和染色体
void swap_fit( int n1，int n2 )
{
    unsigned char c；
    double f；
    int i；

    // 染色体的交换
    for (i=0；i<G_LENGTH；i++ )
    {
        c = g_gene[n1 * G_LENGTH + i]；
        g_gene[n1 * G_LENGTH + i] = g_gene[n2 * G_LENGTH + i]；
        g_gene[n2 * G_LENGTH + i] = c；
    }
    // 适应度的交换
    f = g_fitness[n1]；
    g_fitness[n1] = g_fitness[n2]；
    g_fitness[n2] = f；
}


//   进行个体的适应度的排序
void sort_fitness(int p_size )
// p_size：个体总数
{
    int i,j；

    // 排序
    for (i=0；i<p_size−1；i++ )
        for (j=i+1；j<p_size；j++ )
            if ( g_fitness[j] > g_fitness[i] ) swap_fit( j，i )；
    // 最大适应度
    g_max_fit = g_fitness[0]；
    // 平均适应度的计算
    g_avg_fit = 0.0；
    for (i=0；i<p_size；i++ )
        g_avg_fit = g_avg_fit + g_fitness[i]/(double)p_size；
```

```
}

// 当前最大适应度个体的表现型(变换后的图形)与原始图像重合表示
void g_disp_max(BYTE * image, int xsize, int flg )
//flg： 0 or 1
{
    int xsft, ysft, angle, i, x, y;

    // 清除以前的图形
    if ( flg == 1 )
    {
        for (i=0; i<g_m_num; i++ )
        {
            x = g_pnts[0][i]; y = g_pnts[1][i];
            if ( x>=0 && x<128 && y>=0 && y<128 )
            * (image + (y+YUL) * xsize + x+XUL) = LOW;
        }
    }
    // 从基因型向参数(x,y)，angle 的变换
    gene_to_param( 0, &xsft, &ysft, &angle );
    // 图形的显示
    for (i=0; i<g_m_num; i++ )
    {
        x = g_m_pnts[0][i];
        y = g_m_pnts[1][i];
        g_pnts[0][i] = (int)(g_cos[angle] * x - g_sin[angle] * y)+ xsft + 64;
        g_pnts[1][i] = (int)(g_sin[angle] * x + g_cos[angle] * y) + ysft + 64;
    }
    for (i=0; i<g_m_num; i++ )
    {
        x = g_pnts[0][i]; y = g_pnts[1][i];
        if ( x>=0 && x<128 && y>=0 && y<128 )
        * (image + (y+YUL) * xsize + x+XUL) = HIGH;
    }
}
```

```
// 显示适应度推移画面
void g_disp_fitness( BYTE * image, int xsize, int ysize, int n, int gen_num, double
mfold, double afold, double mf, double af )
// n＝1:GA,n＝2:随机搜索
{
    int x, y, gx, gy, x_old, y_old;

    if ( n ＝＝ 1 ) { gx = GX1; gy = GY1; }
              else { gx = GX2; gy = GY2; }

    // 适应度曲线的更新
    if ( gen_num ％ 10 ＝＝0 ) // 以 10 代为间隔画垂直线
    {
        x = gx + ( gen_num － 1 ) * GSTEP;
          Draw_line (image, xsize, x, gy+1, x, gy + GYR － 1, 2);
          Draw_number_image(image, xsize, ysize, gen_num, x－8, gy+GYR+2, 15);
    }

    // 在曲线图中画直线
    x_old = (int)( gx + ( gen_num － 1 ) * GSTEP );
    x   = x_old + (int)GSTEP;
    y_old = (int)( gy + GYR － mfold * GYR );
    y   = (int)( gy + GYR － mf * GYR );

     Draw_line (image, xsize, x_old, y_old, x, y,15);// 11);
    y_old = gy + GYR － (int)( afold * GYR );
    y   = gy + GYR － (int)( af * GYR );

     Draw_line (image, xsize, x_old, y_old, x, y, 9);
}

// 生成随机基因
void make_random_gene(int p_size)
{
    int i,j;
```

```
    for (i＝0；i＜p_size；i＋＋)
        for (j＝0；j＜15；j＋＋)
            if (random(100)＜50) g_gene[i * p_size + j] = 0;
                else g_gene[i * p_size + j] = 1;
}
```

```
/ * ----------------------- initialize_gene ---染色体的初始化函数------------------
    gene：        染色体数组
    pop_size：    种群大小
    g_length：    个体的染色体长度（比特数）
    基因 0 或者 1 的比特序列
-------------------------------------------------------------------------- * /
void initialize_gene(unsigned char * gene，int pop_size，int g_length )

{
    int i,j;

    randomize();
    for (i＝0；i＜pop_size；i＋＋)
        for (j＝0；j＜g_length；j＋＋)
            * ( gene + i * g_length + j ) = random(2);
            // random(2)：0 或者 1 的随机数
}
```

```
/ * ----------------------- two_crossover --- 染色体的二点交叉函数------------------
    gene：染色体数组
    g1，g2：原始的亲代个体的编号
    g3，g4：二点交叉后的子代个体的编号
    length：个体染色体长度（比特数）
-------------------------------------------------------------------------- * /
void two_crossover( unsigned char * gene，int g1，int g2，int g3，int g4，int length )
{
    unsigned char * gene1；// 亲代 1 的染色体的指针
    unsigned char * gene2；// 亲代 2 的染色体的指针
    unsigned char * gene3；// 子代 1 的染色体的指针
```

```
unsigned char *gene4; // 子代 2 的染色体的指针
int c_pos1, c_pos2; // 两个交叉位置
                        // 0 <= c_pos1,2 <= length−1
int j;
int work;               // 工作变量

// 0<= 个体编号( g1,g2,g3,g4 ) <= pop_size − 1
gene1 = gene + length * g1;
gene2 = gene + length * g2;
gene3 = gene + length * g3;
gene4 = gene + length * g4;

// c_pos1，c_pos2:交叉位置( 0 以上 length−1 以下)
c_pos1 = random(length);
c_pos2 = random(length);
while ( c_pos1 == c_pos2 )
    c_pos2 = random(length−1); // <= 选择不同的两个点
if ( c_pos1 > c_pos2 )
{
    work = c_pos1; c_pos1 = c_pos2; c_pos2 = work;
    //使得 c_pos1 < c_pos2
}

//交换部分基因
for (j=0; j<g_length; j++ )
{
    if ( j >= c_pos1 && j <= c_pos2 )
    {
        *(gene3 + j) = *(gene2 + j);
        *(gene4 + j) = *(gene1 + j);
    }
    else
    {
```

```
            * (gene3 + j) = * (gene1 + j);
            * (gene4 + j) = * (gene2 + j);
        }
    }
}
```

```
/ * ---------------------- ga_mutation --- 染色体的变异函数(一般形式)---------------
    gene：    染色体数组
    pop_size：种群大小
    length：   个体染色体长度(比特数)
    m_rate：  变异率（0<=m_rate<=1）
-------------------------------------------------------------------------- * /
void ga_mutation(unsigned char * gene, int pop_size, int length, double m_rate )
{
    int i,j;
    double r；  // 随机数

    // 个体编号 0,1,2,…,pop_size-1
    for (i = 0; i < pop_size; i++ )
    {
        for (j = 0; j < length; j++ )
        {
            r = random(10001) / 10000.0;
            // r：0.0 <= r <= 1.0 实数随机数
            // 产生 random(n)：0 以上 n-1 以下的整数随机数的库函数
            if ( r <= m_rate )
                if ( * ( gene + length * i + j ) == 0 )
                        * ( gene + length * i + j ) = 1;
                else * ( gene + length * i + j ) = 0;
        }
    }
}
```

```
/ * ---------------------- make_offspring --- 染色体的变异函数-----------------
    g1, g2：亲代
    g3, g4：子代
```

采用二点交叉

-- * /

```
void make_offspring( int g1, int g2, int g3, int g4 )
{
    int i, rnd, rndmax;

    // 由二点交叉生成子代个体
    two_crossover( g_gene, g1, g2, g3, g4, G_LENGTH );

    // 对子代个体执行变异操作
    rndmax = (int)( 10000.0 * M_RATE );
    for (i=0; i<G_LENGTH; i++)
    {
        rnd = random( 10000 );
        if ( rnd <= rndmax )
            if ( g_gene [g3 * G_LENGTH + i] == 0 ) g_gene
                [g3 * G_LENGTH + i] = 1;
                    else g_gene[g3 * G_LENGTH + i] = 0;
        rnd = random( 10000 );
        if ( rnd <= rndmax )
            if ( g_gene [g4 * G_LENGTH + i] == 0 ) g_gene
                [g4 * G_LENGTH + i] = 1;
                    else g_gene[g4 * G_LENGTH + i] = 0;
    }
}

/ * ----------------------- ga_reproduction --- 简单 GA 的选择函数-------------- * /
void ga_reproduction()
{
    int i, n, p1, p2;

    n = (int)( POP_SIZE * S_RATE / 2.0 );    // 子代的对数
    for (i=0; i<n; i++ )
    {
        // 子代的对 No. i
        p1 = random( n * 2 );
```

```
        p2 = random( n * 2 );
        while ( p2 == p1 )
            p2 = random( n * 2 );
        make_offspring( p1,p2,POP_SIZE−i * 2−1,POP_SIZE−i * 2−2 );
    }
}
```

/ * ------------------------- Ga_set_model ---确定模板,获取数据------------

image：画模板的图像指针

xsize：图像宽度

ysize：图像高度

sx, sy：画图范围的左上角

ex, ey：画图范围的右下角

model_type：图形序号。0：三角形;1：矩形;2：圆;3：任意形

noise：是否附加噪声。1：附加;0：不附加

--- * /

```
void Ga_set_model(BYTE * image, int xsize, int ysize, int sx, int sy, int ex, int ey,
int model_type, int noise)
//x1, y1 初始位置
{
    int x1, y1, x2, y2,x3,y3;
    int i,j,n1,n2,col;
    double rad[90],wx,wy,work;

    //清零
    for(j = sy; j <= ey; j++ )
    {
        for(i =sx; i <= ex; i++)
        {
            * (image + j * xsize + i) = LOW;
        }
    }

    randomize();

    switch( model_type )
```

```
{
case 0：// 三角形
        x1 = (sx+ex)/2 + 25; y1 = (sy+ey)/2 + 25;
        x2 = x1 - 25 - random(25); y2 = y1;
        x3 = x1; y3 = y1 - 25 - random(25);

        Draw_line (image, xsize, x1,y1,x2,y2,255);
        Draw_line (image, xsize, x1,y1,x3,y3,255);
        Draw_line (image, xsize, x2,y2,x3,y3,255);
        break;
case 1：// 矩形
        x1 = (sx+ex)/2 + 25; y1 = (sy+ey)/2 + 25;
        x2 = x1 - 25 - random(25);
        y2 = y1 - 25 - random(25);

        Draw_rectangle( image, xsize, ysize ,x2,y2,x1,y1,255 );
        break;
case 2：// 圆
        x1 = (sx+ex)/2 ; y1 = (sy+ey)/2;
        x2 = 10 + random(15);
        y2 = 10 + random(15);

        Draw_circle(image, xsize, ysize, x1, y1, y2, 255);
        break;
case 3：// 任意形状
        x1 = (sx+ex)/2 ; y1 = (sy+ey)/2;
        // 生成点序列
        rad[0] = 10 + random(15);
        for (i=1; i<90; i++ )
        {
                rad[i] = rad[i-1] - 4 + random(9);
                if ( rad[i] < 10 ) rad[i] = 10.0; else
                        if ( rad[i] > 25 ) rad[i] = 25.0;
        }
        //进行轮廓平滑处理
        for (i=1; i<3; i++ )
```

```
    {
        for (j=0; j<90; j++)
        {
            if ( (j-1) < 0 ) n1 = 89; else n1 = j-1;
            if ( (j+1) > 89 ) n2 = 0; else n2 = j+1;
            rad[j] = ( rad[n1] + rad[j] + rad[n2] )/3.0;
        }
    }
    for (i=0; i<90; i++)
    {
        if ( (i+1) > 89 ) n1 = 0; else n1 = i+1;
        x2 = (int)(rad[i] * cos(i/45.0 * 3.14)) + x1;
        y2 = (int)(rad[i] * sin(i/45.0 * 3.14)) + y1;
        x3 = (int)(rad[n1] *
                cos( (double)n1/45.0 * 3.14 ) ) + x1;
        y3 = (int)(rad[n1] *
                sin( (double)n1/45.0 * 3.14 ) ) + y1;

        Draw_line(image, xsize, x2, y2, x3, y3, 255);
    }
}


if ( noise == 1 )
{
    for ( i=0; i<3000; i++)
        *(image + (sy + random(119)) * xsize + sx + random(119)) = 0;
}
//获取模板序列的数据
g_m_num = 0;
for (y1=sy; y1<ey; y1++)
{
    for ( x1=sx; x1<ex; x1++)
    {
        col = *(image + y1 * xsize + x1);
        if ( col != 0 )
        {
```

```
                        g_m_pnts[0][g_m_num] = x1;
                        g_m_pnts[1][g_m_num] = y1;
                        g_m_num   = g_m_num + 1;
                }
        }
}
// 进行相对坐标的变换
wx = 0.0; wy = 0.0; work = (double)g_m_num;
for (i=1; i<=g_m_num; i++)
{
        wx = wx + (double)( g_m_pnts[0][i - 1] ) / work;
        wy = wy + (double)( g_m_pnts[1][i - 1] ) / work;
}
x1 = (int)wx; y1 = (int)wy;
for (i=1; i<=g_m_num; i++)
{
        g_m_pnts[0][i-1] = g_m_pnts[0][i-1] - x1;
        g_m_pnts[1][i-1] = g_m_pnts[1][i-1] - y1;
}
}


/ * ------------------- Ga_set_image ---制作原始图像-------------
    image：画图形的图像指针
    image_dim：用于生成模糊图像的图像指针(本程序固定为 128 * 128 像素)
    xsize：  图像宽度
    ysize：  图像高度
    sx, sy：画图范围的左上角
    ex, ey：画图范围的右下角
------------------------------------------------------------------- * /
void Ga_set_image(BYTE * image, BYTE * image_dim, int xsize, int ysize, int sx,
int sy, int ex, int ey)
{
    int i,j,angle;
    int gx,gy,x,y,col,xx,yy,xymax;
    double x1,y1;
```

```
// 制作 45 [deg]间隔的三角函数表
for (i=0; i<8; i++)
{
    g_sin[i] = sin( (double)i * 45.0 / 360.0 * 3.141592 );
    g_cos[i] = cos( (double)i * 45.0 / 360.0 * 3.141592 );
}
xymax = 64; // x 或者 y 的染色体最大值+11

randomize();

//图像清零
for (j = sy; j <= ey; j++)
{
    for ( i = sx; i <= ex; i++)
    {
        * (image +j * xsize + i) = LOW;
    }
}


Draw_rectangle( image, xsize, ysize, sx−1, sy−1, ex, ey, 255 );
for ( i=0; i<3; i++ )
    Draw_line(image, xsize, sx + random(ex−sx), random(ey−sy)+sy,ran-
    dom(ex−sx)+sx, random(ey−sy)+sy, 255);
for ( i=0; i<1; i++ )
    Draw_circle (image, xsize, ysize, random(64)+sx+32,
    random(64)+sy+32,random(20)+10, 255);
for ( i=0; i<5000; i++ )
    * (image + (random(ey−sy)+sy) * xsize + random(ex−sx)+sx) = 0;
for ( i=0; i<200; i++ )
    * (image+(random(ey−sy)+sy) * xsize+random(ex−sx)+sx)=255;
gx = random(xymax) − xymax/2;
gy = random(xymax) − xymax/2;
angle = random(8);
for ( i =1; i<=g_m_num; i++ )
{
    x1 = (double)g_m_pnts[0][i−1];
```

```
        y1 = (double)g_m_pnts[1][i−1];
        x = (int)(g_cos[angle] * x1 − g_sin[angle] * y1) + 64 + sx + gx;
        y = (int)(g_sin[angle] * x1 + g_cos[angle] * y1) + 64 + sy + gy;
        *(image + y * xsize + x) = 255;
}


//生成模糊图像的原图像
int ssy = ey +40;
int eey = ssy + 128;
for (y= 0 ; y<128 ; y++ )
{
    for (x=0; x<128; x++ )
    {
        col = *(image + (y+ sy) * xsize + x +sx);
        if (col > 0 ) *(image_dim + y * 128 + x) = DEFOCUS_L;
            else *(image_dim + y * 128 + x) = 0;
    }
}


// 进行图像的模糊处理
for (y=0; y<128; y++ )
{
    for (x=0; x<128; x++ )
        if ( *(image_dim + y * 128 + x) == DEFOCUS_L )
            for ( i =1; i<DEFOCUS_L; i++ )
                for ( gy=−i; gy<=i; gy++ )
                    for ( gx=−i; gx<=i; gx++ )
                    {
                        xx = x + gx; yy = y + gy;
                        if ( xx >=0 && xx<=127 &&
                        yy>=0 && yy<=127 )
                            if ( *(image_dim + y * 128 +
                            x) < (DEFOCUS_L − i) )
                                *(image_dim + y * 128 +
                                x) = DEFOCUS_L − i;
                    }
```

```
        }
        //复制模糊图像到表示帧
        for (y=0; y<128; y++)
            for (x=0; x<128; x++)
                *(image + (ey + 40 + y) * xsize + sx + x)
                    = *(image_dim + y * 128 + x);


    }


/* ----------------------- Ga_search --------------基于 GA 的搜索-----------
        image：原图像指针
    image_dim：模糊图像指针
    xsize：　图像宽度
    ysize：　图像高度
    xsize_dim：模糊图像宽度
--------------------------------------------------------------------------- */
void Ga_search(BYTE * image, BYTE * image_dim, int xsize, int ysize, int xsize_dim)
{

    int gen_num;
    double mfold, afold;

    initialize_gene( g_gene, POP_SIZE, G_LENGTH );
    calc_fitness( image_dim, xsize_dim, POP_SIZE );
    sort_fitness( POP_SIZE );
    g_disp_max( image , xsize, 1 );
    mfold = g_max_fit; afold = g_avg_fit;
    ga_reproduction();
    for ( gen_num=1; gen_num<=120; gen_num++ )
    {
        // 计算适应度及排序
        calc_fitness( image_dim, xsize_dim, POP_SIZE );
        sort_fitness( POP_SIZE );
        // 表示适应度
        g_disp_fitness(image, xsize, ysize, 1, gen_num, mfold, afold,
                    g_max_fit, g_avg_fit );
        // 显示最大适应度的图形
```

```
        g_disp_max(image, xsize, 1 );
        mfold = g_max_fit; afold = g_avg_fit;
        // 进行基于 GA 的世代交替
        ga_reproduction();
    }
    //在曲线上面画横线
    Draw_line (image, xsize, 450, 82, 465, 82,15);// 11);
    Draw_line (image, xsize, 550, 82, 565, 82, 9);
}
```

```
/ * ---------------------- Random_search --------------基于随机搜索的搜索----------
    image：原图像指针
    image_dim：模糊图像指针
    xsize：图像宽度
    ysize：图像高度
    xsize_dim：模糊图像宽度
------------------------------------------------------------------------ * /
void Random_search(BYTE * image, BYTE * image_dim, int xsize, int ysize, int
xsize_dim)
{
    int p_size, gen_num;
    double mfold, afold;

    p_size = (int)( POP_SIZE * S_RATE );
    // p_size:相当于 1 代的搜索点数
    make_random_gene( p_size );
    calc_fitness(image_dim, xsize_dim, p_size );
    sort_fitness( p_size );
    g_disp_max(image , xsize, 1 );
    mfold = g_max_fit; afold = g_avg_fit;
    for (gen_num=1; gen_num<=120; gen_num++ )
    {
        // 生成随机数的染色体
        make_random_gene( p_size );
        // 计算适应度及排序
        calc_fitness( image_dim, xsize_dim, p_size );
```

```
        sort_fitness( p_size );
        // 表示适应度
        g_disp_fitness(image, xsize, ysize, 2, gen_num, mfold, afold,
                       g_max_fit, g_avg_fit );
        // 显示最大适应度的图形
        g_disp_max(image , xsize, 1 );
        mfold = g_max_fit; afold = g_avg_fit;
    }
    //在曲线上面画横线
    Draw_line (image, xsize, 450, 282, 465, 282,15);// 11);
    Draw_line (image, xsize, 550, 282, 565, 282, 9);
}
```

List 16.2　几何图形绘制程序

```
#include "StdAfx. h"
#include "BaseList. h"
#include <math. h>
/ * ----------------------- Draw_line --- 画线-------------------------------
    image：　　输入图像数据指针
    xsize：　　图像宽度
    sx：　　　　线起点 x 坐标
    ex：　　　　线终点 x 坐标
    sy：　　　　线起点 y 坐标
    ey：　　　　线终点 y 坐标
    gray_level：线的灰度值
---------------------------------------------------------------------- * /
void Draw_line (BYTE * image, int xsize, int sx, int sy, int ex, int ey, unsigned
            char gray_level)
{
    int  x = sx, y = sy, D = 0, dx=ex-sx, dy=ey-sy, c, M,
        xinc = 1, yinc = 1;

    if (dx < 0) {xinc = -1; dx = -dx;}
    if (dy < 0) {yinc = -1; dy = -dy;}
    if (dy < dx)
    {
```

```
        c = 2 * dx;
        M = 2 * dy;
        while (x ! = ex)
         {
                * (image + y * xsize + x) = gray_level;
```
// Upon execution of this command a pixel is set on TV screen
// This is because we are using pre_processing2 and related
// routines at top of this program.
```
            x += xinc;
            D += M; // M = M+1; D = M;
            if (D > dx)
            {
                y += yinc;
                D -= c;
            }
        } // while
    }
    else
     {
       c = 2 * dy; M = 2 * dx;
       while (y ! = ey)
        {
            * (image + y * xsize + x) = gray_level;
            y += yinc;
            D += M;
            if (D > dy) { x += xinc; D -= c; }
        } // while
     } // else

    * (image + y * xsize + x) = gray_level;
}
```

```
/ * ------------------ Draw_point --- 画点------------------------
    image：      输入图像数据指针
    xsize：      图像宽度
    x：          点的 x 坐标
```

```
    y：              点的 y 坐标
    gray_level：点的灰度值
-------------------------------------------------------------------- * /
void Draw_point (BYTE * image, int xsize, int x, int y, unsigned char gray_level)
{
    * (image + y * xsize + x) = gray_level；
}


/ * -------------------- Draw_circle --- 画圆----------------------------------
    image：          输入图像数据指针
    xsize：          图像宽度
    sx：             线起点 x 坐标
    ex：             线终点 x 坐标
    sy：             线起点 y 坐标
    ey：             线终点 y 坐标
    gray_level：线的灰度值
-------------------------------------------------------------------- * /
void Draw_circle (BYTE * image, int xsize, int ysize, int x_center,
                  int y_center, int radius, unsigned char gray_level)
{

    int  x = 0, y = radius, u = 1, v = 2 * radius-1, e = 0；

    if (y_center+radius < ysize && y_center+radius >= 0)
        * (image + (int)(y_center+radius) * xsize + x_center) = gray_level；

    if (y_center-radius < ysize && y_center-radius >= 0)
        * (image + (int)(y_center-radius) * xsize + x_center) = gray_level；

    if (x_center+radius < xsize && x_center+radius >= 0)
        * (image + y_center * xsize + x_center+radius) = gray_level；

    if (x_center-radius < xsize && x_center-radius >= 0)
        * (image + y_center * xsize + x_center-radius) = gray_level；

    while (x < y)
```

```
{
        x++;
        e = e+u;
        u = u+2;
    if (v < 2 * e)
    {
            y--;
            e = e-v;
            v = v-2;
    }
    if (x <= y)
    {
        if ((y_center+y < ysize && y_center+y >= 0) &&
                (x_center+x < xsize && x_center+x >= 0)) // Octant 2
            * (image + (int)(y_center+y) * xsize+(int)(x_center+x))=gray_level;

        if ((y_center+y < ysize && y_center+y >= 0) &&
                (x_center-x < xsize && x_center-x >= 0)) // Octant 3
            * (image + (int)(y_center+y) * xsize+(int)(x_center-x))=gray_level;

        if ((y_center-y < ysize && y_center-y >= 0) &&
                (x_center+x < xsize && x_center+x >= 0)) // Octant 7
            * (image + (int)(y_center-y) * xsize+(int)(x_center+x))=gray_level;

        if ((y_center-y < ysize && y_center-y >= 0) &&
                (x_center-x < xsize && x_center-x >= 0)) // Octant 6
            * (image + (int)(y_center-y) * xsize+(int)(x_center-x))=gray_level;

        if ((y_center+x < ysize && y_center+x >= 0) &&
                (x_center+y < xsize && x_center+y >= 0)) // Octant 1
            * (image + (int)(y_center+x) * xsize+(int)(x_center+y))=gray_level;

        if ((y_center+x < ysize && y_center+x >= 0) &&
                (x_center-y < xsize && x_center-y >= 0)) // Octant 4
            * (image+(int)(y_center+x) * xsize+(int)(x_center-y))=gray_level;
```

```
    if ((y_center-x < ysize && y_center-x >= 0) &&
        (x_center+y < xsize && x_center+y >= 0)) // Octant 8
      * (image + (int)(y_center-x) * xsize+(int)(x_center+y))=gray_level;

    if ((y_center-x < ysize && y_center-x >= 0) &&
        (x_center-y < xsize && x_center-y >= 0)) // Octant 5
      * (image + (int)(y_center-x) * xsize+(int)(x_center-y))=gray_level;

    }
  } // while (x<y)
}
```

/ * ---------------- Draw_rectangle --- 画矩形-----------------------------
    image：   输入图像数据指针
    xsize：   图像宽度
    ysize：   图像高度
    sx：   矩形左上角 x 坐标
    sy：   矩形左上角 y 坐标
    ex：   矩形右下角 x 坐标
    ey：   矩形右下角 y 坐标
    gray_level： 线的灰度值
--- * /

```
int Check_xy(int xsize, int ysize, int * x, int * y);
int Check_stend( int * sx, int * sy, int * ex, int * ey);
void Write_yline(BYTE * image,int xsize,int x,int wsy,int wey,unsigned char * buffer);
void Write_xline(BYTE * image,int xsize,int y,int wsx,int wex,unsigned char * buffer);
int Draw_rectangle(BYTE * image, int xsize, int ysize ,int sx, int sy,
                int ex, int ey,unsigned char draw_gray_level )
{
    int  sx1 , sy1 , ex1 , ey1 ;
    int size , i ;
    int error1 , error2 , error3 , error ;
    unsigned char * buffer ;

    sx1 = sx ;
    sy1 = sy ; error1 = Check_xy(xsize, ysize, &sx1 , &sy1 ) ;
```

```
        ex1 = ex ;
        ey1 = ey ; error2 = Check_xy(xsize, ysize, &ex1 , &ey1 ) ;

        if ( xsize > ysize ) size = xsize ;
        else               size = ysize ;
        if (NULL == ( buffer = (unsigned char * )malloc( size )) ){ return NG; }

        for ( i = 0 ; i < size ; i++ ) * (buffer + i ) = draw_gray_level ;

        error = OK ;
        sx1 = sx ; sy1 = sy ; error1 = Check_xy(xsize, ysize, &sx1 , &sy1 ) ;
        ex1 = ex ; ey1 = ey ; error2 = Check_xy(xsize, ysize, &ex1 , &ey1 ) ;
        error3 = Check_stend( &sx1 , &sy1 , &ex1 , &ey1 ) ;
        if ( error1 == NG || error2 == NG || error3 == NG ) error = NG ;

        if ( sy >= 0    ) Write_xline( image , xsize, sy , sx1 , ex1 , buffer ) ;
        if ( ey < ysize ) Write_xline( image , xsize, ey , sx1 , ex1 , buffer ) ;
        if ( sx >= 0    ) Write_yline(image , xsize, sx , sy1 , ey1 , buffer ) ;
        if ( ex < xsize ) Write_yline( image , xsize, ex , sy1 , ey1 , buffer ) ;

        free( buffer ) ;
        return( error ) ;
}

int Check_xy(int xsize, int ysize , int * x , int * y )
{
        int error ;
        error = OK ;
        if ( * x < 0 )    { * x = 0 ; error = NG ; }
        if ( * x >= xsize ) { * x = xsize - 1 ; error = NG ; }
        if ( * y < 0 )    { * y = 0 ; error = NG ; }
        if ( * y >= ysize ) { * y = ysize - 1 ; error = NG ; }
        return( error ) ;
}

int Check_stend( int * sx , int * sy , int * ex , int * ey )
```

```
{
    int error , wk ;
    error = OK ;
    if ( * sx > * ex ) {wk = * sx ; * sx = * ex ; * ex = wk ; error = NG ; }
    if ( * sy > * ey ) {wk = * sy ; * sy = * ey ; * ey = wk ; error = NG ; }
    return( error ) ;
}


void Write_yline( BYTE * image, int xsize, int x, int wsy, int wey, unsigned char * buffer)
{

    int i, nSize;
    nSize = wey - wsy + 1;

    for(i=0; i< nSize; i++){
        * (image + x + (i+wsy) * xsize) = * (buffer+i);
    }
}


void Write_xline( BYTE * image, int xsize, int y, int wsx, int wex, unsigned char
* buffer )
{
    int nSize;

    nSize = wex - wsx + 1;

    for(int i=0; i< nSize; i++){
        * (image + y * xsize + wsx + i) = * (buffer+i);
    }
}
```

第 17 章　图像压缩

随着技术的发展,相隔很远的两个人可以一边看着对方一边通话。现在,既能够传送声音又能够传送图像的可视电话已经登场了。那么,到底是什么样的技术,使得从前只能够传送声音的电话,把数据量数千倍于声音信息的图像传送出去的呢?原因之一是由于光纤(fiber)等网络技术的进步,使得大量的数据能够高速地被传送出去,其二就是图像数据压缩技术(image compression)的发展。

本章将通过一些代表性的示例说明图像数据的压缩方法。主要介绍:①用于二值图像的游程长度编码;②用于数据相关性强、连续出现相似数值情况的差分脉冲编码调制 DPCM;③用于数据不规则情况的"变长编码",如哈夫曼编码。附带介绍静态图像的标准压缩格式 JPEG 和动态图像的标准压缩格式 MPEG。

17.1　无损编码与有损编码

用公共电话线把数据传送到远处、把数据存储在磁盘上时,需要把这些数据变换成适当的形式——码字(code),这种变换称为编码(coding)。暗号也是编码的一种,暗号是把原始信息做成不让其他人明白的形式。反过来从编码后的码字返回到原始数据形式的变换称为解码(decoding)。

数据压缩编码大体可分为解码后能够完全恢复到原始数据与不能够完全恢复到原始数据两种情况。前者称为无损编码(lossless compression,无损压缩),后者称为有损编码(lossy compression,有损压缩)。

无损编码主要是利用数据的统计特性来压缩,如某值非常多、持续出现相同的数值等特性。基于这些特性采用后面叙述的游程长度编码、DPCM、变长编码等进行编码时,数据会在没有失真的前提下获得压缩,编码后也可以恢复原始数据。但是,因为利用了数据的统计特性,对于不同特性的数据,有时能进行有效压缩,有时不能进行有效压缩。

与此相对,有损编码是除去一部分数据信息进行压缩,编码后的数据不能被完全地恢复。例如,可以像图 17-1(a)所示的那样,利用一定间隔的间苗方式来减少图像数据,或者像图 17-1(b)所示,以降低灰度级(比特数)的方式来减少图像数据。然而,采用这些简单的减少数据的方法,在解码时会出现图像模糊、物体变形、虚假轮廓、不自然线条等,造成图像质量的下降。为了在尽可能不损害图像质量的前提下减少数据量,需要施行各种各样的技巧。在实际应用中,图像数据的压缩只是除去那些在视觉上不明显的高频分量信息。

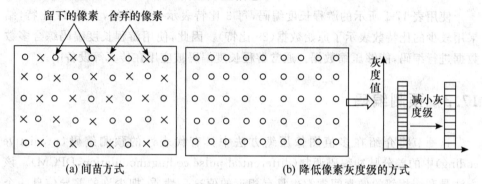

图 17-1 有损编码示例

17.2 二值图像编码

首先考虑只有 0 和 1 两种数值的二值图像的数据压缩方法,其中具有代表性的是游程长度编码或者称为游程编码、行程编码(run-length coding)。这种编码是把连续出现的 0 或者 1 的个数用一个码字来表示,也就是把连续出现的相同的值汇总并对其长度进行编码的方法。表 17-1 表示了游程长度编码的一个例子。

表 17-1 游程长度编码示例

数据	码字
1	0 0 0
0(0×1)	0 0 1
0 0(0×2)	0 1 0
0 0 0(0×3)	0 1 1
0 0 0 0(0×4)	1 0 0
0 0 0 0 0(0×5)	1 0 1
0 0 0 0 0 0(0×6)	1 1 0
0 0 0 0 0 0 0(0×7)	1 1 1

使用这些码字对下面的数据进行编码:

00000010000000010000001000000001

这个数据是由 29 个 0 和 1 组成的,即 29 比特。游程长度编码如下:综合连续出现的 0 数据,合计 8 个值被编码。

00000　|1|　0000000　|1|　000000　|1|　0000000　|1|　（计 29 比特）
(0×5)　(1)　　(0×7)　　(1)　　(0×6)　(1)　　(0×7)　　(1)
101　　000　　111　　　000　　110　　000　　111　　　000　（计 24 比特）

使用表 17-1 所示的游程长度编码,每 3 比特表示一个数组,共计 24 比特,结果用较少的比特数表示了原始数据(29 比特)。因此,使用游程长度编码综合多数数据进行编码,能够压缩数据。通常游程长度编码被应用在传真等设备中。

17.3　预测编码

这一节将介绍在多值图像压缩方法中具有代表性的预测编码(predictive coding)中的差分脉冲编码调制(differential pulse coding modulation,DPCM)。该方法是利用相邻的像素间常常也具有相近的值这一性质,把少许的差异信息一个接一个地传递下去进行编码。

如图 17-2 所示,顺序地扫描图像中的各个像素点,DPCM 是利用邻接像素的值(A、B、C、D、E 等)来预测下面的 X 位置的像素的值。DPCM 对预测值 x' 与实际值 x 间的差 $\Delta x(=x-x')$ 进行编码,这个差值越小,预测值越接近于实际值,越能紧凑地获取信息。预测中所用的不只是一个像素,也有把左侧的像素值与正上方的像素值加起来除以 2 作为预测值等使用多个像素的情况。

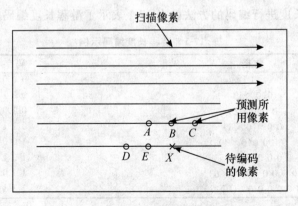

图 17-2　预测所用像素的位置

经常使用的预测方法有：

$$
\left.
\begin{array}{l}
(1)\ x' = E \\
(2)\ x' = (B+E)/2 \\
(3)\ x' = B - A + E \\
(4)\ x' = (C+E)/2 \\
(5)\ x' = 2E - D
\end{array}
\right\}
\qquad (17.1)
$$

采用其中哪种预测方法为佳呢？显然根据图像的种类、处理内容的不同而不同，但是如(1)那样使用前一个(左侧)像素值的方法也是十分有效的。

使用方法(1)和(2)的 DPCM 编码程序见 List 17.1，DPCM 数据直方图以及直方图的百分比计算分别见 List 17.2 和 List 17.3，DPCM 数据的解码程序见 List 17.4。在此，由于当预测所用的点在画面外时该像素将不能使用，这个像素的对应值采用 128。另外，注意这个 DPCM 程序是以线为单位进行处理。

17.4　变长编码

DPCM 是对预测值和实际值的差进行编码。这样，本来像素值在 0～255 的范围内，经过 DPCM 后却变成了 -255～255 的范围内了，即像素值范围增加了一倍。因此，为了表示 DPCM 结果的码字，必须准备加倍的数值，DPCM 不仅没有使数据量减少，反而增加了。然而，经过 DPCM 后，数据接近 0 值的概率非常高。如 DPCM 处理后数据中有经常出现的值和不经常出现的值的情况，给经常出现的值分配较短的码字，就能够减少整体数据量。这种根据数据的值改变码字长度的方法称为变长编码(variable-length coding)。哈夫曼编码(Huffman coding)是代表性的变长编码之一。哈夫曼编码是计算各数据出现的概率，从出现概率高的开始依次分配短的码字，所以对出现概率集中的情况比较有效。

哈夫曼编码的示例见图 17-3。这个哈夫曼编码是 2 比特的数据"00"、"01"、"10"、"11"4 种类型的值，它们分别以 25/36、6/36、4/36、1/36 的概率出现。由图可见，出现概率越高所分配的码字则越短。经过哈夫曼编码后，由于各个码字的出现概率已知，所以数据的平均码长为：

$$
1 \times 25/36 + 2 \times 6/36 + 3 \times 4/36 + 3 \times 1/36 = 52/36 = 1.44(比特)
$$

使用哈夫曼编码，数据可以压缩到 70% 左右。

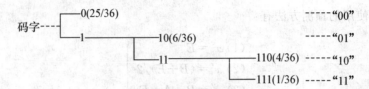

图 17-3 哈夫曼编码示例

（ ）中数字为数据出现概率

让我们对图 17-4 所示的数据进行哈夫曼编码。2 比特表示的话，14 个数据则合计需要 28 比特。与此相比哈夫曼编码则只需要 20 比特就可以了。

数据	0	0	1	0	2	0	0	0	1	0	0	3	0	0	14 个数据
2 比特表示	00	00	01	00	10	00	00	00	01	00	00	11	00	00	28 比特
哈夫曼编码	0	0	10	0	110	0	0	0	10	0	0	111	0	0	20 比特

图 17-4 定长表示和变长编码的比特数的比较(1)

变长码字如表 17-2 所示，有像"0"那样用比原来的 2 比特变短了的码字，也有像"2"和"3"那样用变长了的码字。这样，如果不管数据的统计特性而使用变长编码，与定长比特表示相比会出现整体数据量增大的情况。如图 17-5 所示数据，用表 17-2 的码字进行编码，则需要 32 比特，比定长 2 比特编码数据量增大了。

表 17-2 哈夫曼编码示例

数据		概率	码字	码字长/比特
0	"00"	25/36	0	1
1	"01"	6/36	10	2
2	"10"	4/36	110	3
3	"11"	1/36	111	3

数据	0	3	1	0	2	1	3	3	1	2	2	3	1	0	14 个数据
2 比特表示	00	11	01	00	10	01	11	11	01	10	10	11	01	00	28 比特
哈夫曼编码	0	111	10	0	110	10	111	111	10	110	110	111	10	0	32 比特

图 17-5 定长表示和变长编码的比特数的比较(2)

哈夫曼编码是由数据的概率分布来确定码字，所以根据数据不同所用码字也变化。为了确定哈夫曼编码的码字，必须预先计算数据的统计量。

然而，我们知道前述的 DPCM 后数据通常集中在 0 附近，因此不一定需要像哈夫曼编码那样先求出现概率再确定码字，用定长编码也可以获得较好的压缩效果。如以 4 比特或者 2 比特为单位来改变长度的变长码字，如表 17-3 所示。

表 17-3　变长码字示例

数据	码字 1（以 4 比特为单位）		码字 2（以 2 比特为单位）	
	码字	码字长/比特	码字	码字长/比特
0	0000	4	00	2
1	0001	4	01	2
2	0010	4	10	2
3	0011	4	1100	4
4	0100	4	1101	4
5	0101	4	1110	4
6	0110	4	111100	6
7	0111	4	111101	6
8	1000	4	111110	6
⋮	⋮	⋮	⋮	⋮
14	1110	4	1111111110	10
15	11110000	8	111111111100	12
16	11110001	8	111111111101	12
17	11110010	8	111111111110	12
18	11110011	8	11111111111100	14
⋮	⋮	⋮	⋮	⋮
29	11111110	8	11111111111111111110	20
30	111111110000	12	1111111111111111111100	22
31	111111110001	12	1111111111111111111101	22
⋮	⋮	⋮	⋮	⋮

　　通常的图像数据是 1 个像素的值用固定的 8 比特来表示，可以简单地知道数据与数据之间的交接点，但是变长码字中各码字的长度不定，所以必须从码字本身了解各码字有多长、码字和码字之间的交接点在何处等。对于以 4 比特为单位的情况，"1111"持续期间，码字也持续，"1111"以外的比特序列出现的位置就是码字的交接点。对于以 2 比特为单位的情况，也是首先每 2 比特查看"11"是否出现，"11"以外的序列出现的位置就是码字的交接点。这样，对于变长码字，可以通过顺序地查看码字的内容来找出各码字的交接点的位置。

　　List 17.5 为以 4 比特为单位的变长编码的程序，List 17.6 为其解码的程序。另外，在硬盘等媒体中读写时是以字节为单位进行的，所以在编码程序中把整体的数据量用字节来操作，最后余下的比特置 1。

17.5　图像压缩实例

　　使用 DPCM 和变长编码，对图 17-6 的 2 幅图像进行压缩处理。这 2 幅图像的像素值分布(直方图)如图 17-7 所示。可见灰度值分布在比较广的范围内,图像模式的不同灰度值分布的状态完全不同。这 2 幅图像使用 17.3 节式(17.1)中预测方法(1)进行 DPCM 后所得结果的灰度值分布如图 17-8 所示。可见,进行 DPCM后无论哪种图像的数据分布都很相似。对这个 DPCM 数据的直方图调查发现,0值最常出现,正、负值几乎都是越接近 0 出现的概率越高。从而从接近出现概率高的 0 值的数开始顺序地给予短的变长码字的话,就能够有效地压缩图像。

(a) 简单背景   (b) 复杂背景

图 17-6 原始图像

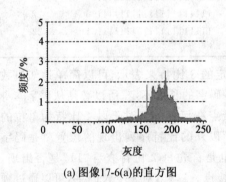 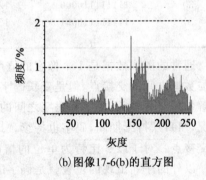

(a) 图像17-6(a)的直方图   (b)图像17-6(b)的直方图

图 17-7 图像直方图

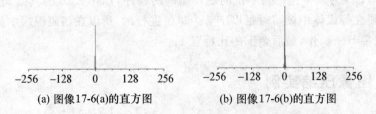

(a) 图像17-6(a)的直方图   (b) 图像17-6(b)的直方图

图 17-8 图像的 DPCM 数据的直方图

表 17-4 给出了 DPCM 数据和表 17-3 的变长码字值之间的关系。变长码字值 n 与 DPCM 数据 k 的关系可由下式给出：

$$\left.\begin{array}{ll} n=2k-1 & k>0 \\ n=-2k & k\leqslant 0 \end{array}\right\} \tag{17.2}$$

表 17-4　DPCM 数据与变长码字值之间的关系

DPCM 数据 k	0	1	-1	2	-2	3	-3	...
变长码字值 n	0	1	2	3	4	5	6	...

变换程序见 List 17.7。

综合上述图像数据的压缩算法得到如图 17-9 所示的流程图。

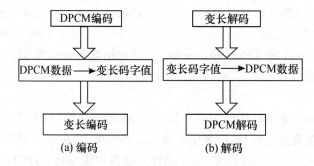

图 17-9　图像数据压缩的流程图

一般图像数据的编码按下述步骤进行：

(1)顺序地扫描图像,在各点求与预测值间的差值,进行 DPCM 编码;

(2)把 DPCM 数据变换为变长码字值;

(3)进行变长编码。

编码程序见 List 17.8。该程序采用的是一行一行地对图像进行 DPCM 和变长编码的方式。解码程序见 List 17.9。

对图 17-6 的图像,执行 DPCM 程序后,图像数据的压缩比如表 17-5 所示。

表 17-5　使用 DPCM 与变长码字所取得的压缩比的比较

17.3 节中的预测方法	图像(a)	图像(b)
(1)	54.51%	63.34%
(2)	53.44%	62.84%

比较 2 幅图像可见,由于图 17-6(b)比图 17-6(a)的背景复杂,图 17-6(b)的压缩率较低。这可以从图 17-8 所示的 DPCM 数据的分布看出,由于图 17-6(b)与图

17-6(a)相比有细小的图案,所以图 17-6（b）的 DPCM 数据分布比图 17-6（a）的分散。

另外,DPCM 预测方法从 $x'=E$ 变化到 $x'=(B+E)/2$ 时,整体上效率提高了。一般在预测中使用较多像素会更加有效。变长码字的变化单位是 2 比特好还是 4 比特好,与数据的分布有关,不能一概而论。分布偏向某个值的情况下,2 比特单位较好;分布分散的情况下,4 比特单位较有利。

17.6 图像压缩的标准格式

以静态图像作为对象的 JPEG（Joint Photographic Experts Group,联合图像专家组）和以动态图像作为对象的 MPEG（Motion Picture Experts Group,动态图像专家组）,是 ISO（International Standardization Organization,国际标准化组织）和 ITU（International Telecommunication Union,国际电讯联盟）联合制定的图像压缩国际标准。

1. JPEG

JPEG 是基于本章介绍的无损编码 DPCM 和有损编码 DCT（discrete cosine transform,离散余弦变换)的图像压缩格式。无损编码(包括本章介绍的变长编码以及算术编码等)由于无损压缩,不可能得到很高的压缩比。JPEG 主要是应用了有损压缩的 DCT,将由 DCT 得到的参数经过本章介绍的 DPCM、游程长度编码,然后通过量化、斜线扫描等技术,实现了高压缩比。JPEG 图像格式广泛应用于印刷、数码相机、互联网等领域。

2. MPEG

MPEG 有 MPEG1、MPEG2、MPEG4、MPEG7 等多个版本。

MPEG1 处理的是标准图像交换格式（standard interchange format,SIF)或者称为源输入格式（source input format,SIF）的视频图像。它是为传输速率在 1.5 Mb/s 以下的 CD-ROM 和网络制定的标准,用于在 CD-ROM 上存储数字影视和在网络上传输数字影视。它属于有损压缩格式。MPEG1 除采用了 JPEG 的所有技术以外,还引进了自适应量化、运动补偿预测、双向运动补偿及半像素运动估计等技术,实现了对动态图像的高效压缩。

MPEG2 是一个直接与数字电视广播有关的高质量图像和声音编码标准,可以说是 MPEG1 的扩展,因为它们的基本编码算法都相同,但 MPEG2 增加了许多 MPEG1 所没有的功能,如隔行扫描电视编码、速率可变性能等。MPEG2 的传输速率达 4～15 Mb/s。

MPEG4 是为视听(audio-visual)数据的编码和交互播放开发的算法和工具,它是一个数据速率很低(4.8~32 kb/s)的多媒体通信标准。MPEG4 在异构网络环境下能够高度可靠地工作,并且具有很强的交互功能。为此,MPEG4 引入了对象基表达(object-based representation)的概念,用来表达视听对象(audio/visual objects,AVO)。MPEG4 扩充了编码的数据类型,由自然数据对象扩展到计算机生成的合成数据对象,采用合成对象/自然对象混合编码(synthetic/natural hybrid coding,SNHC)算法。在实现交互功能和重用对象中引入了组合、合成和编排等重要概念。

MPEG7 与 MPEG1、MPEG2、MPEG4 不同,它是多媒体内容描述接口(multimedia content description interface),致力于制定一个标准化的框架,用来描述各种类型的多媒体信息及它们之间的关系,以便更快更有效地表示和检索信息。这些媒体材料可包括静态图像、图形、3D 模型、声音、话音、电视以及在多媒体演示中它们之间的组合关系。MPEG7 标准也是建筑在其他的标准如 DPCM、MPEG1、MPEG2 和 MPEG4 等之上的,在 MPEG7 中用到了 MPEG4 中使用的形状描述符、MPEG1 和 MPEG2 中使用的运动向量(motion vector)等。

MPEG21 是一个多媒体框架(multimedia framework),允许用户透明地定制使用各种类型网络上的多媒体资源。MPEG21 提出的数据项目声明(digital item declaration)作为网上媒体资源打包成数据项目的抽象,它适用于各种不同的终端和网络资源。目前的 MPEG4 和 MPEG7 框架都可以集成到 MPEG21 框架中。

关于 JPEG、MPEG 等的编码压缩方式的具体内容,请参阅其他书籍。

17.7　应用研究实例

17.7.1　基于遗传算法的图像分形压缩[1,2]

图像分形压缩最基本的思想起源是具有自相似性的几何体可以用一组简单的代数关系式表达,主要理论基础是迭代函数系统理论和拼贴定理,要解决的问题是当把被压缩的图像作为吸引子时如何得到 IFS(迭代函数系统)的参数。将图像互不重叠的小块称为值域块,将可以部分重叠的较大尺寸的块称为定义域块。对每个值域块进行编码,寻找一个定义域块以及一个仿射变换 w,把定义域块映射到值域块,并使经过映射后的定义域块与值域块的距离在某种度量值下最小,所有值域块对应的压缩映射集构成一个 PIFS(部分迭代函数系统),PIFS 的所有参数就是图像的分形码。由于图像中所有定义域块的集合太大,分形压缩搜索非常耗时,应用 GA 能有效解决分形压缩的最优匹配问题。GA 应用于分形图像压缩,提高了压缩比和压缩精度,由于在高压缩比下信噪比有较大的改善,故也可用于低比特率的图像压缩。而且,GA 具有能并行计算的特点,可降低分形压缩的计算时间,快速找到最优解。但是,实验中的控制参数很多,大部分是依赖经验得到,因此,如何自适应地控制这些参数,进一步提高压缩比和解码质量,还有待于研究和探讨。由于 GA 的良好特性,它与分形压缩结合的应用前景将会是很广阔的。

17.7.2 基于脊波变换的图像压缩[3-5]

小波在许多领域取得了广泛的应用,并迅速成为诸多学科的重要分析工具之一。它在数字信号处理和数字图像压缩方面取得了巨大的成功,以其为核心技术的 JPEG2000 图像压缩标准已经面向应用。自然图像中包含有大量的纹理特征,线奇异性表现比较突出,小波变换不能达到最优的逼近。为了克服这种不足,Candès 等提出了一种新的多尺度变换——脊波变换(ridgelet transform),它特别适合于具有直线或超平面奇异性的高维信号的描述,能够有效地处理二维图像的线奇异性,较好地对此类信号进行"逼近",是比小波更好的稀疏表示图像的工具。

如采用正交有限脊波变换对图像进行分解,考虑到有限脊波变换要求输入图像的尺寸为素数,所以要先对图像进行预处理。步骤如下:

(1)将图像转换为素数大小;

(2)提取图像的均值;

(3)用正交有限脊波变换对零均值矩阵进行分解;

(4)使用压缩方法对脊波系数进行压缩。

在对图像矩阵进行正交有限脊波变换之前提取出图像的均值,是为了使得变换矩阵有更好的能量集中性。图 17-10 给出了 House 标准测试图像的重建图像。

(a)码率0.1比特/像素　　　　　(b)码率1.0比特/像素

图 17-10　基于脊波变换的图像压缩的重建结果

17.7.3 基于提升小波变换的图像压缩[6]

近年来,小波变换在图像压缩中的应用也逐渐增多,但由于基于卷积离散小波变换计算量大,占用内存较多,即使采用整数型的滤波器组,随着分解层数的增多,计算机也无法提供滤波器系数所要求的精度。提升小波刚好弥补了这种不足,该方法遵循 JPEG 2000 标准,不仅降低了对系统内存的要求,而且减少了小波变换的运算量,从而提高了图像压缩的效率。提升小波简洁的结构便于使用参数进行有效的控制,使得它在自适应图像压缩中具有良好的应用价值。这里以 LeGall 5/3 小波为例,构造它的提升小波算法,也就是推导出它的预测和更新算子。由 5/3 滤波器经过适当的时移得到分解、综合的滤波器系数。经高通分解滤波器,分解后高频分量整理后为

$$\gamma_j = \gamma_j - [(\lambda_j + \lambda_{j+1})/2] \tag{17.3}$$

由于进行整数到整数的无损压缩,所以表达式中的中括号表示不大于中括号中值的最大整数,这个表达式就代表提升小波变换的预测算子。经过低通分解滤波器分解后低频分量为

$$\lambda_j = \lambda_j + [(\gamma_{j-1} + \gamma_j)/4] \tag{17.4}$$

以上是一维 5/3 小波的提升算法,对于二维图像,只需对图像的行和列分别进行一维提升小波变换即可。

基于提升小波变换的 JPEG 2000 压缩算法明显比传统 JPEG 压缩算法获得的压缩图像质量好,这种优势在高压缩比的情况下更为明显。此外,JPEG 压缩方法容易产生明显的失真,而基于提升小波变换的 JPEG 2000 压缩则能够保持较好的质量。

应用研究文献

[1] 司菁菁,王成儒,程银波. 基于改进的正交 FRIT 的分层图像编码算法[J]. 仪器仪表学报,2006,27(10):1283-1287.

[2] 张伟明. 庆庆图像压缩系统[J]. 中国青年科技,2005(5):47-48.

[3] 刘晓山,付国兰. 基于脊波变换的图像压缩[J]. 电脑与信息技术,2007(2):17-19.

[4] 司菁菁,程银波. 基于自适应正交有限脊波变换的图像编码算法[J]. 光学技术,2006,32(2):186-189.

[5] 王爱丽,杨明极. 基于小波包的 SPIHT 算法图像压缩[J]. 哈尔滨理工大学

学报,2006,11(5):72-75.

[6] 施才荟,罗胜钦. 基于小波变换的静态图像处理的研究[J]. 计算机与现代化,2003(12):1-2,6.

附录:源程序列表

List 17.1　预测编码(DPCM)

```
#include "StdAfx. h"
#include "BaseList. h"


#define B_VAL    128    //图像区域以外时的像素值


/* --- Dpcm1 --- 预测编码 DPCM  (预测法(1):处理一行区域)-------
    image_in:   输入图像指针
    xsize:      输入图像宽度
    line:       输入行序号
    data_out:   输出一行的 DPCM 数据指针
------------------------------------------------------------------ */
void Dpcm1(BYTE * image_in, int xsize, int line, short * data_out)
{
    int pred ,i;


    for (i = 0; i < xsize; i++) {
        if (i == 0) pred = B_VAL;
        else            pred = (int)( * (image_in + line * xsize + i-1));
        * (data_out + i) = (int)( * (image_in + line * xsize + i)) - pred;
    }
}


/* --- Dpcm2 --- 预测编码 DPCM (预测法(2):处理一行区域)-------
    image_in:   输入图像指针
    xsize:      输入图像宽度
    ine:        输入行序号
    data_out:   输出横线的 DPCM 数据指针
```

```
-------------------------------------------------------------- * /
void Dpcm2(BYTE * image_in, int xsize, int line, short * data_out)
{
    int pred, i;

    if (line == 0) {            //第一行时
        for (i = 0; i < xsize; i++) {
            if (i == 0) pred = B_VAL;
            else        pred = ( * (image_in + line * xsize + i-1) + B_VAL) / 2;
            * (data_out + i) = (int)( * (image_in + line * xsize + i)) - pred;
        }
    }
    else {                      //其他行
        for (i = 0; i < xsize; i++) {
            if (i == 0) pred = (B_VAL + * (image_in+(line-1) * xsize + i)) /2;
            else pred = ( * (image_in + line * xsize + i-1) + * (image_in +
                        (line-1) * xsize + i)) / 2;
            * (data_out + i) = * (image_in + line * xsize + i) - pred;
        }
    }
}
```

List 17.2　DPCM 数据直方图

```
# include "StdAfx. h"
# include "BaseList. h"

# define DPCM        Dpcm1        // 预测法(1)，预测法(2)时替换为 dpcm2

/ * --- Histgram_dpcm --- DPCM 数据分布直方图 --------------------------
    image:图像数据指针
    xsize：图像宽度
    ysize：图像高度
    hist： 直方图配列
------------------------------------------------------- * /
void Histgram_dpcm(BYTE * image, int xsize, int ysize, long hist[512])
{
```

```
        int  i,j,n;
        short * data_out;

        data_out = new short[xsize];

        for (n = 0; n < 512; n++) hist[n] = 0;
        for (j = 0; j < ysize; j++) {
            DPCM(image, xsize, j, data_out);

            for ( i = 0; i < xsize; i++) {
                n = data_out[i] + 255;
                hist[n]++;
            }
        }

        delete [] data_out;
}
```

List 17.3   DPCM 数据直方图的百分比分布

```
#include "StdAfx.h"
#include "BaseList.h"
```

```
/ * --- CalHistPercent_dpcm --- 计算 DPCM 直方图百分比 --------------------------
     hist:        输入 DPCM 直方图数列
     hist_radio：   输出百分比 DPCM 直方图数列
     max_percent：输出 DPCM 直方图最大百分比


    ------------------------------------------------------------------- * /
```

```
void CalHistPercent_dpcm(long hist[], float hist_radio[], float &max_percent)
{
        float max_value;
        short i;
        float total = (float)0;

        for( i=0 ; i<512 ; i++ )
```

```
                total = total + (float)hist[i];


    max_value = 0;//初始化
    for( i=0 ; i<512 ; i++ ){
    //计算比例
            if(total > 0)
            hist_radio[i] = ((hist[i]/total) * (float)100);
            //求最大像素数
            if( max _value < hist[i] )
                    max_value = (float)hist[i];

    }


    //求最大比例值
    max_percent = ((max_value/total) * (float)100);


}
```

List 17.4　解码程序

```
# include "StdAfx. h"
# include "BaseList. h"


/ * --- Idpcm1 --- DPCM 的解码（预测法(1):处理一行区域)-------------
    data_in：    输入的一行 DPCM 符号数据指针
    xsize：      输入图像宽度
    line：       输入行序号
    image_out：  输出图像数据指针
-------------------------------------------------------------------------- * /
void Idpcm1(short * data_in, int xsize, int line, BYTE * image_out)
{
    int pred;                   //预测值
    int i;


    for (i = 0; i < xsize; i++) {
        if (i == 0) pred = B_VAL;
        else            pred = (int)( * (image_out + line * xsize + i−1));
         * (image_out + line * xsize + i) = (BYTE)(pred + (int)( * (data_in + i)));
```

```
        }
    }


/ * --- Idpcm2 --- DPCM 的解码(预测法(2):处理一行区域)-------------
        data_in:      输入的一行 DPCM 符号数据指针
        xsize:        输入图像宽度
        line:         输入行序号
        image_out:    输出图像数据指针
----------------------------------------------------------------- * /
void Idpcm2(short * data_in, int xsize, int line, BYTE * image_out)
{
    int pred, i;

    if (line == 0) {                        //第一行
        for (i = 0; i < xsize; i++) {
            if (i == 0) pred = B_VAL;
            else              pred = (( * (image_out + line * xsize + i−1))
                                        + B_VAL) / 2;
            * (image_out + line * xsize + i) = pred + * (data_in + i);
        }
    }
    else {                          //其他行
        for (i = 0; i < xsize; i++) {
            if (i == 0) pred = (B_VAL + * (image_out + (line−1) * xsize + i)) / 2;
            else pred = ( * (image_out + line * xsize + i−1) + * (image_out
                            + (line−1) * xsize + i)) / 2;
            * (image_out + line * xsize + i) = pred + * (data_in + i);
        }
    }
}
```

List 17.5　变长编码

```
# include "StdAfx. h"
# include "BaseList. h"


/ * --- Vlcode --- 变长编码 -------------------------------------------
```

```
        data_in：  输入数据
        no：       数据数
        vlc_out：  输出可变长符号
------------------------------------------------------------------ * /
int Vlcode(short int data_in[], int no, char vlc_out[])
{
    int   i;
    int   st = 0;
    int   num = 0;                          //符号长(字节)
    int   dl = BYTESIZE / LEN - 1;
    int   mask = (1 << LEN) - 1;
    int   dt, ms;

    vlc_out[num] = '\0';
    for(i =0; i < no; i++) {
        dt = data_in[i];
        do {
            ms = dt >= mask ? mask : dt;
            vlc_out[num] |= (ms << (LEN * (dl - st)));
            dt -= mask;  st++;
            if(st > dl) {
                st = 0; num++; vlc_out[num] = '\0';
            }
        } while(dt >= 0);
    }
    if(st ！= 0) {          //将字节最后剩余位数置1
        ms = mask;
        for(i = (dl - st); i >= 0; i--) {
            vlc_out[num] |= ms;
            ms <<= LEN;
        }
        num++;
    }
    return num;
}
```

List 17.6 变长编码的解码

```
# include "StdAfx. h"
# include "BaseList. h"


/ * --- Ivlcode --- 变长编码的解码 ----------------------------------------
     vlc_in：          输入可变长符号
     no：              输入数据数
     data_out：        输出数据
------------------------------------------------------------- * /
void Ivlcode(char vlc_in[], int no, short int data_out[])
{
    int   i, j, k;
    int   ino = 0;                //符号长（字节）
    int   num = 0;
    int   dl = BYTESIZE / LEN − 1;
    int   mask = (1 << LEN) − 1;

    for(i = 0; i < no; i++) data_out[i] = 0;
        do {
            for(j = dl; j >= 0; j−−) {
            k = vlc_in[ino] & (mask << (LEN * j));
            k >>= (LEN * j);
            data_out[num] += k;
            if(k ! = mask) num++;
            if (num >= no) break;
        }
        ino++;
    } while (num < no);
}
```

List 17.7 变长码与 DPCM 码之间的转换

```
# include "StdAfx. h"
# include "BaseList. h"


/ * --- Event --- 由 DPCM 码到变长码的变换 ----------------------
```

　　dt：　　　　　输入 DPCM 数据

```
------------------------------------------------------------------ * /
int Event(short dt)
{
    int   ev;

    if(dt <= 0) ev = -2 * dt;
    else            ev = 2 * dt - 1;
    return ev;
}
```

```
/ * --- Ievent ---由变长码到 DPCM 码的转换--------------------------
    ev：　　　　　输入可变长符号值
------------------------------------------------------------------ * /
int Ievent(short ev)
{
    int   dt;

    if(ev % 2 == 0) dt = -ev / 2;
    else            dt = (ev+1) / 2;
    return dt;
}
```

List 17.8　DPCM ＋ 变长编码

```
# include "StdAfx. h"
# include "BaseList. h"

# define DPCM        Dpcm1        // 预测法(1)，预测法(2)时替换为 dpcm2

/ * --- Dpcm_vlcode --- DPCM ＋ 变长编码 ---------------------------------------
    image_in：  输入图像指针
    xsize：     图像宽度
    ysize：     图像高度
    image_buf：输出图像指针(符号化列)
------------------------------------------------------------------ * /
int Dpcm_vlcode(BYTE * image_in, int xsize, int ysize, BYTE * image_buf)
```

```
{
    int       i, j, leng;
    long      ptr, size;
    long      max_leng;      //变长码用配列的最大字节数
    char      * vlc;         //变长码

    short * data;            //一行的 DPCM 数据

    data = new short [xsize];

    size = (long)xsize * ysize;
    max_leng = (long)xsize * 8;

    vlc = new char[max_leng];


    for (i = 0; i < size; i++) image_buf[i] = 0;
    ptr = 0;
    for (j = 0; j < ysize; j++) {                      //一行一行编码
        DPCM(image_in, xsize, j, data);                //预测编码
        for(i = 0; i < xsize; i++)
            data[i] = Event(data[i]);                  //转换为变长码
        leng = Vlcode(data, xsize, vlc);               //变长编码
        image_buf[ptr] = (unsigned char)((leng >> 8) & 0x00ff);
        ptr++;          //如果码字数据比原图像大,数据错误返回一1
        if (ptr > size) return -1;
        image_buf[ptr] = (unsigned char)(leng & 0x00ff);
        ptr++;          //如果码字数据比原图像大,数据错误返回一1
        if (ptr > size) return -1;
        for (i = 0; i < leng; i++) {
            image_buf[ptr] = vlc[i];
            ptr++;
            if (ptr > size) return -1;
        }               //如果码字数据比原图像大,数据错误返回一1
    }
```

```
    delete [] data;
    delete [] vlc;
    return ptr;
}
```

List 17.9　DPCM ＋ 变长编码的解码

```
# include "StdAfx. h"
# include "BaseList. h"
# include <math. h>
# include <stdio. h>


# define IDPCM        Idpcm1        // 预测法(1)，预测法(2)时替换为 Idpcm2


/ * --- Idpcm_vlcode --- DPCM ＋ 变长编码的解码--------------------------
    image_buf:  输入图像数据(码字数据)
    image_out:  输出图像数据
    xsize:      输入图像宽度
    ysize:      输入图像高度
----------------------------------------------------------------- * /
int Idpcm_vlcode(BYTE * image_buf, BYTE * image_out, int xsize, int ysize)
{
    int            i, j, leng;
    long        ptr, size;
    long          max_leng; //变长编码用配列的最大字节数
    char       * vlc;     //变长码字数据

    short     * data;    //一行的 DPCM 数据

    data = new short[xsize];

    size=(long)xsize * ysize;
    max_leng = (long)xsize * 8;

    vlc = new char[max_leng];

    ptr = 0;
```

```
for(j = 0; j < ysize; j++) {        //一行一行解码
    leng = (int)image_buf[ptr];
    ptr++;              //如果码字数据比原图像大,数据错误返回-1
    if (ptr > size) return -1;
    leng = (leng << 8) | image_buf[ptr];
    ptr ++;
    for (i = 0; i < leng; i++) {
        vlc[i] = image_buf[ptr];
        ptr++;
        if (ptr > size) return -1;
    }               //如果码字数据比原图像大,数据错误返回-1
    Ivlcode(vlc, xsize, data);          //变长码解码
    for(i = 0; i < xsize; i++)
        data[i] = Ievent(data[i]);      //返变长码字为差分数据
    IDPCM(data, xsize, j, image_out); //由差分数据复原图像数据
}

delete [] data;
delete [] vlc;

return 0;
}
```